高等院校互联网+新形态创新系列教材·计算机系列

ASP.NET 实践教程

(第 3 版)(微课版)

魏菊霞　主　编

李志中　李　晶　谢　云　副主编

U0252555

清华大学出版社
北京

内 容 简 介

本书采用 C#语言作为 ASP.NET Web 应用程序的开发语言，以 Visual Studio 为开发平台，通过简单实用的案例全面介绍使用 ASP.NET 进行 Web 程序开发的常用技术。本书第 1～7 章主要介绍 ASP.NET 的基础知识、ASP.NET 内置对象、Web 服务器控件、验证控件、网页布局技术、Web 数据库编程基础等内容；第 8～11 章介绍网站设计中几个常用的功能模块，包括注册和登录模块、在线投票模块、留言板模块、文件上传下载模块；第 12 章介绍一个综合的 ASP.NET Web 应用程序案例。

本书可作为高等院校计算机相关专业的教材，也可供具有一定编程经验又需要迅速熟悉 ASP.NET 的读者参考，同时也适合自学 ASP.NET 的读者阅读。

图书在版编目(CIP)数据

ASP.NET 实践教程：微课版/魏菊霞主编. —3 版. —北京：清华大学出版社，2022.8 (2025.2 重印)
高等院校互联网+新形态创新系列教材. 计算机系列
ISBN 978-7-302-61380-0

Ⅰ. ①A… Ⅱ. ①魏… Ⅲ. ①网页制作工具—程序设计—高等学校—教材 Ⅳ. ①TP393.092.2

中国版本图书馆 CIP 数据核字(2022)第 124649 号

责任编辑：梁媛媛
封面设计：李 坤
责任校对：徐彩虹
责任印制：宋 林

出版发行：清华大学出版社
　　　　网　　　　址：https://www.tup.com.cn, https://www.wqxuetang.com
　　　　地　　　　址：北京清华大学学研大厦 A 座　　　　邮　　编：100084
　　　　社 总 机：010-83470000　　　　　　　　　　　邮　　购：010-62786544
　　　　投稿与读者服务：010-62776969, c-service@tup.tsinghua.edu.cn
　　　　质量反馈：010-62772015, zhiliang@tup.tsinghua.edu.cn
　　　　课件下载：https://www.tup.com.cn, 010-62791865

印 装 者：三河市龙大印装有限公司
经　　销：全国新华书店
开　　本：185mm×260mm　　　印　张：21.5　　　字　数：516 千字
版　　次：2010 年 2 月第 1 版　2022 年 10 月第 3 版　　印　次：2025 年 2 月第 2 次印刷
定　　价：65.00 元

产品编号：094931-01

前　　言

一、关于 ASP.NET

ASP.NET 是微软公司推出的 Web 开发平台，是一种建立在公共语言运行库(Common Language Runtime，CLR)上的编程框架，可用于在服务器上开发功能强大的 Web 应用程序。它是目前技术最先进、特征最丰富、功能最强大的 Web 开发平台之一。ASP.NET 具有开发效率高、使用简单快捷、管理简单、多种语言支持、安全性高等特点，是目前主流网络编程技术之一。

ASP.NET 中内置了很多控件，在其他 Web 开发技术(如 JSP)中需要费尽心思才能完成的功能，在 ASP.NET 中只需要简单地套用相应的 Web 控件即可完成。ASP.NET 在数据库编程方面做了很大的改进，如 DataSource 控件和 GridView 控件使得数据库的操作更加简便快捷。

二、本书结构

本书内容由浅入深，首先介绍学习 ASP.NET 编程必须掌握的基本技术，并安排了对这些知识点综合应用的实战案例，非常适合初学者入门学习；然后介绍实际开发中常用的模块，这部分内容适合初、中级读者学习编程技术；最后通过一个综合实例讲解实际项目的开发过程，其目的是快速提高读者的实战编程能力。

各章的主要内容简述如下。

第 1 章介绍网站发展历史、.NET 框架、Visual Studio 开发环境、创建第一个 ASP.NET 应用程序、aspx 文件和 aspx.cs 文件，以及发布和部署网站等内容。

第 2 章介绍 ASP.NET 语言基础，包括 C#语言基础、XHTML 标记语言、CSS 简介、DIV+CSS 布局等内容。

第 3 章介绍 ASP.NET 内置对象，包括 Page 对象、Response 对象、Request 对象、Server 对象、Application 对象、Session 对象和 Cookie 对象等内容。

第 4 章介绍 Web 服务器控件，包括基本控件、选择控件、列表控件和高级控件等内容。

第 5 章介绍验证控件的使用方法。

第 6 章介绍常用的网页布局技术，包括 ASP.NET 用户控件、母版页和内容页，以及导航控件等内容。

第 7 章介绍 Web 数据库编程基础，包括 SQL 语言，ADO.NET 概述，Connection 对象，Command 对象，DataReader 对象，DataAdapter 对象，DataSet 对象，插入、编辑和删除数据，数据绑定，数据控件，配置文件 Web.config，以及程序调试等内容。

第 8 章介绍开发 Web 应用程序常用的模块——注册和登录模块，并详细介绍验证码生成的过程。

第 9 章介绍开发 Web 应用程序常用的模块——在线投票模块，并详细介绍 XML 文档的使用，并以图片形式显示在线投票结果。

第 10 章介绍开发 Web 应用程序常用的模块——留言板模块，并详细介绍留言板的制作过程，为后面论坛系统的制作奠定基础。

第 11 章介绍开发 Web 应用程序常用的模块——文件上传下载模块，并详细介绍数据库保存图片数据的过程。

第 12 章介绍使用 Visual Studio 与 SQL Server 设计完整的实例——BBS 论坛系统，详细讲解项目的开发过程，使读者对 Web 应用程序的开发有比较系统的理解。

三、本书特点

1. 循序渐进，通俗易懂

本书所讲的内容避开了晦涩难懂的理论知识，但又覆盖了使用 ASP.NET 技术进行 Web 编程所需要的各方面的基础知识，并从基本操作开始，循序渐进地介绍了开发 Web 应用程序需要用到的基本技术。采用通俗易懂的语言，一步一步、手把手地教你各种技术的使用，宛如现场专家言传身教。

2. 项目驱动，案例教学

本书不采用传统的"以概念解释为主"的方式，而是采用"以项目为驱动，实践为主"的方式描述完成每一个任务的方法和步骤。每一个任务的提出，都伴随着一个完整的实例，读者通过完成此实例，就能掌握相关的基本概念和技术。

3. 步骤详细，图文并茂

本书在介绍 ASP.NET 的各项技术时，采用了项目实践的方式，而且步骤详细、图文并茂，读者只需要根据步骤一步步操作，边学边练，就可以掌握相关的技能，并从中找到学习 ASP.NET 的乐趣。

4. 结构合理，符合软件技术专业人才培养目标

作者在编写本书时充分考虑了现代教育的特点，旨在培养具有较高水平、较高素质的技能型人才。本书结构合理，能让读者轻松上手，快速掌握相关内容，全面提高学、练、用的能力。

在结构上，本书先用少量篇幅介绍 ASP.NET 技术的语言基础，使读者在学习 ASP.NET 技术之前对相关知识有所了解。

在介绍 ASP.NET 技术时，作者并不急于解释相关概念，而是将这些技术融入一个个小案例中，使读者在实践中进行探索、分析和创新，从而掌握这些理论知识。同时介绍了目前网络比较流行的几个网站功能模块，读者只需要做少许的修改和扩展，便可应用于实际项目中。

通过对本书的阅读，读者应能达到如下能力目标。

(1) 对简单网站进行设计、编辑、调试、运行的能力。

(2) 对 ASP.NET 各类控件的使用能力。

(3) 对网站数据库进行管理和维护的能力。

(4) 应用所学知识开发三层架构应用程序的能力。

四、本书适用对象

本书可作为高等院校计算机相关专业的教材，也可供具有一定编程经验又需要迅速熟悉 ASP.NET 的读者参考，同时也适合自学 ASP.NET 的读者阅读，相信本书能够为读者顺利进入 ASP.NET 编程世界提供帮助。

本书由年轻而富有经验的.NET 软件技术研究小组组织编写，由魏菊霞任主编，李志中、李晶、谢云任副主编。

本书的编写得到了作者所在学院领导的大力支持，在此表示衷心的感谢。

尽管作者已尽最大努力来保证文字和代码中不出现错误，但由于编写时间仓促，水平有限，书中疏漏和不足之处在所难免，恳请各位读者和专家批评指正，提出宝贵意见和建议。

编　者

目 录

第1章 新手入门 1

1.1 网站发展历史 1
    1.1.1 静态页面和动态页面 1
    1.1.2 ASP.NET 简介 2
    1.1.3 C/S 模式和 B/S 模式 3

1.2 .NET 框架 4
    1.2.1 公共语言运行库 5
    1.2.2 .NET 框架类库 5

1.3 Visual Studio 开发环境 5
    1.3.1 Visual Studio 的安装 6
    1.3.2 Visual Studio 开发环境 7
    1.3.3 Visual Studio 主界面 11

1.4 创建第一个 ASP.NET 应用程序 13

1.5 aspx 文件和 aspx.cs 文件 17

1.6 发布和部署网站 19
    1.6.1 发布网站 19
    1.6.2 IIS 的安装与配置 22

小结 24

习题 25

第2章 ASP.NET 语言基础 26

2.1 C#语言基础 26
    2.1.1 数据类型 26
    2.1.2 标识符 27
    2.1.3 常量和变量 27
    2.1.4 运算符和表达式 28
    2.1.5 流程控制语句 29
    2.1.6 面向对象的知识 31

2.2 XHTML 标记语言 36
    2.2.1 XHTML 的基本结构 36
    2.2.2 头标签<head> 37
    2.2.3 其他常用标签 38
    2.2.4 表格 39

2.3 CSS 简介 40

    2.3.1 CSS 的三种样式 41
    2.3.2 CSS 的基础语法 42

2.4 DIV+CSS 布局 43
    2.4.1 拐角型页面的设计 43
    2.4.2 用户登录页面的设计 46

2.5 实战：猜数游戏 48

小结 55

习题 55

第3章 ASP.NET 内置对象 59

3.1 ASP.NET 内置对象概述 59

3.2 Page 对象 59
    3.2.1 IsPostBack 属性 60
    3.2.2 Init 事件 60
    3.2.3 Load 事件 60

3.3 Response 对象 62
    3.3.1 输出数据(Write 方法) 63
    3.3.2 地址重定向(Redirect 方法) 63
    3.3.3 停止输出(End 方法) 64

3.4 Request 对象 66
    3.4.1 从浏览器获取数据 66
    3.4.2 读取客户端的信息 69

3.5 Server 对象 69
    3.5.1 HtmlEncode 方法和 HtmlDecode
           方法 70
    3.5.2 UrlEncode 方法和 UrlDecode
           方法 71
    3.5.3 MapPath 方法 72

3.6 Application 对象 73
    3.6.1 利用 Application 对象存取
           信息 73
    3.6.2 锁定 Application 对象 74
    3.6.3 删除 Application 中的信息 75

3.7 Session 对象 75

3.8 Cookie 对象 77

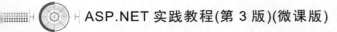

3.9　实战 1：统计网站在线人数................ 78

3.10　实战 2：用户登录............................ 80

小结.. 82

习题.. 82

第 4 章　Web 服务器控件 84

4.1　HTML 控件和 Web 控件 84

4.2　HTML 控件概述 85

4.3　Web 控件概述 86

4.4　基本控件 87

　　4.4.1　Button 控件 88

　　4.4.2　Label 控件 88

　　4.4.3　TextBox 控件 88

4.5　选择控件 90

　　4.5.1　CheckBox 控件和 CheckBoxList
　　　　　 控件 90

　　4.5.2　RadioButton 控件和
　　　　　 RadioButtonList 控件 92

4.6　列表控件 94

　　4.6.1　ListBox 控件 94

　　4.6.2　DropDownList 控件 97

4.7　高级控件 99

　　4.7.1　Calendar 控件 99

　　4.7.2　AdRotator 控件 102

　　4.7.3　MultiView 控件和 View
　　　　　 控件 105

　　4.7.4　ScriptManager 控件和
　　　　　 UpdatePanel 控件 107

4.8　实战：用户注册页面 108

小结.. 116

习题.. 116

第 5 章　验证控件 118

5.1　验证控件概述 118

5.2　RequiredFieldValidator 控件的功能
　　 和使用 119

5.3　CompareValidator 控件的功能
　　 和使用 121

5.4　RangeValidator 控件的功能和使用 123

5.5　RegularExpressionValidator 控件的
　　 功能和使用 124

5.6　CustomValidator 控件的功能
　　 和使用 126

5.7　ValidatorSummary 控件的功能
　　 和使用 127

小结.. 128

习题.. 129

第 6 章　网页布局技术 131

6.1　ASP.NET 用户控件 131

6.2　母版页和内容页 136

6.3　导航控件 140

小结.. 142

习题.. 142

第 7 章　Web 数据库编程基础 144

7.1　SQL 语言 144

　　7.1.1　SQL 数据查询语句 144

　　7.1.2　SQL 数据操纵语句 147

7.2　ADO.NET 概述 148

　　7.2.1　.NET 数据提供程序 149

　　7.2.2　ADO.NET 数据库应用程序的
　　　　　 开发流程 149

7.3　Connection 对象 150

　　7.3.1　创建 Connection 对象 150

　　7.3.2　Connection 对象的方法
　　　　　 和事件 151

7.4　Command 对象 151

　　7.4.1　创建 Command 对象 151

　　7.4.2　Command 对象的属性
　　　　　 和方法 152

7.5　DataReader 对象 152

　　7.5.1　创建 DataReader 对象 152

　　7.5.2　DataReader 对象的属性
　　　　　 和方法 153

7.6　DataAdapter 对象和 DataSet 对象 155

　　7.6.1　DataSet 对象 156

　　7.6.2　DataAdapter 对象 156

7.7 插入、编辑和删除数据 159

7.8 数据绑定 165

7.9 数据控件 167

7.9.1 SqlDatasource 控件 ... 167

7.9.2 GridView 控件 172

7.9.3 DetailsView 控件 178

7.9.4 DataList 控件 180

7.9.5 Repeater 控件 185

7.10 配置文件 Web.config 187

7.11 程序调试 189

小结 192

习题 192

第 8 章 注册和登录模块 195

8.1 设计思想 195

8.2 ASP.NET 的图像处理 196

8.3 注册和登录模块的实现过程 198

8.3.1 用户登录模块设计 198

8.3.2 用户注册模块设计 206

8.3.3 修改密码模块设计 210

小结 213

习题 213

第 9 章 在线投票模块 215

9.1 XML 文档 215

9.1.1 XML 的特点 215

9.1.2 XML 文档的基本结构 216

9.1.3 创建 XML 文档 217

9.1.4 XML 的应用 218

9.2 在线投票模块设计思想 223

9.3 在线投票模块的实现 223

9.3.1 投票页面的设计 224

9.3.2 投票结果显示页面的设计 226

9.3.3 用数据库存储投票结果 228

小结 229

习题 229

第 10 章 留言板模块 231

10.1 留言板模块设计思想 231

10.2 数据库设计 232

10.3 留言板模块的实现 233

10.3.1 母版页的设计 233

10.3.2 index.aspx 页面的设计 235

10.3.3 查看留言页面的设计 240

10.3.4 管理留言 245

小结 251

习题 252

第 11 章 文件上传下载模块 253

11.1 文件上传下载的设计思想 253

11.2 设计前的准备 254

11.2.1 FileUpLoad 服务器控件 254

11.2.2 System.IO 命名空间 255

11.2.3 Response 对象 255

11.3 上传文件至服务器 256

11.4 从服务器下载文件 258

11.5 上传图片至数据库 260

11.5.1 保存图片路径 260

11.5.2 保存图片数据 264

小结 268

习题 268

第 12 章 BBS 论坛系统 270

12.1 设计思路 270

12.2 设计前的准备 271

12.2.1 引入第三方组件
FreeTextBox 271

12.2.2 多层架构设计 273

12.3 数据库设计 274

12.4 设计实体层 Model 276

12.5 设计数据访问层 DAL 282

12.5.1 SQLHelper 类 282

12.5.2 UserDAL 类 287

12.5.3 ModuleDAL 类 291

12.5.4 PostDAL 类 294

12.5.5 ReplayDAL 类 297

12.6 设计业务逻辑层 BLL 299

12.7 主要功能界面 Web UI 层的实现 302

12.7.1 设计母版页 302
12.7.2 首页 Index.aspx 的实现
　　　 过程 303
12.7.3 帖子管理的实现过程 305
12.7.4 用户管理的实现过程 319

12.7.5 版块管理的实现过程 327
小结 331
习题 331

参考文献 333

第1章 新手入门

随着网络经济时代的到来，微软公司希望帮助用户随时随地都能获取网络信息，于是产生了新一代的平台 Microsoft.NET。而 ASP.NET 是 Microsoft.NET 的一部分，它提供了一种统一的 Web 平台。本书的所有案例和代码均基于此开发平台，故本章将主要介绍网站的发展史和 ASP.NET 的开发平台，包括.NET 框架的基本运行原理，Visual Studio 的开发环境等内容。阅读本章能够让读者快速了解开发工具 Visual Studio 的特点，进入应用程序的开发状态。

本章学习目标：

◎　了解静态页面和动态页面的基本工作原理。

◎　熟悉 Visual Studio 开发环境，并对开发环境的界面组成有一个初步的认识。

◎　熟练掌握 Web 应用程序的开发流程和步骤。

1.1　网站发展历史

随着计算机技术的飞速发展，互联网给全世界带来了不同寻常的机遇。网络缩短了时空的距离，加快了信息的传递，使社会的各种资源得以共享，网络为各个层次的文化交流提供了良好的平台。

网站是以浏览器或其他数字设备作为客户端的一种网络应用程序，本节将简要介绍网站的发展史。

1.1.1　静态页面和动态页面

如果读者是一位网上冲浪者，就会发现有两种不同的页面，一种是 Web 页面的内容和外观始终保持不变的网页；另一种是和用户有交互的网页，如电子邮箱注册页面等。下面就这两种类型的页面进行介绍。

1. 静态页面

静态页面主要由 HTML 标记组成，它以.htm 或者.html 为扩展名。在用户访问之前，页面的内容就已经制定好，不管用户何时何地访问，以怎样的方式访问，页面的内容都不会变化，即静态页面是不能交互的。图 1-1 所示的网页就是一个静态页面。

静态页面的处理过程如下。

(1) 网页制作者编写一个.htm 文件或者.html 文件，并发布在 Web 服务器上。

(2) 用户访问此页面，访问请求被传送到 Web 服务器上。

(3) Web 服务器响应用户的请求，并把请求转换为 HTML 流。

(4) Web 服务器通过网络把 HTML 流传送到浏览器。

(5) 浏览器接收到 HTML 流，重新组织这些 HTML 标记，并显示在客户端的浏览器上。

图 1-1　静态页面

2. 动态页面

静态页面虽然制作简单，并且也能添加一些动态效果，如添加 Flash 插件，但却不能与用户进行交互。为了让页面具有动态变化的效果，不管是浏览器或者 Web 服务器制造商，都着手于在 HTML 标记中添加程序以开发出动态页面。随着互联网技术的飞速发展，绝大多数网页都具有逻辑处理能力，能接收用户发出的信息，并且根据用户的需求给出相应的反馈。例如，淘宝网、网上银行、各大论坛等，用户可在这些网站进行浏览、查询、付款、转账、留言等，虽然不同的用户访问的是同一个网页，但是因为需求不一样，所以用户看到的处理结果也是不一样的。

动态页面与静态页面的主要区别在于动态页面的处理过程中多了一个执行过程——服务器执行代码。程序员在静态页面的基础，即 HTML 标记中，添加了一些由页面代码指令组成的程序段，当用户请求页面时，服务器将这些 HTML 标记和编译执行过的脚本一起发送给用户，并显示在浏览器中。

动态页面采用 ASP、CGI、JSP、ASP.NET 等技术生成客户端的网页文件，该文件由计算机实时生成，不同的用户访问同一页面可能呈现出不同的内容，它具有日常维护简单、更改结构方便、交互性强等优点。

在制作方面，静态页面和动态页面有着很大的区别，主要体现在以下几个方面。

(1) 静态页面容易制作，动态页面则相对较难。

(2) 静态页面几乎没有语法要求，即使写错了 HTML 代码，浏览器一般也能显示(或显示部分内容)；而动态页面需要编程，一旦发生语法错误，浏览器则不能显示该页面。

(3) 静态页面的扩展名多为.htm 或者.html，动态页面根据使用的技术不同而有不同的扩展名，如.asp、.aspx、.jsp 等。

1.1.2　ASP.NET 简介

动态网站在不同的历史时期采用了不同的技术，ASP 1.0 技术在 1996 年诞生，它的出现给 Web 开发带来了福音。早期的 Web 程序开发是十分烦琐的，制作一个简单的动态页面通常需要编写大量的 C 代码，这对于普通的程序员来说实在太难了。而 ASP 却允许使用 VBScript 这种简单的脚本语言，编写嵌入 HTML 网页中的代码。Web 程序设计不再像想象中那么艰巨，仿佛很多人都可以一显身手。

1998 年，微软发布了 ASP 2.0，它与 ASP 1.0 的主要区别在于其外部组件是可以初始化的，这样，在 ASP 程序内部的所有组件都有了独立的内存空间，并可以进行事务处理。

2000 年，随着 Windows 2000 的成功发布，其 IIS(Internet Information Services，互联网信息服务)所附带的 ASP 3.0 也开始流行。与 ASP 2.0 相比，ASP 3.0 的优势在于它使用了 COM+，因而其效率比前面的版本要好，并且更稳定。

2001 年，ASP.NET 1.0 出现了，为了与微软的.NET 计划相匹配，并且为了表明该 ASP 版本并不是对 ASP 3.0 的补充及简单的升级，微软将其命名为 ASP.NET。ASP.NET 在结构上与前面的版本有了很大的区别，它几乎完全是基于组件和模块化的，Web 应用程序的开发人员使用这个开发环境可以开发出更加模块化的、功能更强大的应用程序。

ASP.NET 是建立在公共语言运行库(Common Language Runtime，CLR)上的编程框架，可用于在服务器上生成功能强大的 Web 应用程序。与以前的 Web 开发模型相比，ASP.NET 的开发效率更高，开发方式更简单，管理更简便，并具有全新的语言支持以及清晰的程序结构等优点。

ASP.NET 1.0 的发布激发了 Web 应用程序开发人员对 ASP.NET 的兴趣，于是微软公司在 2005 年又发布了 ASP.NET 2.0。ASP.NET 2.0 的发布是 ASP.NET 技术走向成熟的标志。在随后的几年里，微软公司又先后发布了 ASP.NET 3.5、4.0、4.5、4.6、4.7 等版本，使网络程序的开发更加智能化。

ASP.NET 是目前主流的网站开发技术之一，具有许多优点和新特性，具体介绍如下。

(1) ASP.NET 应用程序开发主要采用页面脱离代码技术，即将前台页面代码保存到.aspx 文件，后台代码保存到.cs 文件，编译程序将代码编译为.dll 文件，ASP.NET 在服务器上运行时可以直接运行编译好的.dll 文件，从而提高运行 ASP.NET 的性能。

(2) 很多 ASP.NET 功能都可以扩展，可以轻松地将自定义功能集成到应用程序中。

(3) ASP.NET 提供了 Web 开发人员所期待的全部功能，包括对 SQL Server 数据库成熟且完善的支持，以加密形式存储的口令密码，用户统计，用于创建、删除和更新用户的 API，密码恢复和重新设置功能。

(4) ASP.NET 服务器控件可以轻松、快捷地创建 ASP.NET 网页和应用程序。其中数据控件、无代码绑定和智能数据显示控件解决了核心开发方案(尤指数据)的问题。

1.1.3 C/S 模式和 B/S 模式

C/S(Client/Server，客户机/服务器)模式又称 C/S 结构，是软件系统体系结构的一种。C/S 模式简单地讲就是基于企业内部的应用系统。B/S(Browser/Server，浏览器/服务器)模式又称 B/S 结构。它是 C/S 模式应用的扩展，是随着 Internet 技术的兴起而诞生的。在这种结构下，用户工作界面是通过 IE 浏览器来实现的。

C/S 模式是一种典型的两层架构，用来开发 Windows 应用程序。如图 1-2 所示，其客户端包含一个或多个在用户的计算机上运行的程序，需要安装专用的客户端软件。服务器通常采用高性能的 PC、工作站或小型机，并采用大型数据库系统，如 Oracle、SQL Server 等，因为客户端需要实现绝大多数的业务逻辑和界面展示，在这种架构中，作为客户端的部分需要承受很大的压力，显示逻辑和事务处理都包含在其中,通过与数据库的交互(通常是 SQL 或存储过程的实现)来实现持久化数据，以此满足实际项目的需要。因此，C/S 模式被称为胖客户端。QQ 软件就是典型的 C/S 模式的应用程序。

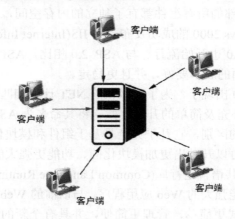

图 1-2　C/S 模式

　　B/S 模式用来开发 Web 应用程序，其中，Browser 指的是 Web 浏览器，极少数事务逻辑在客户端实现，主要事务逻辑在服务器端实现，如图 1-3 所示。Browser 客户端、Web 服务器端和 DB 数据库端构成所谓的三层架构。B/S 模式的系统无须特别安装，只要有 Web 浏览器即可。显示逻辑交给 Web 浏览器，事务处理逻辑放在 Web 服务器上，这样就避免了庞大的胖客户端，减少了客户端的压力。因为客户端包含的逻辑很少，所以 B/S 模式也被称为瘦客户端。B/S 模式的应用程序有淘宝网、网上银行等。

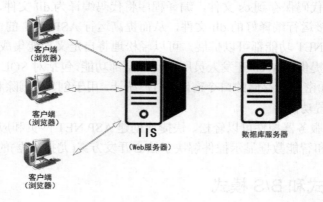

图 1-3　B/S 模式

1.2　.NET 框架

　　.NET 框架是一个新的平台，它提供了一个生产率高且基于标准的多语言环境,是生成、部署和运行 Web 服务及应用程序的平台。.NET 框架具有两个主要组件：公共语言运行库

(CLR)和统一的.NET 框架类库。

1.2.1　公共语言运行库

公共语言运行库是.NET 框架的核心，用于提供程序运行时的内存管理、垃圾自动回收、线程管理和远程处理以及其他系统服务。公共语言运行库是.NET 框架的执行环境，通常将在 CLR 的控制下开发运行的代码称为托管代码。托管代码具有许多优点，例如，跨语言集成、跨语言异常处理、增强的安全性、版本控制和部署支持、简化的组件交互模型、调试和分析服务等。

ASP.NET 页面是运行在服务器上、经过编译的 CLR 代码。程序的开发过程如下。

(1) 选择面向 CLR 的开发语言编写源码，目前.NET 平台支持的语言有 Visual Basic .NET、C#、Visual C++ .NET、Visual J#等。

(2) 将源码编译为 Microsoft 中间语言(Microsoft Intermediate Language，MSIL)。

(3) CLR 将 MSIL 通过即时编译器(Just-In-Time，JIT)转换为平台专用的本机代码。

当本机代码运行时，将一直处于 CLR 的控制之下，并得到自动内存管理、安全性、与非托管代码的互操作、跨语言支持等 CLR 提供的服务。

1.2.2　.NET 框架类库

.NET 框架的另一个主要组成部分是类库，它是一个与公共语言运行库紧密集成的可重用的类型集合。该类库提供了对系统功能的访问，并且被设计为.NET 框架应用程序、组件和控件的生成基础。.NET 框架几乎所有的功能都是通过框架类库(FCL)的托管类型提供的。.NET 框架中的类被拆分为命名空间(NameSpace，也叫作名称空间或名字空间)，每个命名空间都包含一组按功能划分的相关的类。

.NET 框架的核心类型包含在 System 命名空间中，System 命名空间是 FCL 的心脏，它包括一些其他类型所依赖的类(Class)、接口(Interface)和特性(Attribute)。

1.3　Visual Studio 开发环境

微软提供的 Visual Studio 开发工具支持 C#、Visual Basic .NET、Visual C++ .NET、Visual J#等编程语言。.NET 框架为这些语言提供了相同的集成开发环境，同时，这些开发语言继承了.NET 框架丰富的类库和强大的功能，大大提高了编程的速度和效率。

Visual Studio 工具可从官网(https://visualstudio.microsoft.com/zh-hans/)直接下载，Visual Studio 2022 可分为社区版、专业版、企业版三种版本。社区版提供了功能强大的 IDE(集成开发环境)，免费供学生、开放源代码参与者和个人使用；专业版最适合小型团队的专业 IDE 使用；企业版提供了可缩放的端到端解决方案，适用于任何规模的团队，其中专业版和企业版均为收费版本。

Visual Studio 工具占用空间较大，安装前请保证系统盘(如 C 盘)至少有 3GB 的存储空间。Visual Studio 工具版本较多，目前最新的版本是 2022 版本，不管是哪一个版本，Visual Studio 工具的安装过程和 ASP.NET Web 应用程序基本开发环境的使用都大致相同，本节将主要介绍 Visual Studio 2022 的安装过程和 Visual Studio 2022 的集成开发环境(IDE)。

1.3.1　Visual Studio 的安装

Visual Studio 是一套完整的开发工具集,不同版本的安装过程基本相似。下面简单介绍 Visual Studio 2022 社区版的安装过程。

(1) 直接从 Visual Studio 官网下载安装包,然后双击下载的.exe 安装文件,一般为 vs_community 开头的 exe 文件,出现如图 1-4 所示的界面,单击【继续】按钮,Visual Studio 会先提取相关文件以便配置安装。

图 1-4　配置安装

(2) 提取文件后,打开如图 1-5 所示的安装界面。Visual Studio 提供了各种应用程序的开发功能,如桌面应用和移动应用、Web 和云、游戏开发等。这里选中【Web 和云】中的【ASP.NET 和 Web 开发】复选框,在界面右边的安装详细信息中可选择开发所需要的工具和组件捆绑包,也可以在选项卡中选择单个组件、语言包和安装位置。由于 Visual Studio 文件较大,因此可能需要较长的时间。安装成功的界面如图 1-6 所示。

图 1-5　选择类型和安装位置

(3) 安装成功后，第一次启动程序时会提示创建一个 Visual Studio 的账号，可以选择【以后再说】，也可以创建一个账号。

图 1-6　安装成功

1.3.2　Visual Studio 开发环境

Visual Studio 不仅能用来开发 ASP.NET 应用程序，还可以用来开发 Windows 应用程序、Windows 控件库等项目。本书主要介绍基于 ASP.NET 技术的 Web 应用程序开发，并且采用 C#作为开发语言。下面介绍 Visual Studio 开发工具的启动和使用方法。

在【开始】菜单中找到安装好的 Visual Studio 2022，双击将其打开，跳过欢迎界面后，打开如图 1-7 所示的界面，在该界面中可以打开最近使用的项目，也可以打开已有项目或解决方案，还可以创建新项目。如果单击【继续但无需代码(W)】链接，则可以直接进入开发环境。

图 1-7　起始页

下面创建一个新项目，操作步骤如下。

(1) 在图 1-7 中，单击【创建新项目】按钮，打开如图 1-8 所示的界面。Visual Studio 包含很多可选的项目模板，项目模板会自动创建一些基本的配置。如果在当前界面中已经存在一些之前使用过的项目模板，可直接单击该模板。否则，在【所有语言】下拉列表框中选择 C#选项，在出现的模板中选择【ASP.NET Web 应用程序(.NET Framework)】选项，单击【下一步】按钮，打开【配置新项目】界面，如图 1-9 所示。

图 1-8　新建项目

图 1-9　配置新项目

(2) 在图 1-9 中，设置新项目的名称为"ch01"，一般情况下，新建的项目名称与解决方案名称同名，然后设置项目的存储位置以及框架，默认为最高版本.NET Framework 4.7。设置好后，单击【创建】按钮，打开【创建新的 ASP.NET Web 应用程序】界面，选择"空"项目模板，如图 1-10 所示。然后单击【创建】按钮。

(3) 在进入的开发环境中，找到右边的解决方案资源管理器，展开解决方案 ch01，如图 1-11 所示。

(4) 右击站点 ch01，在弹出的快捷菜单中选择【添加】|【新建项】命令，如图 1-12 所示，熟悉工具之后，也可以直接添加相应的页面，如 HTML 页、Web 窗体、样式表等。

图 1-10 创建新的 ASP.NET Web 应用程序

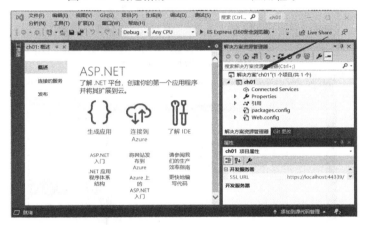

图 1-11 解决方案资源管理器

图 1-12 添加新项

(5) 弹出如图 1-13 所示的对话框，在模板列表中选择【Web 窗体】选项，在【名称】文本框中输入该网页的名称，默认为 WebForm1.aspx，然后单击【添加】按钮，打开 Visual Studio 的 HTML 源代码编写界面，即 HTML 标记语言编写界面，如图 1-14 所示。

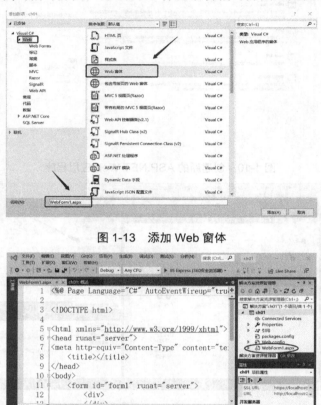

图 1-13　添加 Web 窗体

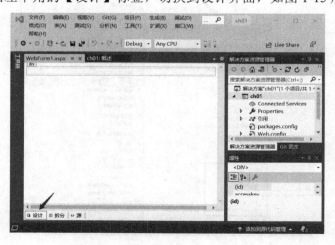

图 1-14　Visual Studio 的 HTML 源代码编写界面

(6) 单击界面左下角的【设计】标签，切换到设计界面，如图 1-15 所示。

图 1-15　Visual Studio 的设计界面

（7）单击界面左下角的【拆分】按钮，切换到源代码拆分界面，如图 1-16 所示，在该界面中可以边写源代码边查看设计效果。

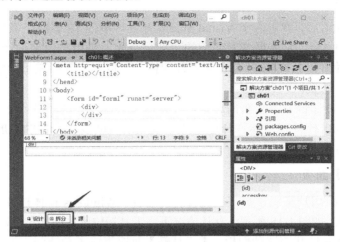

图 1-16　Visual Studio 源代码拆分界面

（8）打开解决方案资源管理器(将在 1.3.3 小节中介绍)，展开 WebForm1.aspx，会看到在该页面中包含两个后缀名为.cs 的文件：WebForm1.aspx.cs 文件和 WebForm1.aspx.designer.cs 文件，双击 WebForm1.aspx.cs 文件，将打开逻辑代码编写文件，即 C#源代码文件，如图 1-17 所示。

图 1-17　Visual Studio 逻辑代码编写界面

1.3.3　Visual Studio 主界面

Visual Studio 开发环境提供了简洁的用户界面，主要包括菜单栏、工具栏、工作区几个部分。其中，菜单栏包括【文件】、【编辑】等菜单。工具栏在菜单栏的下面，可以与其他工具栏互换位置，但不能变成一个单独的窗口。工作区是开发环境的主要区域，包含【工具箱】面板、窗体设计窗口、代码窗口、【解决方案资源管理器】面板、【属性】面板、类视图窗口、动态帮助窗口、调试输出窗口等。下面主要介绍几个重要的窗口和面板。

1. 窗体设计区

新建或打开网站后，就进入了 Visual Studio 开发环境(见图 1-14)。其中最大的区域就是窗体设计区(见图 1-15)，它占据开发环境的大部分空间，是用户用来设计页面的主要环境。

要想在设计页面和 HTML 源码之间进行切换，可以单击界面左下角的【设计】标签和【源】标签来进行切换。

Visual Studio 设计带来了全新的思想，可以将页面设计和逻辑设计分开。要想编写逻辑代码，可以通过双击控件或窗体打开逻辑代码视图。页面设计文件的扩展名为.aspx，逻辑设计文件的扩展名为.cs。

2. 【工具箱】面板

Visual Studio 给用户提供了很多数据控件、组件、Windows 窗体控件等，这些都放置在【工具箱】面板中，如图 1-18 所示。默认情况下，工具箱位于页面的左侧，可以选择【视图】|【工具箱】菜单命令打开该浮动面板。【工具箱】面板集成了功能强大的 Web 服务器控件，并按照不同的功能进行分组，包括【所有 Windows 窗体】、【公共控件】、【容器】等选项，每个选项下包含相应的控件。

3. 解决方案资源管理器

默认情况下，解决方案资源管理器出现在界面的右侧。如果没有，则可以通过选择【视图】|【解决方案资源管理器】命令将其打开。解决方案资源管理器的功能是管理一个应用程序中所有的项目、属性以及组成该应用程序的所有文件，如图 1-19 所示。一个解决方案(即一个应用程序)可以有多个项目，用户可以通过双击其中的列表项切换到相应的项目。

图 1-18　工具箱　　　　　　　　　　图 1-19　解决方案资源管理器

在解决方案资源管理器中，最常用的操作是添加文件或页面。选中站点文件 ch01 并右击，在弹出的快捷菜单中选择【新建项】命令，在打开的对话框中选择要添加的页面或文件。也可以用同样的操作添加现有项。

当有多个页面时，还可以通过解决方案资源管理器来设置起始页(即默认主页)。在资源管理器中，选择某个页面并右击，在弹出的快捷菜单中选择【设为起始页】命令即可。

【工具箱】面板、【解决方案资源管理器】面板、【属性】面板等这些浮动面板都可以通过右上角的 图标自动隐藏。

1.4　创建第一个 ASP.NET 应用程序

了解了 Visual Studio 的基本开发环境后，下面就可以进行 Web 应用程序的开发了。开发 ASP.NET 应用程序的基本步骤如下。

(1)　新建一个网站。

(2)　为 Web 页面添加控件。

(3)　设置界面对象的属性。

(4)　编写代码。

(5)　测试与运行程序。

(6)　保存文件。

本节将通过一个具体实例来介绍使用 Visual Studio 进行 Web 应用程序开发的方法和步骤。

【例 1-1】　编写一个显示欢迎词的 Web 应用程序，程序启动后运行界面如图 1-20 所示，输入用户名，单击【确定】按钮，将在 Web 页面上显示"***，欢迎来到 ASP.NET 学习世界!"，如图 1-21 所示。

图 1-20　程序运行界面(1)

图 1-21　程序运行界面(2)

该程序的设计步骤如下。

(1)　新建网站。

启动 Visual Studio，选择 ASP.NET Web 应用程序模板，新建一个空的 Web 项目，

项目命名为"ch01",设置项目保存的位置,单击【创建】按钮即可成功新建应用程序 ch01。选择项目站点 ch01 并右击,在弹出的快捷菜单中选择【添加】|【新建项】命令在该站点下添加 Web 窗体,并命名为 Default.aspx。

一般情况下,后缀名为.aspx 的文件中存储的是用户界面代码,它是用来存放控件的容器,而后缀名为.cs 的文件是 C#源代码文件(Default.aspx.cs 和 Default.aspx.designer.cs),用来存储网页的逻辑处理代码。单击文件名 Default.aspx,或者右击该名称,在弹出的快捷菜单中选择【重命名】命令,可对默认页面 Default.aspx 重新命名。

(2) 为页面添加控件。

双击 Default.aspx 页面,切换至设计界面,选择工具箱面板中的【标准】选项,分别选择两个标签(Label)控件、一个按钮(Button)控件、一个文本框(TextBox)控件并将它们放置在主页面中,然后适当调整控件的大小和位置,如图 1-22 所示。

图 1-22　添加控件后的页面

(3) 设置界面和控件的属性。

右击 Label2 控件,在弹出的快捷菜单中选择【属性】命令,打开【属性】面板,可以对控件的各个属性进行设置。如果【属性】面板是隐藏的,则执行【视图】|【属性窗口】命令,打开【属性】面板,如图 1-23 所示。

在图 1-23 中,将 Label2 标签的 Text 属性设置为字符串"请输入用户名"。

对页面中的其他控件进行类似设置,Label1 控件的 Text 属性设置为"",Button 控件的 Text 属性设置为"确定",设置后的页面如图 1-24 所示。

(4) 编写代码。

双击设计界面中的【确定】按钮,将在 C#代码窗口中

图 1-23　Label2 的【属性】面板

自动打开与界面文件同名但后缀名为.cs 的 C#源代码文件。可以看到,该文件中已自动添加了一个名称为 Button1_Click 的方法,这是对 Button1 控件的单击事件的处理方法,可在此输入相应的处理代码。这里的单击指的是在程序运行时用户单击该按钮的操作。

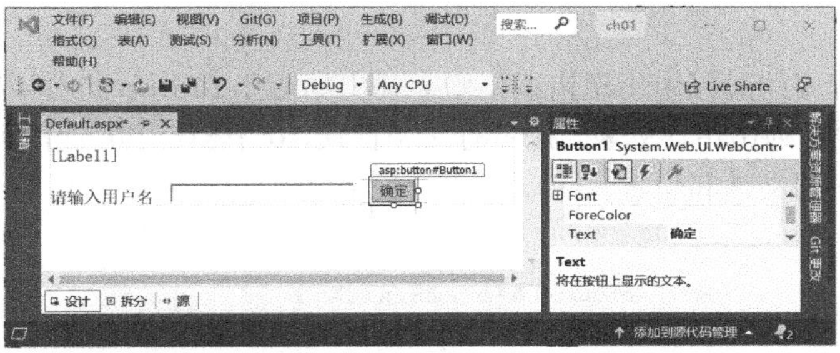

图 1-24　设置其他控件的 Text 属性

如图 1-25 所示，在【确定】按钮的单击事件(即 Button1_Click 事件)中添加如下代码。

```
Protected
 void Button1_Click(object sender, EventArgs e)
{
    string str = "欢迎来到ASP.NET学习世界！";        //定义字符串的初始值
    Label1.Text = TextBox1.Text + "," + str;         //在Label1控件上显示字符串
}
```

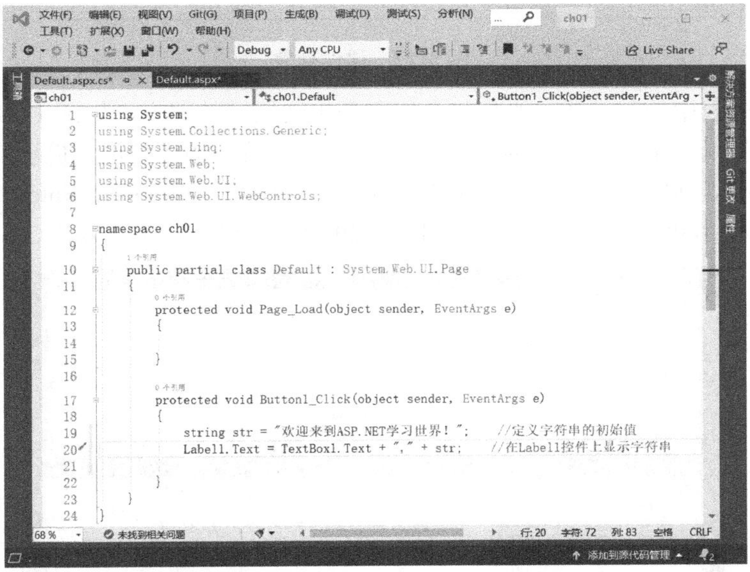

图 1-25　【确定】按钮的事件代码

该代码的含义是当单击【确定】按钮时，Label1 控件将显示用户在 TextBox1 文本框中输入的文本内容以及字符串"欢迎来到 ASP.NET 学习世界！"。

(5) 测试和运行程序。

当控件和代码都设计好后，保存所有文件，单击工具栏中的 ▶ 按钮，运行程序，出现如图 1-20 所示的界面。在文本框中输入用户姓名，单击【确定】按钮，会出现如图 1-21 所示的界面。第一次运行程序可能会弹出证书的安全警告，全部单击【是】按钮。

(6) 保存文件。

保存文件的方法是选择【文件】|【保存】命令或者选择【文件】|【全部保存】命令。初学者应及时保存文件，以免在调试过程中因发生死机或断电等情况而导致数据丢失。

(7) 出错提示。

如果在调试程序的过程中出现错误，则会弹出如图 1-26 所示的对话框。单击【否】按钮，在错误列表中会列出错误列表，提示有 2 个错误、0 个警告、0 个消息，如图 1-27 所示，且会指出错误所在的文件和位置。

图 1-26　错误提示对话框

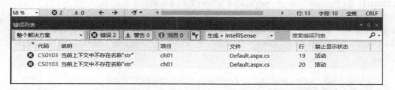

图 1-27　错误列表

双击错误列表中的某一条，光标将会停留在出现错误的地方，如图 1-28 所示。在行号的位置处或者将鼠标指针移至错误 str 处，会看见一个黄色的小灯泡，提示错误信息以及修改建议。单击小灯泡的下拉按钮或者单击【显示可能的修补程序(Alt+Enter 或 Ctrl+)】可看到 Visual Studio 自动给出的修改建议，如图 1-29 所示，可预览更改效果。

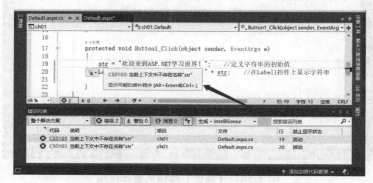

图 1-28　显示错误位置

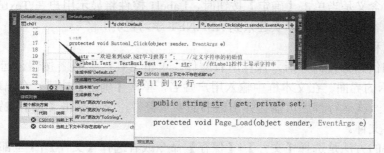

图 1-29　错误修改建议

改正错误后继续运行。至此，一个简单的 ASP.NET 应用程序就完成了。该页面可以和用户进行简单的交互，当输入不同的用户名时，在 Label1 上显示的字符串也会不同。

1.5 aspx 文件和 aspx.cs 文件

创建一个新的 ASP.NET 页面，实际上是创建了三个文件：前台页面文件 aspx 和后台代码文件 aspx.cs、aspx.designer.cs。其中，aspx 文件为用户设计界面文件，主要用途为显示界面的 HTML 源码，在开发过程中也可以以设计视图的形式来查看页面设计效果；aspx.cs 文件和 aspx.designer.cs 为逻辑代码隐藏文件，包含事件处理方法和自定义方法等，其中 aspx.designer.cs 文件一般是 Visual Studio 工具自动生成的控件的配置代码，而 aspx.cs 文件是由用户自定义的程序代码。如 1.4 节的 ASP.NET 程序创建了一个欢迎页面，其设计界面 Default.aspx 如图 1-22 所示，其中有 Label 控件、TextBox 控件以及 Button 控件。

通过单击设计界面下方的【源】标签可以将设计界面切换到 HTML 源码编辑界面，每一对<asp: ></asp:>标记代表一个控件，如图 1-30 所示。

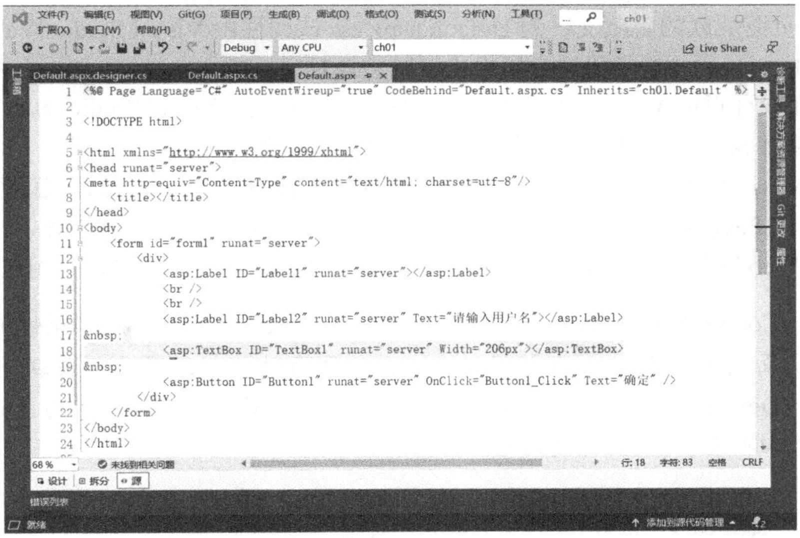

图 1-30 HTML 源码编辑界面

也可单击【拆分】标签，将设计界面切换到如图 1-31 所示的源码拆分界面。

当用户浏览请求页面时，ASP.NET 引擎自动将后台代码文件 aspx.cs、aspx.designer.cs 和前台页面文件 aspx 组合在一起。组合的代码如下：

```
<%@ Page Language="C#" AutoEventWireup="true" CodeBehind="Default.aspx.cs" Inherits=
"ch01.Default" %>
```

页面通过 page 指令联系在一起。通过 page 指令的属性可以设置页面间的链接信息，每个 aspx 文件只能包含一条@page 指令。上述代码分别设置了 page 指令的以下几个属性。

(1) Language 属性：用来指定在页面和代码声明块中进行编译时使用的语言，包括 C#、Visual Basic、JScript .NET 等.NET 支持的语言。

(2) AutoEventWireup 属性：用来指示页面的事件是否自动连接代理，值为 true，表示自动连接；值为 false，表示不自动连接。

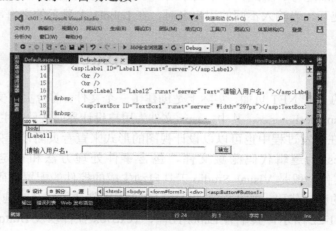

图 1-31　源码拆分界面

(3) CodeBehind 属性：用来指定包含与页面关联的隐藏代码文件，如上例中与 Default.aspx 页面关联的隐藏文件为 Default.aspx.cs，该属性由 Visual Studio Web 设计器自动设置。Visual Studio .NET 借用这个属性来跟踪管理项目中的 Web 窗体和与之相对的代码隐藏文件。当在设计页面 Web 窗体中添加一个服务器控件时，Visual Studio .NET 将自动找到与该 Web 窗体相对应的隐藏代码文件，并自动插入相关的代码。

(4) Inherits 属性：用于定义当前 Web 窗体所继承的代码隐藏类(该类是 System.Web.UI.Page 的派生类)。只用于采用代码隐藏方式编写的 Web 窗体，也就是说，如果代码全在 Web 窗体的<script runat="server"></script> 标签中，就可以不用这个属性了。

💡 注意：　CodeBehind 属性用来指定与页面关联的文件，而 Inherits 属性用来指定与页面关联的类。如在创建一个 Web 页面时，与此页面相关联的隐藏文件为 Default.aspx.cs(CodeBehind 属性值)，与此页面相关联的类为 Default(Inherits 属性值)。此文件的内容如下：

```
//**************************************************
namespace ch01
{
    public partial class Default : System.Web.UI.Page
    {
        ... ...
    }
}
//**************************************************
```

在解决方案资源管理器中，双击 Default.aspx.designer.cs 文件，打开文件如图 1-32 所示。观察 Default.aspx.designer.cs 文件的头部代码，同理观察 Default.aspx.cs 文件的头部代码，可以看出，它们的类名均为 ch01.Default(Inherits 属性值)，ch01 为命令空间名称，partial 表示部分类，即设计页面 Default.aspx 的后台逻辑代码被分成了两个文件存储，一个是 Default.aspx.cs，另一个是 Default.aspx.designer.cs。

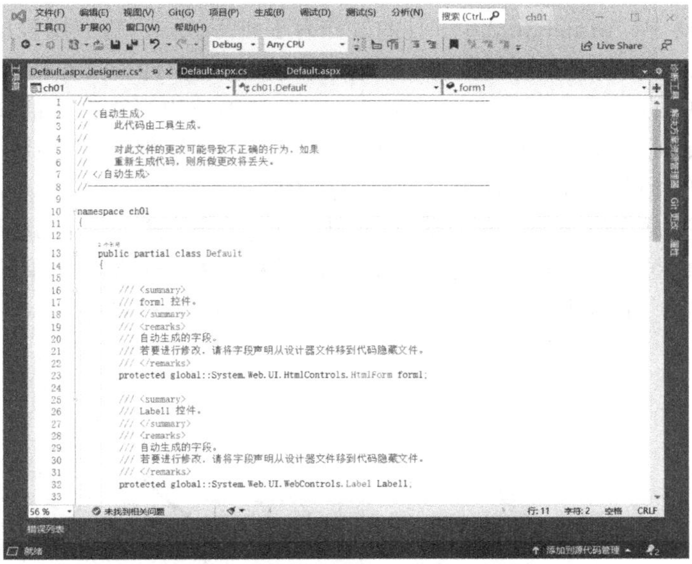

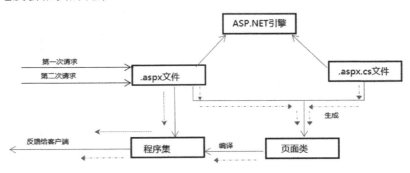

图 1-32 源码拆分界面

ASP.NET 页面的运行机制如图 1-33 所示。当用户第一次请求某个页面(.aspx)时，ASP.NET 引擎自动将.aspx 和.aspx.cs 两个文件合并生成页面类，再通过编译器将该页面类编译成程序集，然后由程序集将生成的静态 HTML 页面返回给客户端浏览器解释运行。当用户再次请求该页面时，则直接访问编译好的程序集，从而大大减少了编译的时间，提高了页面运行的速度。这也刚好解释了当用户第一次打开某个页面时速度会很慢，而再次打开该页面时速度会很快的现象。

图 1-33 ASP.NET 页面的运行机制

1.6 发布和部署网站

ASP.NET 程序开发完成后，如何才能发布到网上供其他人浏览访问呢？本节以 1.4 节开发的 Web 应用程序为例，介绍网站的发布和部署。

1.6.1 发布网站

ASP.NET 程序编译运行成功之后，可通过 Visual Studio 开发工具提供的【发布】实用工具部署到服务器中。Visual Studio 工具的发布有多种形式,可将应用程序发布到微软云服务 Microsoft Cloud Service、本地文件夹或文件共享、FTP/FTPS 服务器、IIS 等。【发布】实用工具对网站中的网页和代码进行预编译,将编译器输出写入指定的文件夹,然后将输出复制到目标 Web 服务器,并在目标 Web 服务器中运行应用程序。本小节介绍如何在 Visual Studio 工具中发布网站到本地文件夹,并部署到 IIS。

在解决方案资源管理器中,右击站点 ch01,在弹出的快捷菜单中选择【发布】命令,打开【发布】对话框,如图 1-34 所示。设置【目标】为【文件夹】,单击【下一步】按钮,在弹出的对话框内,单击【浏览】按钮选择文件夹,如图 1-35 所示。

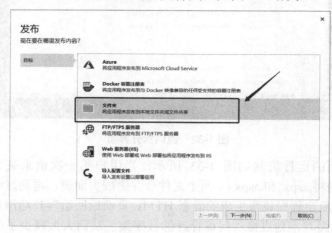

图 1-34　发布目标

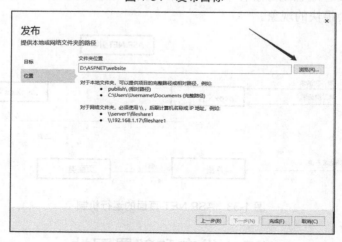

图 1-35　设置文件夹位置

单击【完成】按钮,网站发布准备就绪,单击发布页面中的【发布】按钮,至此,ch01 网站发布成功,输出如图 1-36 所示的信息。

此时,D 盘 website 文件夹下的文件就是网站发布生成的具体文件,只需要将其部署到 IIS 服务器即可。

注意比较站点文件夹 ch01 和发布文件夹 website 的内容,如图 1-37 和图 1-38 所示。站点文件夹 ch01 中包含所有的文件,如 Default.aspx、Default.aspx.cs、Default.aspx.designer.cs

等文件，而发布之后的 website 文件夹内只包含设计页面 Default.aspx、配置文件 web.config 和 bin 文件夹。可以发现，发布之后的项目文件夹内少了很多文件，这是 Visual Studio 工具将 aspx 页面、一般处理程序以及 Global 等文件的后台文件都编译成了一些 dll 文件，这些 dll 文件存放在 bin 文件夹中。

图 1-36　发布成功

图 1-37　站点文件夹 ch01

图 1-38　发布文件夹 website

1.6.2　IIS 的安装与配置

　　网站设计发布完成之后，需要在 IE 浏览器中浏览。IIS 作为当今流行的 Web 服务器之一，是由微软公司提供的基于 Microsoft Windows 运行的互联网基本服务，它提供了强大的 Internet 和 Intranet 服务功能，可以发布、测试和维护自己的 Web 页和 Web 站点。

　　Windows 7 或以上操作系统默认不自动安装 IIS，需要手动安装。具体安装步骤如下(以 Windows 10 操作系统为例)。

　　(1)　进入 Windows 10 操作系统的控制面板，在左侧选择【程序】选项，然后单击【启用或关闭 Windows 功能】按钮，如图 1-39 所示。

　　(2)　在打开的【Windows 功能】对话框中手动选择需要的功能，如图 1-40 所示，单击【确定】按钮，完成 IIS 的安装。

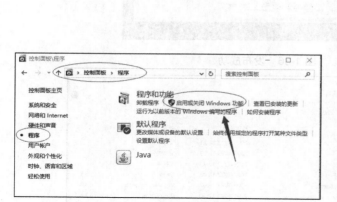

图 1-39　单击【启用或关闭 Windows 功能】选项　　　　图 1-40　选择需要的功能

　　(3)　IIS 安装成功之后，在【控制面板】|【系统和安全】|【管理工具】下打开 IIS 管理器，如图 1-41 所示。

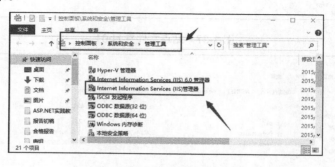

图 1-41　选择 IIS 管理器选项

　　(4)　在打开的 IIS 管理器中，右击【网站】选项，在弹出的快捷菜单中选择【添加网站】

命令，如图 1-42 所示。

图 1-42 选择【添加网站】命令

(5) 填写网站的名称 mySite(可任意)，选择应用程序池 DeafultAppPool，物理路径为之前发布网站的地址 D:\ASPNET\website，IP 地址若未分配，则为默认为本机 IP 地址，可从下拉框中选择其他 IP 地址。这里以本地计算机为例，默认端口为 80，若 80 端口被占用，可设置其他的端口，这里设置为 8080，如图 1-43 所示。

(6) 单击刚配置好的 mySite 站点，在功能视图中单击【默认文档】选项，如图 1-44 所示。

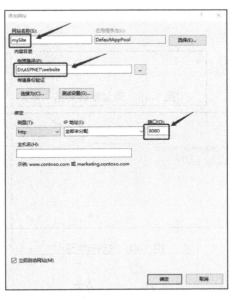

图 1-43 网站基本设置

(7) 在打开的【默认文档】设置页面中，单击【添加】按钮，弹出【添加默认文档】对话框，在该对话框中输入网站想要访问的首页面，如图 1-45 所示。

设置完 mySite 站点后，打开浏览器，输入网址 http://localhost:8080/，可以直接打开图 1-46 所示的程序运行界面。也可将 localhost 修改成 IP 地址，通过 IP 地址进行访问。

图 1-44　单击【默认文档】选项

图 1-45　添加默认文档

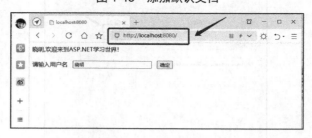

图 1-46　运行界面

小　结

本章首先介绍了.NET 框架的基本运行原理、Visual Studio 的安装过程和集成开发环境，最后通过一个实例介绍了开发 ASP.NET Web 应用程序的一般步骤。本章可以帮助读者了解学习 ASP.NET 所需要的知识，为后续章节的学习奠定良好的基础。

本章重点及难点：

(1) Visual Studio 的安装过程和集成开发环境。

(2) ASP.NET Web 应用程序的开发步骤。

习　　题

一、选择题

1. 下面关于 ASP.NET 页面运行过程的描述，正确的是(　　)。

   A. 直接执行

   B. 先编译后执行

   C. 首先编译成 MSIL 语言，再由 JIT 编译器编译成本机代码

   D. 以上都不正确

2. 若想修改按钮显示的名称，应当设置按钮的(　　)属性。

   A. Text　　　　　　B. Name　　　C. Enabled　　　　　D. Visible

3. 单击按钮(Button)时，触发的事件为(　　)。

   A. Load 事件　　　　　　　　　B. Click 事件

   C. DoubleClick 事件　　　　　　D. Closing 事件

二、填空题

1. 新建一个 Web 应用程序后，出现的默认设计页面的后缀名为_____，逻辑代码页面的后缀名为_____。

2. Visual Studio 工具支持的开发语言有_____、_____、_____和_____。

三、问答题

1. ASP.NET 应用程序的基本工作原理是什么？

2. 简述 Visual Studio 程序开发的一般步骤。

四、上机操作题

1. 安装 Visual Studio 开发工具。

2. 在计算机上完成本章实例的编辑，并调试运行。

微课视频

扫一扫，获取本章相关微课视频。

1-1 第一个 ASP.NET Web 应用程序.wmv　　　　1-2 发布与部署网站.wmv

第 2 章 ASP.NET 语言基础

本章将主要介绍开发 ASP.NET 应用程序需要用到的语言，包括编程语言 C#和网页设计标记语言 XHTML。C#程序设计语言决定了网站设计中的逻辑处理代码，而 XHTML 标记语言是最主要的网站页面设计语言。熟练掌握这两种技术，在开发 Web 应用程序时可以起到事半功倍的效果。

本章学习目标：

◎ 熟练掌握 C#语言的基本特性和基本语法结构。

◎ 熟练掌握 XHTML 文档的基本结构，了解常用 XHTML 标记的使用方法。

2.1 C#语言基础

C#(读作 C Sharp)语言是微软.NET 开发平台下的一种新型的编程语言，是.NET 开发平台的核心。

C#中的类型就是.NET 框架所提供的类型，C#本身无类库，而是直接使用.NET 框架提供的类库，因此，C#是最适合开发.NET 应用程序的编程语言。

C#语言具有面向对象编程语言的一切特性，如继承、封装、多态。需注意的是，C#语言只允许单重继承，不支持多重继承，从而使得类的定义和继承变得简单。

类是 C#语言的基本编程单位，任何代码都必须封装在类中，因此，不允许有游离在类定义体外的变量、常量或函数。

2.1.1 数据类型

C#中的数据类型有两种：值类型和引用类型。值类型包括基本数据类型、枚举类型和结构类型。引用类型包括类类型、接口类型、委托类型和数组类型。

C#提供了大量的内置数据类型，它们被称为基本数据类型，与之对应的是用户自定义的复合数据类型，如枚举类型、结构类型和引用类型。C#语言与.NET 框架的结合是无缝的，因此提供给 C#开发者的基本数据类型也是.NET 框架的一部分。表 2-1 列举了 C#语言中的基本数据类型，以及与它们对应的.NET 框架的数据类型、大小和说明。

表 2-1 C#的基本数据类型

C# 数据类型	.NET 框架数据类型	大小/b	说　明
bool	System.Boolean	8	逻辑值，true 或者 false，默认值为 false
byte	System.Byte	8	无符号的字节，所存储的值的范围是 0~255，默认值为 0
sbyte	System.SByte	8	带符号的字节，所存储的值的范围是−128~127，默认值为 0

C# 数据类型	.NET 框架数据类型	大小/b	说　明
char	System.Char	16	无符号的 16 位 Unicode 字符，默认值为'\0'
decimal	System.Decimal	128	不遵守四舍五入规则的十进制数，默认值为 0.0m
double	System.Double	64	双精度的浮点类型，默认值为 0.0d
float	System.Single	32	单精度的浮点类型，默认值为 0.0f
int	System.Int32	32	带符号的 32 位整型，默认值为 0
uint	System.UInt32	32	无符号的 32 位整型，默认值为 0
long	System.Int64	64	带符号的 64 位整型，默认值为 0
ulong	System.UInt64	64	无符号的 64 位整型，默认值为 0
short	System.Int16	16	带符号的 16 位整型，默认值为 0
ushort	System.UInt16	16	无符号的 16 位整型，默认值为 0

基本数据类型定义的变量都是值类型。值类型的变量总是包含该类型的值。

2.1.2　标识符

标识符是计算机语言里的常用术语。在 C#中，常量、变量、函数、类等的命名必须遵循一定的规则，符合这些规则的名称被称为 C#的合法标识符。具体规则如下。

(1) 标识符只能由字母、十进制数字、下划线(_)或汉字组成，且只能以字母、下划线或汉字开头。

(2) 如果以下划线开头，则必须至少包含一个其他字符。

(3) 不能是 C#中的关键字(保留字)。

(4) C#的标识符区分大小写。

下面列出了一些合法与不合法的标识符。

```
abcd、_123、乘数、if_else      // 合法的标识符
123abc                        // 不合法的标识符，不能以数字开头
_                             // 不合法的标识符，以下划线开头，应至少包含一个其他字符
Xy#56                         // 不合法的标识符，包含非法字符#
switch                        // 不合法的标识符，switch 是 C#中的关键字
```

注意：　① C#标识符区分大小写，如：AbCd 与 ABcd 是不同的标识符，在编写代码时要注意编码规范。

② 虽然在 C#中允许使用中文作为标识符，但是并不提倡这么做。

2.1.3　常量和变量

计算机处理的数据分为常量和变量两种，本小节将介绍常量与变量的概念以及它们的声明和使用方法。

常量是指在程序运行的过程中值保持不变的量。C#可用两种方式定义常量：常数常量和只读常量。常数常量通常为值类型，使用关键字 const 来定义，要求在定义时赋值。只读常量使用关键字 readonly 来定义，只读常量在程序运行中第一次使用时被确定。

变量是在程序运行的过程中值可以改变的量，它表示数据在内存中的存储位置，每个变量都有一个数据类型，以确定哪些数据能够存储在该变量中。C#是一种数据类型安全的语言，编译器可以保证存储在变量中的数据具有合适的数据类型。

在 C#中，声明变量的语法格式如下：

```
<数据类型> <变量名> = <表达式> … ;
```

2.1.4　运算符和表达式

运算符分为算术运算符、逻辑运算符、关系运算符、字符串连接运算符和赋值运算符等几种。本小节将详细介绍这些运算符及其优先级和表达式。表 2-2 列出了常用运算符的优先级和结合顺序。

表 2-2　运算符的优先级

级　别	运　算　符
1	++(作为前缀)、−−(作为前缀)、()、+(取正)、−(取负)、!、~
2	*、/、%、+(加号)、−(减号)
3	<<、>>
4	<、>、<=、>=、==、!=
5	&、^、|、&&、||、?:
6	=、*=、/=、%=、+=、−=、<<=、>>=、&=、^=、|=
7	++(作为后缀)、−−(作为后缀)

算术运算符用于完成算术运算，所涉及的操作对象有文本、常量、变量、表达式、函数以及属性调用等。C#的算术运算符及相应的表达式如表 2-3 所示。

表 2-3　算术运算符

运　算　符	运　　算	算术表达式示例	结果及说明
−	取负	−1	对数字 1 进行取负运算
+	加法	1+2	结果为 3
−	减法	1−2	结果为−1
*	乘法	1*2	结果为 2
/	除法	10/2	结果为 5
%	求余	10%4	结果为 2

关系运算符用于比较两个表达式之间的关系，比较的对象通常有数值、字符串和对象。关系运算的结果是一个 bool 值，即逻辑值，若比较的关系成立，则取 true(真)值，否则取false(假)值。

C#的关系运算符及相应的表达式如表 2-4 所示。

逻辑运算符用于判断操作数之间的逻辑关系，常用在程序的逻辑判断中。逻辑表达式的值为 bool 型，即结果为 true 或 false。

表 2-4　关系运算符

运 算 符	测试关系	关系表达式示例	结果(设 a 的值为 10)
==	等于	a == 8	false
!=	不等于	a != 8	true
<	小于	a < 8	false
<=	小于等于	a <= 8	false
>	大于	a > 8	true
>=	大于等于	a >=8	true

C#的逻辑运算符(也称布尔运算符)有：!(非)、&&(与)、||(或)。其中，只有逻辑非(!)为单目运算符，只需要一个操作数，其他均为双目运算符，必须有左右两个操作数参与运算。

2.1.5　流程控制语句

C#语言中的流程控制语句有三类：顺序控制语句、条件控制语句和循环控制语句。下面介绍 C#中常用的流程控制语句。

1. if 语句

程序中最常用的条件语句就是 if 语句。其一般格式如下。

```
if (<条件表达式>)
{
  <语句组>
}
```

该语句的执行过程是：首先判断<条件表达式>，若条件表达式的结果为真，则执行<语句组>；否则跳出 if 语句，转而执行 if 语句后面的语句。

if…else 语句是 if 语句的扩展形式，其格式如下。

```
if (<条件表达式>)
{
    <语句组 1>
}
else
{
    <语句组 2>
}
```

说明：　　①　<条件表达式>可以是关系表达式或逻辑表达式,表示执行<语句组>的条件。
　　　　　②　<语句组 1>和<语句组 2>可以是一条语句，也可以是多条语句。当只有一条语句时，花括号({})可以省略。

具有两个分支的 if 语句的执行过程为：首先判断<条件表达式>，若为真，执行<语句组 1>；否则执行 else 后面的<语句组 2>。

2. switch 语句

使用 if 语句的嵌套可以实现多分支选择，但仍然不够快捷。为此，Visual C# 提供了多分支选择语句 switch 来实现，其语法格式如下。

```
switch (<表达式>)
{
    case <常量表达式 1>:
        <语句组 1>
        break;
    case <常量表达式 2>:
        <语句组 2>
        break;
    …
    case <常量表达式 n>:
        <语句组 n>
        break;
    [default:
        <语句组 n + 1>
        break;]
}
```

说明：　①　<表达式>为必选参数，一般为变量。

②　<常量表达式>是用于与<表达式>匹配的参数，只可以是常量表达式，不允许使用变量。

③　<语句组>不需要使用花括号({})括起来，而是使用 break 语句来表示每个 case 子句的结尾。

④　default 子句为可选项。

3. for 语句

for 语句是最常用的一种循环语句，其一般格式如下。

```
for ([<表达式 1>]; [<表达式 2>]; [<表达式 3>])
{
    <循环体>
}
```

for 语句的执行过程如下。

(1)　进入 for 语句后，首先执行<表达式 1>，一般是给循环变量赋初值。

(2)　执行<表达式 2>，即判断<表达式 2>是否成立。如果成立，则执行<循环体>，否则跳出循环。

(3)　执行<表达式 3>，即修改循环变量的值。

(4)　得到新的循环变量的值后，再执行<表达式 2>，判断其是否成立，来决定是执行<循环体>还是跳出循环。

(5)　重复上述步骤，直到<表达式 2>的值为 false。

4. foreach 语句

foreach 语句用于枚举一个集合的元素，并对该集合中的每一个元素执行一次相关的语句，其一般格式如下。

```
foreach(数据类型 循环变量 in 表达式) { 语句 }
```

循环变量由数据类型声明，它的值是当前所遍历的集合中的元素的值。

5. while 语句

与 for 语句一样，while 语句也是 C#的一种基本的循环语句，常常用来解决根据条件执行循环而不关心循环次数的问题。

while 语句的一般形式如下。

```
while (<表达式>)
{
    <循环体>
}
```

while 语句的执行过程类似于 for 语句，其执行过程如下。

(1) 根据循环变量的初值判断循环条件是否成立，若成立，则执行循环体；否则跳出循环。

(2) 循环体执行完毕后，再判断循环条件，直到循环条件不成立为止。

6. do…while 语句

do…while 语句和 while 语句非常相似，唯一不同的是，do…while 循环的条件表达式位于循环体语句之后，故循环体语句至少执行一次。

do…while 语句的一般形式如下。

```
do
{
    <循环体>
} while (<表达式>);
```

do…while 语句的执行过程如下。

(1) 执行循环体一次。

(2) 根据循环变量的值判断循环条件是否成立，若成立，则执行循环体，否则跳出循环。

从描述中可以看出，do…while 循环的执行次数最少为 1 次，而 for 语句、while 语句循环的执行次数均最少为 0 次。

2.1.6　面向对象的知识

面向对象编程代表了一种全新的程序设计思路，它对问题的求解更符合人们的思维习惯。面向对象编程(Object-Oriented Programming，OOP)技术按照现实世界的特点来管理复杂的事物，它将数据及对数据的操作行为放在一起，作为一个相互依存、不可分割的整体——对象，对于相同类型的对象进行分类、抽象后，得出共同的特征而形成了类，面向对象编程就是定义这些类，并创建类的对象，来完成一定的任务。

1. 类和对象

对象的概念是面向对象技术的核心，所有的面向对象的程序都是由对象组成的。对象就是现实世界中某个具体的物理实体在计算机逻辑中的映射和体现。类是一种抽象的数据类型，它是所有具有一定共性的对象的抽象。

在 Visual C#中，声明类要用到关键字 class，其一般形式如下。

```
class <类名>
{
    <类的成员定义>
}
```

📑 **说明：**　在关键字 class 之前，还可以用修饰符指定类的访问权限，如 public 和 internal。

<类的成员定义>可以是常量、字段、方法、属性、事件、索引器、运算符、构造函数、析构函数等。

<类名>后可以有基类(如果有的话)的名字，以及被该类实现的接口名。

继承是面向对象编程的一个最重要的概念，使用继承可以避免大量的重复工作。继承是存在于面向对象程序设计中的两个类之间的一种关系，是面向对象程序设计方法的一个重要手段，通过继承可以更有效地组织程序结构，明确类与类之间的关系，充分利用已有的类来完成更复杂、更深入的开发。

任何类都可以从其他类继承，被继承的类称为父类，也叫基类，继承得到的类称为子类或派生类。C#不支持多重继承，一个类只能有一个直接父类，子类继承父类的状态和行为，同时也可以修改父类的状态或重载父类的行为，并添加新的状态和行为。C#中所有的类都直接或间接地继承 Object 类。

继承的定义方式如下。

```
class 派生类：基类
{
    类成员
}
```

2. 修饰符

C#定义了许多修饰符，其中可用于类的修饰符有 abstract、sealed、internal、public。

(1) abstract 修饰符：定义一个抽象类，抽象类必须被继承，它不能实例化。

声明抽象类的语法如下。

```
abstract class{…}
```

父类中的某些抽象不包含任何逻辑，并需要在子类中重写，子类提供这种抽象方法的实现细节。

(2) sealed 修饰符：声明密封类使用关键字 sealed。密封类是不能继承的类，故密封类不能作为基类，密封类也不可能同时是抽象类。被定义为 sealed 的类通常是一些有固定作用、用来完成某种标准功能的类，如系统定义好的 String、Int32、Math 类都是 sealed 类。除了密封类，sealed 还可以用于声明密封方法，使用密封方法的目的是使方法所在的派生类无法重载该方法，密封方法必须是对基类虚方法的重载。

💡 **注意：**　一个类不能同时被 sealed 和 abstract 修饰符所限定。

(3) internal 修饰符：由 internal 修饰的类只能在项目内部被访问。在默认情况下，类通常被声明为内部类(internal)。

(4) public 修饰符：由 public 修饰的类可以被任意项目访问。

用于限定类成员的可访问性的修饰符有 5 种，如表 2-5 所示。

表 2-5　类的访问修饰符

访问修饰符	意　义
public	访问不受限制，可以被任意存取
protected	访问仅限于本类或从本类派生的类
internal	访问仅限于当前程序集，即只可以被本组合体(Assembly)内所有的类存取，组合体是 C#语言中类被组合后的逻辑单位和物理单位，其编译后的文件扩展名往往是.DLL 或.EXE
protected internal	唯一的一种组合限制修饰符，它只可以被本组合体内所有的类和这些类的继承子类所存取
private	访问仅限于本类

在默认情况下，声明一个类时，如果在类名之前没有指定任何访问修饰符，则类被声明成内部的，即只有在当前项目中才能访问它，修饰符为 internal。而如果没有为类的成员指定任何访问修饰符，则类成员被声明为私有的，修饰符为 private。

3. 方法

方法是包含一系列语句的代码块。在 C#中，每个执行指令都是在方法的上下文中完成的。方法在类或结构中声明，声明时需要指定访问修饰符(默认为 private)、返回值、方法名称及任何方法参数。方法参数放在括号中，并用逗号隔开，空括号表示方法不需要参数。方法可以是静态的(使用 static 关键字)，也可以是非静态的。静态方法可以直接通过类来访问，而非静态方法则必须通过类的对象来访问。

例如，下面的类中有 4 个方法。

```
public class Motorcycle
{
   public void StartEngine() { }
   public void AddGas(int gallons) { }
   public int Drive(int miles, int speed) { return 0; }
   public static UpdateGPS(){ }
}
```

调用对象的方法类似于访问字段。在对象名称之后，依次添加句点、方法名称和括号。参数在括号内列出，并用逗号隔开。因此，可用如下代码来调用 Motorcycle 类的方法。

```
Motorcycle moto = new Motorcycle();
moto.StartEngine();
moto.AddGas(15);
moto.Drive(5, 20);
Motorcycle.UpdateGPS();
```

如前面的代码段所示，如果要将参数传递给方法，只需在调用方法时在括号内提供这些参数即可。对于被调用的方法，传入的变量称为"参数"。

方法所接收的参数也是在一组括号中提供的，但必须指定每个参数的类型和名称。该名称不必与参数相同，代码如下所示。

```
public static void PassesInteger()
{
   int fortyFour = 44;
   TakesInteger(fortyFour);
```

```
}
static void TakesInteger(int i)
{
    i = 33;
}
```

注意，TakesInteger 将新值赋给所提供的参数，但 TakesInteger 方法结束后，PassesInteger 方法中的参数 fortyFour 值将保持不变，这是因为 int 是"值类型"。默认情况下，将值类型传递给方法时，传递的是副本而不是对象本身。由于它们是副本，因此对参数所做的任何更改都不会在调用方法内部反映出来。之所以叫作值类型，是因为传递的是值，而不是同一个对象。

这与"引用类型"不同，后者是按引用传递的。将基于引用类型的对象传递到方法时，不会创建对象的副本，而是创建并传递形参对象的引用。因此，通过此引用所进行的更改将反映在调用方法中。引用类型是使用 class 关键字创建的，代码如下所示。

```
public class SampleRefType
{
    public int value;
}
```

现在，如果将基于此类型的对象传递给方法，它将按引用传递，可以看到对象 rt 的 value 属性的值发生了改变，代码如下所示。

```
public static void TestRefType()
{
    SampleRefType rt = new SampleRefType();
    rt.value = 44;
    ModifyObject(rt);
    Response.write(rt.value);
}
static void ModifyObject(SampleRefType obj)
{
    obj.value = 33;
}
```

方法可以向调用方返回值。如果返回类型(方法名称前列出的类型)不是 void，则方法可以使用 return 关键字来返回值。若 return 关键字的后面是与返回类型匹配的值，则该语句将值返回给方法调用者。return 关键字还可以用来停止方法的执行。如果返回类型为 void，也可用 return 语句来停止方法的执行，否则方法执行到代码块末尾时停止。

4. 数组

将一组有序的、个数有限的、数据类型相同的数据组合起来作为一个整体，用一个统一的名字(数组名)来表示，这些有序数据的全体称为一个数组。也就是说，数组是具有相同数据类型的元素的有序集合。

Visual C#中用一个统一的名字(数组名)来表示数组。如果要访问数组中的元素，就需要将数组名与下标(也称为索引)结合起来。所谓"下标"，就是指数组元素在数组中的索引值，用以表明数组元素在数组中的位置。在 Visual C# 中，数组元素的索引值是从 0 开始的，如 0, 1, 2, 3, 4, 5, 6, …

在 Visual C#中声明一个一维数组的一般形式如下。

```
<数组类型>[] <数组名>
```

说明： ① ＜数组类型＞是指构成数组元素的数据类型，可以是任意基本数据类型或自定义类型，如数值型、字符串型、结构等。

② 方括号([])必须放置在＜数组类型＞之后。

③ ＜数组名＞跟普通变量一样，必须遵循 Visual C# 的合法标识符规则，并且最好使用复数名称，如 numbers、times。

数组是引用类型，数组变量引用的是一个数组实例。声明一个数组时，不需要指定数组的大小，因此在声明数组时并不分配内存，而只有在创建数组实例的时候，才指定数组的大小，同时给数组分配相应大小的内存。

创建数组实例的方法与创建类的实例的方法类似，都需要使用 new 关键字。其一般形式如下。

```
<数组名> = new <>[]
```

可以在声明一维数组时使用 new 关键字对其实例化，并将其初始化，代码如下所示。

```
int[] numbers = new int[10] { 1, 2, 3, 4, 5, 6, 7, 8, 9, 10 };
string[] strs = new string[7] { "A", "B", "C", "D", "E", "F", "G" };
```

上述初始化的代码可以简写如下。

```
int[] numbers = new int[] { 1, 2, 3, 4, 5, 6, 7, 8, 9, 10 };
string[] strs = new string[] { "A", "B", "C", "D", "E", "F", "G" };
```

甚至还可以写成如下形式。

```
int[] numbers = { 1, 2, 3, 4, 5, 6, 7, 8, 9, 10 };
string[] strs = { "A", "B", "C", "D", "E", "F", "G" };
```

可以使用 foreach 语句访问数组中的每一个元素。

5. 异常处理

.NET 框架提供了一种标准的错误报告机制，称为结构化异常处理。在.NET 中，异常是一些提供错误信息的类，用户可以用某种方式编写代码监视异常的发生，然后以一种适当的方法处理异常。

在 Visual C# 中处理异常时，需要在代码中关注以下 3 个部分。

◎ 可能导致异常的代码段(通常称为抛出异常)——try 块。

◎ 执行代码过程中发生异常时将要执行的代码段(通常称为捕获异常)——catch 块。

◎ 异常处理后要执行的代码段(可选的，通常称为结束块)——finally 块。

try...catch...finally 语句的基本形式如下。

```
try
{
    //可能导致异常的代码段
}
[catch
{
    //异常处理代码段
}]
[finally
{
```

```
        //异常处理后要执行的代码段
} }
```

对以上语法结构说明如下。

◎ try 块包含可能导致异常的代码段,是必选项。

◎ catch 块包含异常处理代码段,为可选项,可以有一个或者多个 catch 块。

◎ finally 块包含异常处理后要执行的代码段(总是会执行),也为可选项,并且只能有一个。当存在 catch 块(一个或者多个)时,可以没有 finally 块,但没有 catch 块时,必须有 finally 块。

try...catch...finally 语句的执行过程为:首先执行 try 块包含的语句,若没有发现异常,则继续执行 finally 块包含的语句,执行完后跳出 try 结构;若在 try 块包含的语句中发现异常,则立即转向执行 catch 块中的语句,然后执行 finally 块包含的语句,执行完后跳出 try 结构。

2.2 XHTML 标记语言

可扩展超文本标记语言(eXtensible HyperText Markup Language,XHTML)由一些特定的符号和语法组成,表现方式与超文本标记语言(HTML)类似。XHTML 是 W3C 的最新 HTML 标准,也是更严谨、更纯净的 HTML 版本,它是为了取代 HTML 而诞生的。同时,XHTML 也是增强的 HTML,它的可扩展性和灵活性可以适应未来网络应用更多的需求。例如,要想在移动电话和手持设备上的浏览器里显示 Web 页面内容,就必须遵循 XHTML 语法规范。在 VS.NET IDE 中对 XHTML 标签的输入提供了完善的智能提示功能,并能自动实时监测语法的错误。

XHTML 的结构很简单,它的实现是一种"排版"语言,也就是告诉浏览器:这里是一段文字,那里有图片。HTML 标签构成了 XHTML 文件,文件后缀名是.htm 或.html。HTML 文件实际就是一种包含很多标签的纯文本文件,而标签告诉浏览器如何显示页面。

XHTML 文件的基本特征如下。

(1) 标签由"<"和">"括起来。

(2) 标签成对出现,结束标签有"/"。

(3) 标签可以嵌套,但先后顺序必须一致。

(4) 标签中的内容就是文本内容,标签就是告诉浏览器其中的内容是何元素。

(5) HTML 标签不区分大小写,XHTML 标签必须小写。

2.2.1 XHTML 的基本结构

一个有效的 XHTML 页通常包括三大部分:文档类型说明(DOCTYPE)、头部信息和正文信息。这三部分有机结合,构成了整个 XHTML 文档结构。

(1) 文档类型说明:用来说明文件用的 XHTML 或 HTML 版本。在 XHTML 中必须声明文档类型,以便于浏览器知道正在浏览的文件类型并检查文档。声明必须放在文档的 html 标签前。

(2) 头部信息:<head>标签内的元素信息是提供给浏览器作为辅助信息使用的,不会显示在浏览器窗口内。只有<title></title> 标签内的文档标题信息会显示在浏览器最上边的标题栏里。这部分主要用来引入脚本和 CSS 样式。

```
<head>
    <title></title>
</head>
```

(3) 正文信息：body 标签内的信息就是正文信息，html 页面要显示的具体内容都放置在这部分。

下面的代码是前面示例完整的 XHTML 文档，说明了 XHTML 文件的固定格式。

```
<!DOCTYPE html>
<html xmlns="http://www.w3.org/1999/xhtml">
<head>
<meta http-equiv="Content-Type" content="text/html; charset=utf-8"/>
    <title></title>
</head>
<body>

</body>
</html>
```

◎   第一行是文档说明。
◎   第一个标签是<html>，表示 HTML 文件的开始，最后的标签是</html>。
◎   <head>和</head>标签中的内容是 HTML 头部信息。
◎   <title>和</title> 标签中的内容是标题信息。
◎   <body>和</body>标签中的内容是 HTML 具体要显示的信息。

2.2.2   头标签<head>

<head></head>头标签一般位于文档的头部，用于包含当前文档的有关信息，例如标题和关键字。头部内容一般不会显示在网页上，而是另有作用。

在头部有一个元素标签<meta>，它主要表示一个文档页面的信息，如作者、关键字及描述等。这些信息用于特定的场合，如刷新页面、供网络搜索引擎搜索等。

<meta>标签的一般格式如下。

```
<meta name="属性名称" content="属性值">
```

下面介绍<meta>标签的几个常用属性。

1. 搜索

很多搜索引擎在搜索页面时，实际搜索的页面内容就是<meta>标签中属性 keyword 的值，因此可以利用这一点提高网站被搜索的概率，如下所示。

```
<meta name="keyword" content="ASP.NET,实践,BBS 论坛">
```

这样，当用户搜索"ASP.NET""实践""BBS 论坛"关键字时就有可能搜到该网页。

2. 刷新

若用户希望当前的页面在某个时间定时刷新，就可以使用<meta>标签中的 refresh 属性来完成。如在制作聊天室时需要设置定时刷新，以便及时从服务器上读取最新的聊天信息。

实现此功能的<meta>标签如下所示。

```
<meta name="refresh" content="5">
```

它表示每隔 5s 就刷新一次页面。

若希望客户请求页面首页时，先加载一个问候页面，再跳转到首页，也可以利用 refresh 来完成，在问候页面添加如下头标签。

```
<meta name="refresh" content="5;url=index.htm">
```

2.2.3 其他常用标签

浏览网页时，最直接、最直观地获取信息的方式就是通过文本。文本是最基本的信息载体，不管网页内容如何丰富，文本始终都是网页中最基本的元素。下面将介绍页面布局与文字设计方面常用的 HTML 标签。

**1.
标签**

在编写 HTML 文件时，不必考虑细微的设置，也不必理会段落过长的部分会被浏览器切掉。因为在 HTML 语言规范里，每当浏览器窗口被缩小时，浏览器会自动将右边的文字转折至下一行。所以，编写者应在自己需要断行的地方加上
标签。

标签的基本语法如下。

```
<br>
```

2. <p>标签

为了使文字排列得整齐、清晰，常用<p></p>标签进行分段。段落的开始用<p>来标记，段落的结束用</p>来标记。</p>是可以省略的，因为下一个<p>的开始就意味着上一个<p>的结束。

<p>标签有一个属性 align，它用来指明字符显示时的对齐方式。<p>标签的 align 属性有 center、left 和 right 三个值。

<p>标签的基本语法如下。

```
<p align="对齐方式">...</p>
```

3. <hr>标签

<hr>标签可以在屏幕上显示一条水平线，用以分隔页面中的不同部分，从而使文档结构清晰、层次分明，便于浏览。

<hr>标签有如下几个常用属性。

(1) size：设置水平线的长度、高度。

(2) width：设置水平线的宽度，用占屏幕宽度的百分比或像素值来表示。

(3) align：设置水平线的对齐方式，有 center、left 和 right 三个属性值。

(4) noshade：设置水平线的无阴影属性，即为实心线段。

4. <font>标签

浏览器中出现的文字内容都包含在<body>标签内，这些普通文字默认为 3 号字体，字体标签为<font>。

<font>标签有如下几个常用属性。

(1) color：设置字体颜色。

(2) face：设置字体名称，如"宋体""楷体"等。

(3) size：设置字体大小，size 属性的有效值范围为 1～7。

5. <div>标签

<div>标签块标签，不具有实际的意义，其作用是设定内容的摆放位置，实际上就是一个"容器"，用来放置其他元素，基本格式如下。

```
<div>  内容  </div>
```

6. <img>标签

<img>标签是图片标签，且是单标签，基本格式如下。

```
<img src="URL" alt="文字"/>
```

其中，src 属性是图像的 URL，alt 属性指定了替代的文本，表示当鼠标指针滑过图像时，若图像无法显示或者用户禁用图像显示，则 alt 属性值代替图像显示在浏览器中。

7. <a>标签

<a>标签是超链接标签，用户可以使用它从一个页面直接跳转到其他页面、图像或服务器。<a>标签的基本格式如下。

```
<a href="资源地址" target="窗口显示方式">链接文字</a>
```

链接标签<a>一般有 href 和 target 两个属性。href 用于指定链接地址，可以链接到网站外部，也可以链接到网站内部。当链接到网站外部时，href 所指定的网站地址前面必须加上http://。当链接到网站内部时要注意路径关系。target 用来设置链接被单击后窗口的显示方式，可选属性值有 4 种：_blank、_parent、_self 和_top。

8. <select>标签

<select>标签是下拉列表框标签，基本格式如下。

```
<select>
   <option value="值">选项</option>
   <option value="值">选项</option>
</select>
```

下拉列表框中的选择项目使用<option>标签表示，可以包含多个。<option>标签的 value属性可以用来设置选择项目对应的值。

2.2.4 表格

表格在网站中应用非常广泛，可以方便灵活地排版，很多动态大型网站都是借助表格排版，表格可以把相互关联的信息元素集中定位，使页面一目了然。

在 HTML 文档中，表格主要通过<table>、<tr>、<td>标签来完成，其基本格式如下。

```
<table>...</table>    定义表格
<caption>...</caption>  定义标题
<tr>      定义表行
<th>      定义表头
<td>      定义表元(表格的具体数据)
```

1．表格的标题

表格标题的位置有两种：表格上方和表格下方。表格标题的位置由 align 属性设置。下面为表格标题位置的设置格式。

设置标题位于表格上方，其格式如下。

```
<caption align=top> ... </caption>
```

设置标题位于表格下方，其格式如下。

```
<caption align=bottom> ... </caption>
```

2．表格的尺寸设置

一般情况下，表格的总长度和总宽度是根据各行和各列的总和自动调整的，若要直接固定表格的大小，则需使用如下格式。

```
<table width=n1 height=n2>
```

其中，width 表示表格的宽度，height 表示表格的高度，值 n1 和 n2 可以直接用像素表示，也可以用百分比(与整个页面相对的大小比例)表示。

表格的边框用 border 属性设置，表示表格边框线的粗细度。

3．表格的颜色

在表格中，既可为整个表格添加底色，也可以为任意一行、一个单元格使用背景色。表格的背景色彩设置格式如下。

```
<table bgcolor=#>
```
行的背景色彩设置格式如下。

```
<tr bgcolor=#>
```

单元格的背景色彩设置格式如下。

```
<td bgcolor=#>
```

其中，#表示十六进制的 RGB 数码，或是预定义的色彩名称，如#00FFCC、#AFE、Black、Red、Blue、White 等。

2.3　CSS 简介

在设计一个 Web 应用程序的网页原型时，网站的大多数页面风格应保持一致，即采用相同的布局。几种典型的网页布局大致如图 2-1 所示。

网页自上而下一般分为页首、导航条、正文、页脚 4 个部分。页首部分放置网站的标题以及横幅广告条，导航条和页脚部分放置网站的基本信息、联系方式、版权声明等。

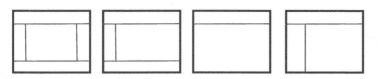

图 2-1   典型布局

使用 HTML 的<div>标签可以很轻松地将页面分成不同的区域，但要想实现与原型一样的效果，还需要结合 CSS(Cascading Style Sheets，层叠样式表)对每个部分进行设计。CSS 能对网页中对象的位置进行像素级的精确控制，支持几乎所有的字体字号样式，能制作出丰富多彩的网页，是目前基于文本展示最优秀的设计语言。

2.3.1   CSS 的三种样式

在网页中，CSS 分为 3 种：外联式 Linking(也叫外部样式)、嵌入式 Embedding(也叫内页样式或内部样式)、内联式 Inline(也叫行内样式)。在一文档内可以同时使用这 3 种样式，其优先级为：内联式>嵌入式>外联式。

1. 外联式

如果一个样式需要应用于多个页面，外联式就是最理想的选择。可以将 CSS 代码编写在一个独立的文件中，该文件的后缀名为.css，在需要应用此样式的页面的首部添加<link>标签引用。例如：

```
<head>
<link rel="stylesheet" type="text/css" href="mystyle.css">
</head>
```

2. 嵌入式

如果某个页面需要单独应用特殊样式，就需要使用嵌入式样式。在页面的<head>部分通过<style>标签定义内部样式。例如：

```
<head>
    <style type="text/css">
      body {
          background-color: red;
            font-size:12px;
          text-align:center;
      }
    </style>
<! --其他代码>
</head>
```

3. 内联式

使用内联样式的方法是在相关的标签中使用样式属性。样式属性可以包含任何 CSS 属性。以下代码将改变段落的颜色和左外边距。

```
<p style="color: red; font-size:20px;">
Hello World!
</p>
```

2.3.2　CSS 的基础语法

CSS 规则主要由两部分构成：选择器和一条或多条声明。定义 CSS 样式的格式如下。

```
选择器{
    属性名称 1:属性值 1;
    属性名称 2:属性值 2;
    …
}
```

选择器是 CSS 的核心，CSS 的选择器可以分为三大类，即 id 选择器、class 选择器和标签选择器。

1. id 选择器

id 选择器可以为标有特定 id 的 HTML 元素指定特定的样式，以#来定义。元素的 id 在整个页面中是唯一的。通过 id 定义 CSS 的语法格式如下。

```
# id 名称{
    属性名称 1:属性值 1;
    属性名称 2:属性值 2;
    …
}
```

下面的两个 id 选择器中，第一个定义元素的颜色为红色，第二个定义元素的颜色为绿色。

```
#red {color:red;}
#green {color:green;}
```

下面的 HTML 代码中，id 属性为 red 的 p 元素显示为红色，而 id 属性为 green 的 p 元素显示为绿色。

```
<p id="red">这个段落是红色。</p>
<p id="green">这个段落是绿色。</p>
```

2. class 选择器

如果页面上有多个元素都需要使用相同的样式，则可通过 class 选择器设置，以一个点号定义。通过类名定义 CSS 样式的语法如下。

```
.类名 {
    属性名称 1: 属性值 1;
    属性名称 2: 属性值 2;
    …
}
```

以下语句定义了一个 center 类，表示所有拥有 center 类的元素都居中显示。

```
.center {text-align: center}
```

在下面的 HTML 代码中，h1 和 p 元素都拥有 center 类。这意味着二者都将遵守.center 选择器中的规则。

```
<h1 class="center">
此段落将被居中显示
```

```
</h1>
<p class="center">
此段落也将被居中显示
</p>
```

3．标签选择器

标签选择器也称属性选择器，其以网页中已有的标签名作为名称选择器。以下样式表示将页面中所有<p>标签中的文字颜色都设置为红色并居中显示。

```
p {
color:red;
text-align: center;
}
```

2.4　DIV+CSS 布局

DIV+CSS 是 Web 设计标准，是一种网页布局方式。与通过表格(table)布局的传统方式不同，DIV+CSS 布局方式可以实现网页页面内容与表现相分离。本节以典型的拐角型页面和用户登录页面为例介绍 DIV+CSS 布局。

2.4.1　拐角型页面的设计

拐角型页面是常用的网站布局，页面主要划分为上、中、下 3 个区域。其中，上部区域用来放置标题或 Logo；中部区域是页面的主要部分，经常分成左、右 2 个区域。左边放导航条，右边放置主要内容；下部区域用来放置公司的基本信息、联系方式和版权说明等。

拐角型页面的设计步骤如下。

(1)　打开 Visual Studio 工具，新建 Web 应用程序项目，项目名称为 ch02，在解决方案资源管理器中右击站点文件夹 ch02，在弹出的快捷菜单中选择【添加】|【新建项】命令，添加一个 Web 窗体(也可以添加 HTML 页面)，文件命名为 eg02_1.aspx。

(2)　单击打开 eg02_1.aspx 文件，然后单击工作区下方的【源】按钮，打开 XHTML 源文件，在 body 标签内添加如下代码。

```
<body>
    <form id="form1" runat="server">
    <div id="Container">
        <div id="Header">
            首部：标题，Logo 等
        </div>
        <div id="MainBody">
            <div id="Left">左边栏：导航</div>
            <div id="Right">主要内容</div>
        </div>
        <div id="Footer">
            尾部：基本信息，版权说明等
        </div>
    </div>
    </form>
</body>
```

在该代码中，包含了 6 个 DIV，其中最外层的 Container 用来设置整个网页的特征，

Container 内包含 3 个 DIV，分别是首部 Header、中部 MainBody 和尾部 Footer。MainBody 层为页面中间部分，又分为 Left 和 Right 左右两层。也可以不设置 MainBody 层，而直接设置 Left 层和 Right 层。

(3) 在解决方案资源管理器中右击站点文件，添加样式表文件，如图 2-2 所示。

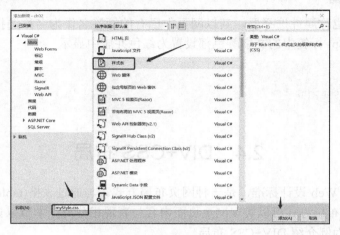

图 2-2　添加样式表文件

(4) 在打开的样式表文件内添加 CSS 代码，分别对各层的颜色、大小和位置等进行设置，代码如下。

```
body
{
    background-color: #CCFFFF;
    text-align: center;
}
#Container
{
    background-color: #FFCCFF;
    border: 1px double #0000FF;
    width: 900px;
    height: 800px;
    margin: auto;
}
#Header
{
    background-color: #000099;
    font-size: 48px;
    color: #FFFFFF;
    font-family: 微软雅黑;
    height: 120px;
    padding-top: 20px;
}
#MainBody
{
    height: 500px;
    background-color: #CC99FF;
}
```

```
#Left
{
    width: 150px;
    float: left;
    overflow: hidden;
    background-color: #99FF66;
    height: 100%;
}
#Right
{
    background-color: #FFFF66;
    width: 740px;
    height: 100%;
    float: right;
    overflow: hidden;
    font-size: xx-large;
    font-family: 华文琥珀;
}
#Footer
{
    height: 180px;
    background-color: #993366;
}
```

(5) 打开解决方案资源管理器，用鼠标拖动 myStyle.css 文件至 eg01.aspx 文件的 head 标签处，即可自动添加引用 CSS 文件的代码，如图 2-3 所示。

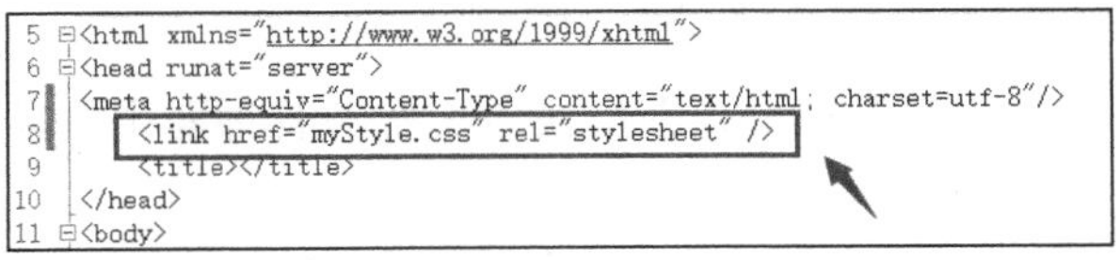

```
5  <html xmlns="http://www.w3.org/1999/xhtml">
6  <head runat="server">
7  <meta http-equiv="Content-Type" content="text/html; charset=utf-8"/>
8      <link href="myStyle.css" rel="stylesheet" />
9      <title></title>
10 </head>
11 <body>
```

图 2-3　添加 link 标签

(6) 保存所有文件，运行程序，如图 2-4 所示。

图 2-4　拐角型页面运行效果

这里仅以颜色演示拐角型页面布局的效果,在实际设计中,可将具体内容放入不同的区域中。

2.4.2 用户登录页面的设计

在很多典型的案例中,用户登录页面是必不可少的。本小节使用 DIV+CSS 制作用户登录页面,具体步骤如下。

(1) 打开站点 ch02,在解决方案资源管理器中右击站点文件,在弹出的快捷菜单中选择【添加】|【新建项】命令,添加一个 Web 窗体,文件名为 eg02_2.aspx,添加一个样式表文件,文件名为 loginStyle.css。

(2) 在站点文件夹 ch02 下,新建文件夹 images,将事先准备好的网站中的所有素材放在该文件夹内,如图 2-5 所示。

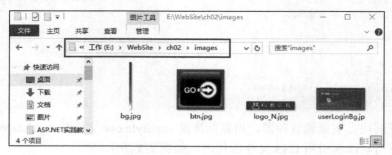

图 2-5　素材文件夹

(3) 返回 Visual Studio 开发环境,在解决方案资源管理器中刷新站点 ch02,可看到刚放入 images 文件夹中的素材已经显示在该解决方案中。

(4) 打开 eg02_2.aspx 文件,在<head>标签中添加引用 loginStyle.css 的<link>标签,在<body>标签中添加用来分层的<div>标签,代码如下。

```
<head runat="server">
<meta http-equiv="Content-Type" content="text/html; charset=utf-8"/>
    <link href="loginStyle.css" rel="stylesheet" />
    <title></title>
</head>
<body>
    <form id="form1" runat="server">
     <div id="Container">
     <div id="Logo"></div>
     <div id="MainBody">
       <div id="TabBody">
       <table class="style1">
       <tr>
       <td style="color: #FFFFFF">用户名: </td>
        <td>
          <asp:TextBox ID="TextBox1" runat="server"></asp:TextBox>
        </td>
        <td rowspan="2">
          <asp:ImageButton ID="ImageButton1" runat="server" ImageUrl="~/images/btn.jpg" />
         </td>
```

```
      </tr>
      <tr>
      <td  style="color: #FFFFFF">密码: </td>
      <td>
      <asp:TextBox ID="TextBox2" runat="server"></asp:TextBox>
      </td>
      </tr>
      </table>
      </div>
     </div>
      </div>
    </form>
</body>
```

其中，asp:TextBox、asp:ImageButton 标签为 ASP.NET 的 Web 服务器控件，将在第 4
章详细介绍。

(5) 打开 loginStyle.css 文件，为各层设置背景颜色、文字大小、位置等，代码如下。

```
body
{
    background-image: url('../images/bg.jpg');
    background-repeat: repeat-x;
    text-align: center;
}
#Container
{
    margin: auto;
    width: 660px;
    height: 450px;
}
#Logo
{
    background-image: url('../images/logo_N.jpg');
    background-repeat: no-repeat;
    height: 120px;
}
#MainBody
{
    background-image: url('../images/userLoginBg.jpg');
    height: 310px;
  position:relative;
}
#TabBody
{
    position: absolute;
    top: 127px;
    left: 240px;
    height: 75px;
    width: 357px;
}
```

(6) 保存所有文件，运行程序，效果如图 2-6 所示。

图 2-6　用户登录页面

2.5　实战：猜数游戏

某电视节目有这样一个竞猜环节：选手只知道一件商品的价格范围是 1~2000 元，选手有 3 次竞猜机会，主持人会提示选手每次猜出的价格是低了还是高了，若猜中了，则选手会赢得该商品，否则将接受惩罚。

具体设计步骤如下。

(1)　准备素材。在站点 ch02 的 images 文件夹上右击，在弹出的快捷菜单中选择【添加】|【新建文件夹】命令，添加一个 goods 文件夹，用来存放商品的图片。将商品图片素材复制到 goods 文件夹中，如图 2-7 所示。

(2)　添加商品类。右击站点 ch02，在弹出的快捷菜单中选择【添加】|【类】命令，在弹出的对话框中选择【类】模板，输入类文件的名称 Goods.cs，如图 2-8 所示，单击【添加】按钮。

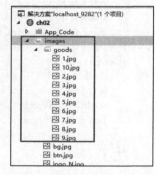

图 2-7　商品素材

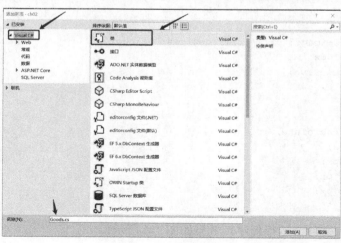

图 2-8　添加类

(3) 打开 Goods.cs 文件，为商品类添加数据成员和方法成员，代码如下。

```
public class Goods
{
    string goodsName; //商品名称
    string goodsImage; //商品图片
    int price;   //商品价格

    public string GoodsName {
        get{
            return goodsName;
        }
        set
        {
            goodsName = value;
        }
    }
    public string GoodsImage {
        get
        {
            return goodsImage;
        }
        set
        {
            goodsImage = value;
        }
    }
    public int Price {
        get
        {
            return price;
        }
        set
        {
            price = value;
        }
    }

    public Goods(string goodsName,string goodsImage,int price)
    {
        this.goodsName = goodsName;
        this.goodsImage = goodsImage;
        this.price = price;
    }
}
```

(4) 设计界面。本实例将采用嵌入式和内联式的样式来设计界面。在解决方案资源管理器中，右击站点 ch02，在弹出的快捷菜单中选择【添加】|【Web 窗体】命令，新建一个 Web 页面 eg02_3.aspx。首先在该页面的<form>标签处添加<div>标签，对页面进行分层，如图 2-9 所示。

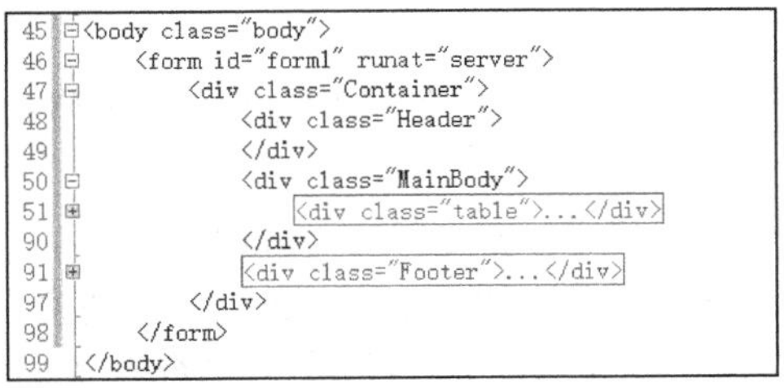

```
45  <body class="body">
46      <form id="form1" runat="server">
47          <div class="Container">
48              <div class="Header">
49              </div>
50              <div class="MainBody">
51                  <div class="table">...</div>
90              </div>
91              <div class="Footer">...</div>
97          </div>
98      </form>
99  </body>
```

图 2-9　DIV 设计

(5) 找到<head>标签，为<body>标签和各 DIV 层添加样式，代码如下。

```
<head runat="server">
<meta http-equiv="Content-Type" content="text/html; charset=utf-8"/>
    <title></title>
    <style type="text/css">
        .body {
            text-align: center;
        }

        .Container {
            width: 800px;
            height: 600px;
            margin: auto;
        }
        .Header{
            background-image: url('images/pricelogo.jpg');
            width: 100%; height: 56%;
            background-repeat: no-repeat;
        }
        .MainBody {
            height: 280px;
            background-color: #B81010;
            position: relative;
        }

        .table {
            position: absolute;
            top: 0px;
            left: 90px;
            height: 260px;
            width: 604px;
            background-color: #FFFFFF;
text-align:center;
        }

        .Footer {
            height: 80px;
            background-color: #993366;
        }
    </style>
</head>
```

(6) 打开 eg02_3.aspx 的设计页面，在中间层(class 属性值为 table)的 DIV 中，选择【表】|【插入表格】命令，添加一个 6 行 2 列的表格，如图 2-10 所示。

① 合并表格的第一行单元格，添加一个 Button 控件，修改其 text 属性为"开始猜价格"。

② 在第 2 行的第 1 个单元格中输入文字"商品："，在第 2 个单元格中添加一个 Image 控件和一个 Label 控件。

③ 在第 3 行的第 1 个单元格中输入文字"输入商品价格："，在第 2 个单元格中添加一个 TextBox 控件。

④ 在第 4 行的第 2 个单元格中添加 2 个 Button 控件。

⑤ 在第 5 行的第 2 个单元格中添加一个 Label 控件，调整各控件的大小和位置，所有控件的 id 属性都采用默认值。关于控件的具体介绍请查看本书第 4 章。页面设计效果如图 2-11 所示。

图 2-10　添加表格

图 2-11　页面设计效果

该页面的 XHTML 标签的主要代码如下。

```
<body class="body">
<form id="form1" runat="server">
  <div class="Container">
    <div class="Header">
      </div>
    <div class="MainBody">
     <div class="table">
      <table style="width: 100%; height: 256px">
       <tr>
       <td style="font-size: 36px; font-family: 幼圆;" colspan="2">
       <asp:Button ID="Button3" runat="server" Font-Bold="True" Font-Size="24pt"
            Text="开始猜价格" Width="243px" OnClick="Button3_Click" />
        </td>
       </tr>
       <tr>
        <td style="width: 178px; text-align: right; font-family: 微软雅黑;">商品: </td>
```

```
        <td style="text-align: left;font-family: 微软雅黑;">
         <asp:Image ID="Image1" runat="server" Width="100px" Height="100px"
             ImageUrl="~/images/goods/1.jpg" />
         <asp:Label ID="Label2" runat="server"></asp:Label>
          </td>
         </tr>
         <tr>
         <td style="width: 178px; text-align: right; font-family: 微软雅黑;">
             输入商品价格: </td>
         <td style="text-align: left;">
         <asp:TextBox ID="TextBox1" runat="server" Width="177px"></asp:TextBox>
           </td>
         </tr>
          <tr>
        <td style="width: 178px; text-align: right; font-family:微软雅黑;"> </td>
         <td style="text-align: left;">
         <asp:Button ID="Button1" runat="server" Text="猜一下" OnClick="Button1_Click" />
                         
          <asp:Button ID="Button2" runat="server" Text="重新开始" OnClick="Button2_Click" />
            </td>
          </tr>
       <tr>
       <td style="width: 178px; text-align: right; font-family: 微软雅黑;"> </td>
       <td style="width: 178px; text-align: left;">
       <asp:Label ID="Label1" runat="server" Text=""></asp:Label>
       </td>
       </tr>
     </table>
</div>

</div>
 <div class="Footer">
            <br />

       <p style="font-family: 华文细黑; color: #FFFFFF">
       版权归沃尔玛商家所有，盗版必究   服务热线: 020-888888 </p>
          </div>
         </div>
    </form>
</body>
```

(7) 打开 eg02_3.aspx.cs 文件，在该类中添加如下代码。

```
static Goods[] goods;
static int price;
static int count;
private void createGoods()
 {
      goods = new Goods[5];
      goods[0] = new Goods("洗衣机", "1.jpg", 1158);
      goods[1] = new Goods("茶具", "2.jpg", 958);
      goods[2] = new Goods("热水壶", "3.jpg", 268);
      goods[3] = new Goods("电饭煲", "4.jpg", 768);
      goods[4] = new Goods("电磁锅", "5.jpg", 558);

}
protected void Page_Load(object sender, EventArgs e)
{
   if(!IsPostBack)
   {
     Button1.Enabled = false;
```

```
        Button3.Enabled = true;
    }
}
```

上述代码中，定义了一个全局的静态数组 goods，用来存储商品信息；price 变量用来存储商品的价格；count 变量用来存储猜数的次数。

createGoods 方法用来创建商品信息。该例中创建了 5 个商品，可以通过数据库存储商品信息，这里用数组存储。

Page_Load 事件中的代码用来设置初始值，即在刚开始的时候，【猜一下】按钮不可用，【开始猜价格】按钮可用。

(8)　在设计页面中，双击【开始猜价格】按钮，添加该控件的 Click 事件代码，如下所示。

```
protected void Button3_Click(object sender, EventArgs e)
{
    createGoods(); //创建商品
    count = 0; //开始计数
    Random rand = new Random();
    int key = rand.Next(0, 5); //随机获取商品
    Label2.Text = goods[key].GoodsName;
    price= goods[key].Price ;
    Image1.ImageUrl = "~/images/goods/" + goods[key].GoodsImage;
    Label1.Text = "";
    Button1.Enabled = true;
}
```

(9)　在设计页面中，双击【猜一下】按钮，添加该控件的 Click 事件代码，如下所示。

```
protected void Button1_Click(object sender, EventArgs e)
    {
    Button3.Enabled = false;
    int userPrice;
    count++;
    if (int.TryParse(TextBox1.Text.Trim(), out userPrice))
    {
        if (count <= 3)
        {
        if (userPrice > price)
        {
            Label1.Text = "哎呦，没这么贵!!";
        }
        else if (userPrice < price)
        {
            Label1.Text = "哎呦，没这么便宜!!";
        }
        else
        {
            Label1.Text = "恭喜你猜中了，这件商品你可以抱走啦!!";
            Button3.Enabled = true;
            TextBox1.Text = "";
        }
        if(count==3)
        {
            Label1.Text += "3 次机会都用完啦!";
            Button3.Enabled = true;
            Button1.Enabled = false;
            TextBox1.Text = "";
        }
```

```
        }
    }
    else
    {
        Label1.Text = "请输入(1~2000)整数! ";
    }
}
```

(10) 在设计页面中，双击【重新开始】按钮，添加该控件的 Click 事件代码，如下所示。

```
protected void Button2_Click(object sender, EventArgs e)
{
    Button1.Enabled = false;
    Button3.Enabled = true;
    Label1.Text = "";
    Image1.ImageUrl = "";
    Label2.Text = "";
    TextBox1.Text = "";
}
```

(11) 保存所有文件，运行程序，效果如图 2-12 所示。单击【开始猜价格】按钮，输入一个价格，单击【猜一下】按钮，效果如图 2-13 所示。如果 3 次都没有猜中，则效果如图 2-14 所示。

图 2-12　运行界面(1)

图 2-13　运行界面(2)

图 2-14　运行界面(3)

小　　结

本章主要介绍了 C#编程语言的特点及基本语法，包括数据类型、运算符和表达式、流程控制语句等，还介绍了网页设计基础 XHTML 标记语言的使用。C#是面向对象的编程语言，而类是面向对象程序设计的核心，读者应掌握面向对象的程序设计思想，为以后的应用程序编程奠定扎实的基础。XHTML 标签是网页的主要元素，本章主要介绍了几个常用的 XHTML 标签，为后面的章节作铺垫。

本章重点和难点：

(1) C#语言的数据类型、值类型和引用类型的区别。

(2) 条件控制语句的使用，包括 if 语句、if…else 语句、switch 语句。

(3) 循环控制语句的使用，包括 for 语句、foreach 语句、while 语句、do…while 语句。

(4) C#中类和对象的概念。

(5) 数组的定义和使用。

(6) 结构化异常处理 try…catch…finally 控制结构及其实现方法。

(7) XHTML 文档的基本结构。

(8) 常用 XHTML 标签的使用方法，包括<meta>、
、<p>、<table>等。

习　　题

一、选择题

1. 在 switch 语句中，使用(　　)来表示每个 case 子句的结尾。

 A. 花括号({})   B. continue 语句

 C. 分号(;)   D. break 语句

2. 循环体至少执行一次的循环是(　　)。

 A. do 循环   B. while 循环

C. do...while 循环　　　　　　　D. 以上都不是

3. 在 C#中定义一个类要用到的关键字是(　　)。
   A. public　　　　　　　　　　B. class
   C. classification　　　　　　　D. private

4. 访问仅限于本类或从本类派生的类所用的修饰符是(　　)。
   A. protected　　　　　　　　　B. internal
   C. protected internal　　　　　D. private

5. 在声明一维数组时使用(　　)关键字对其实例化。
   A. class　　　　B. new　　　　C. public　　　　D. static

6. 要确定两个类的继承关系，应当在定义类时使用(　　)符号。
   A. ;　　　　　　B. :　　　　　　C. ,　　　　　　D. .

7. HTML 标签中用来表示表格的是(　　)。
   A. <head>　　B. <hr>　　C. <table>　　D. <body>

二、填空题

1. 结构化程序设计的 3 种控制结构是_____、_____和_____。
2. C#语言中，实现选择结构的语句是_____和_____。
3. C#语言的循环结构控制语句有_____、_____、_____和_____。
4. 执行下面的程序段后，变量 sum 的值为_____，i 的值为_____。

```
//****************************************************************
int i;
int sum = 1;
for (i = 1; i < 10; i +=3)
{
    sum *= i;
}
//****************************************************************
```

5. C#语言的结构化异常处理控制块为_____、_____。

三、问答题

1. C#语言中常用的条件语句有哪些？常用的循环控制语句有哪些？
2. 简述值类型和引用类型的主要区别。
3. 简述面向对象编程的特征。
4. 什么是继承？
5. 简述 C#语言中的异常处理过程。

四、上机操作题

1. 编写一个控制台程序，从键盘输入 4 个数，求出最大值和最小值。
2. 编写一个控制台程序，分别用 for、while、do...while 语句实现 n!。
3. 编写一个 Windows 应用程序，定义一个将小写字母转换为大写字母的类。
4. 设计 Point 类，要求如下。
(1) 数据成员：表示横、纵坐标的字段 x、y(私有权限)。
(2) 方法成员：

① 无参数的构造方法，将 x、y 赋值为 0。

② 带两个整型参数的构造方法，分别为字段 x、y 赋值。

③ 在屏幕上显示坐标值的方法 show()。

在主方法中创建两个点对象，使以上两个构造方法均被执行，并在屏幕上显示这两个点对象的坐标值，求出平面坐标系中这两点间的距离(sqrt()函数表示开根号，pow()函数表示求平方)。

5. 编写一个 Windows 应用程序，设计一个学生类 student，要求如下。

(1) 数据成员：

① 姓名、年龄、学号、性别，定义为字段变量，私有成员。

② 年龄：范围为 6～30 岁，定义为属性，公共成员。

性别：男或者女，定义为属性，公共成员。

③ 英语成绩、数学成绩、语文成绩，在本项目中可以访问，定义为字段变量。

(2) 方法成员：

① 带两个参数(姓名，学号)的构造方法，设置姓名和学号的值。

② 计算总分和平均分的方法，任意类都可以访问。

③ 显示学生基本信息的方法，任意类都可以访问。

在主方法中创建两个学生对象，其中第一个学生的基本信息从键盘输入，第二个学生的基本信息直接赋值，比较两个学生的总分和平均分。

6. 设计一个 Account 账号类，要求如下。

(1) 数据成员：账号 ID、余额，定义为字段变量，私有成员。

(2) 方法成员(公共成员)：

① 带有两个参数的构造方法，设置账号和余额的值。

② 用户进行存款的方法。

③ 用户进行取款的方法。

④ 显示用户余额的方法。

创建一个模拟账号为 Mark、余额为 50 万元的对象，先后存款 10 万元、取款 20 万元，然后显示余额。

 微课视频

扫一扫，获取本章相关微课视频。

2-1 C#语法结构.wmv

2-2 面向对象知识.wmv

2-3 HTML 基础.wmv

2-4 表格.wmv

2-5 图像和超级链接.wmv

2-6 CSS 简介.wmv

2-7 CSS 样式的三种方式.wmv

2-8 CSS 选择器.wmv

2-9 CSS 定位与浮动.wmv

2-10 DIV+CSS 页面布局分析.wmv

2-11 DIV+CSS 页面布局
设计(一).wm

2-12 DIV+CSS 页面布局
设计(二).wmv

2-13 用户登录页面设计(一).wmv   2-14 用户登录页面设计(二).wmv

2-15 猜数游戏界面设计.wmv

2-16 商品类的定义与对象创建.wmv   2-17 猜数游戏功能实现.wmv

第 3 章　ASP.NET 内置对象

本章将详细介绍 ASP.NET 的常用内置对象,主要包括 Page 对象、Response 对象、Request 对象、Server 对象、Application 对象等。这些对象是用.NET 框架中封装好的类来实现的,在 ASP.NET 页面初始化时,这些对象就已经自动创建了,故在程序中可以直接使用,不需要再实例化。这些内置对象为 Web 编程提供了丰富的功能,本章将重点介绍这些内置对象的主要用途和使用方法。

本章学习目标:

◎　了解 ASP.NET 内置对象的种类。

◎　掌握各种内置对象的属性和方法,以及在实际编程中的主要用途。

3.1　ASP.NET 内置对象概述

ASP.NET 包括 Page、Response、Request、Application、Server、Session、Cookies 等多个内置对象,每个对象都有自己的属性、方法和事件。

下面简单介绍这些内置对象的功能,如表 3-1 所示。

表 3-1　ASP.NET 的内置对象及其功能

对象名	功能说明
Page	用来设置与网页有关的属性、方法和事件
Response	用来向浏览器或客户端输出信息
Request	用来获取从浏览器或客户端返回的信息
Application	用来共享多个用户的全局信息
Server	用来提供服务器端的一些属性和方法
Session	用来存储某些特定用户的共享信息
Cookies	用来设置或获取 Cookie 信息

3.2　Page 对象

Page 对象是由 System.Web.UI 命名空间中的 Page 类来实现的,当浏览器访问 Web 页面时,Web 页面被编译成 Page 对象,缓存在服务器内存中。Page 对象用来设置与当前网页有关的属性、方法和事件。其常用的属性、方法和事件如表 3-2 所示。

表 3-2   Page 对象常用的属性、方法和事件

名　称	功能说明
IsPostBack 属性	获取一个值,该值用来判断该页是否是第一次被加载
IsVaid 属性	获取一个值,该值用来判断该页是否通过验证
Validators 属性	获取请求的网页所包含的全部验证控件集合
DataBind 方法	将数据源绑定到指定的服务器控件
Dispose 方法	强制服务器控件在内存释放之前执行清理操作
FindControl 方法	在页面上搜索指定的服务器控件
Init 事件	设置页面或控件的初始值
Load 事件	网页被加载时发生
Unload 事件	关闭文件、释放对象时触发

3.2.1　IsPostBack 属性

IsPostBack 属性经常用来判断网页是否是第一次访问,当获取的值为 false 时,表示当前页是首次加载或访问;当该值为 true 时则不是。从下面的例 3-1 中可以看出 IsPostBack 属性的用途。

3.2.2　Init 事件

Init 事件用来设置页面或控件的初始值,当 ASP.NET 页面第一次被访问时,将触发 Page 对象的 Init 事件,对应的事件处理方法为 Page_Init(),同一个页面只会被触发一次 Init 事件。

3.2.3　Load 事件

Load 事件又称加载或载入事件,当对象的相关数据装载到内存中时触发该事件。即当页面被加载时,就会触发 Page 对象的 Load 事件。Load 事件也可用来设置页面或者控件的初始值,它与 Init 事件的主要区别在于:每次加载该页面时,都会触发其 Load 事件,因此一个页面的 Load 事件可能被触发多次,而 Init 事件只会在页面第一次被访问时触发一次。

下面通过一个实例来介绍 Page 对象的这些属性和事件的用途。

【例 3-1】 设计一个下拉列表框(由 DropDownList 控件实现),下拉列表框中有一些可选的城市,当单击【提交】按钮时,将向下拉列表框中添加用户输入的城市。具体操作步骤如下。

(1) 打开 Visual Studio 开发工具,新建 Web 应用程序项目,项目名称为 ch03,在解决方案资源管理器中,右击站点文件,在弹出的快捷菜单中选择【添加】|【新建项】命令,添加一个新的 Web 窗体,命名为 eg03_1.aspx。

(2) 打开【设计】窗口,在【表】菜单中选择【插入表】命令,在弹出的【插入表格】对话框中设置行数、列数等参数,设置好参数后,单击【确定】按钮添加一个 3 行 2 列的表格,如图 3-1 所示。

图 3-1　设置插入表格的参数

(3)　选中表格的第一行，单击鼠标右键，在弹出的快捷菜单中选择【修改】|【合并单元格】命令，并输入"输入要添加的城市："。打开工具箱，在表格的第二行添加 1 个 TextBox 控件、1 个 Button 控件，在第三行添加 1 个 DropDownList 控件，各控件的 id 属性均为默认值，设计界面如图 3-2 所示(本章节添加的所有控件的具体内容将在第 4 章中进行介绍)。

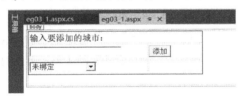

图 3-2　设计界面

(4)　双击 eg03_1.aspx 页面的空白位置，打开 eg03_1.aspx.cs 文件，在 Page 对象的 Load 事件中添加如下处理代码。

```
protected void Page_Load(object sender, EventArgs e)
{
    //向下拉列表框中添加值
    DropDownList1.Items.Add("广州");
    DropDownList1.Items.Add("佛山");
    DropDownList1.Items.Add("深圳");
    DropDownList1.Items.Add("东莞");
}
```

这段代码表示当页面第一次被加载时，下拉列表框中将添加 4 个选项，分别是"广州""佛山""深圳"和"东莞"。

(5)　切换到设计页面 eg03_1.aspx，双击【添加】按钮，添加 Click 事件的处理代码：

```
protected void Button1_Click(object sender, EventArgs e)
{
    //将输入文本框的值添加到下拉列表框中
    DropDownList1.Items.Add(TextBox1.Text);
}
```

(6) 保存文件，运行程序，进入如图 3-3 所示的界面。

图 3-3　运行界面(1)

(7) 在输入文本框中输入要添加的城市，如"湛江"，单击【添加】按钮。查看下拉列表框中的选项，发现除了刚才添加的城市"湛江"外，之前的 4 个选项又重复添加了一次，如图 3-4 所示。

图 3-4　运行界面(2)

这是因为当 Web 页面第一次执行时，触发了 Page 对象的 Load 事件，给下拉列表框添加了 4 个选项，当单击【提交】按钮时，Page 对象的 Load 事件被再次触发，所以又重复地添加了这 4 个选项。

解决这个问题的方法一：在 Page 对象的 Load()事件中，用 IsPostBack 属性来判断 Web 页面是否是第一次被加载，修改后的代码如下。

```
protected void Page_Load(object sender, EventArgs e)
{
    if (!IsPostBack)
    {
        //向下拉列表框中添加值
        DropDownList1.Items.Add("广州");
        DropDownList1.Items.Add("佛山");
        DropDownList1.Items.Add("深圳");
        DropDownList1.Items.Add("东莞");
    }
}
```

解决这个问题的方法二：将 Load 事件改为 Init 事件，问题也可以得到解决，因为 Init 事件对同一页面在初始化时只触发一次，当单击【添加】按钮时，Init 事件将不再被触发。

3.3　Response 对象

Response 对象由 System.Web.HttpResponse 类来实现，主要功能是向浏览器中输出信息。Response 对象常用的属性和方法如表 3-3 所示。

表 3-3　Response 对象常用的属性和方法

名　称	功能说明
Buffer 属性	获取一个值，该值指示是否缓冲输出，并在完成处理整个响应之后将其发送
Charset 属性	获取或设置输出流的 HTTP 字符集
ContentType 属性	获取或设置输出流的 HTTP MIME 类型
Cookies 属性	获取响应 Cookie 集合
Write 方法	向浏览器输出信息
Redirect 方法	将客户端重新定向到新的 URL
End 方法	将当前所有缓冲的输出发送到客户端，停止该页的执行
WriteFile 方法	向浏览器输出文本文件

3.3.1　输出数据(Write 方法)

Response.Write()方法的功能是向浏览器输出信息，最简单的用法如下。

```
Response.Write("欢迎来到 ASP.NET 编程世界！");
```

此外，也可以在设计页面的源码文件 XHTML 中使用 "<％　％>" 标签来向浏览器输出信息，此时如果 "<%" 标签后面紧跟 Response.Write 语句，则可以用 "=" 代替，示例代码如下。

```
<% Response.Write("再次欢迎来到 ASP.NET 编程世界！"); %>
```

等价于：

```
<% = "再次欢迎来到 ASP.NET 编程世界！" %>
```

运行结果如图 3-5 所示。

图 3-5　Response 对象的运行界面

3.3.2　地址重定向(Redirect 方法)

Response.Redirect()方法的功能是将一个网页链接到另一个页面，实现网页地址的重定向，使得浏览器在显示主页后，自动定向到另一个网页，示例代码如下。

```
Response.Redirect("Login.aspx");
```

当程序被执行时，页面重定向到当前目录下的 Login.aspx 页面。也可以转向外部的网站，示例代码如下。

```
Response.Redirect("Http://www.sina.com.cn");
```

当程序运行时，页面显示的是新浪网的首页，不是当前页。

3.3.3 停止输出(End 方法)

Response.End()方法的功能是用来输出当前所有缓冲的内容，并停止该页的执行。当 ASP.NET 文件执行时，如果遇到 Response.End 方法，该页面将自动停止向浏览器输出数据。示例代码如下。

```
Response.Write("欢迎来到ASP.NET学习世界！");
Response.End();
Response.Write("在这里你将学到很多关于网络程序设计的知识。");
```

运行程序后，该页面将只输出"欢迎来到 ASP.NET 学习世界！"，后面的输出数据将被终止。

【例 3-2】使用 Response 对象的设计步骤如下。

(1) 运行 Visual Studio 开发环境，打开项目 ch03，在解决方案资源管理器中右击站点文件，在弹出的快捷菜单中选择【添加】|【新建项】命令，添加一个新的 Web 窗体，并命名为 eg03_3.aspx。

(2) 打开页面 eg03_3.aspx，切换到设计页面，添加一个 4 行 2 列的表格，分别合并表格的第一行和第四行所有单元格，在单元格中输入文字，并添加控件，设计完成后的页面如图 3-6 所示。

图 3-6 Response 对象设计界面

(3) 双击【页面输出】按钮，打开该按钮的 Click 事件，添加代码如下。

```
protected void Button1_Click(object sender, EventArgs e)
{
    Response.Write(TextBox1.Text + ", 欢迎光临！");
}
```

(4) 保存文件，运行程序，输入数据，单击【页面输出】按钮后的效果如图 3-7 所示。

图 3-7 页面输出运行效果

(5) 双击【对话框弹出】按钮，打开该按钮的 Click 事件，添加代码如下。

```
protected void Button2_Click(object sender, EventArgs e)
{
    Response.Write("<script>alert('" + TextBox1.Text + ",欢迎光临！')</script>");
}
```

(6) 保存文件，运行程序，输入数据，单击【对话框弹出】按钮后的效果如图 3-8 所示。

图 3-8　对话框输出效果

(7) 返回设计页面，双击【下一页】按钮，打开该按钮的 Click 事件，添加代码如下。

```
protected void Button3_Click(object sender, EventArgs e)
{
    string uName = TextBox1.Text;
    string uPswd = TextBox2.Text;
    if (uName == "weix" && uPswd == "123")
    {
        Response.Redirect("eg03_3_1.aspx");
    }
    else
    {
        Response.Write("用户名和密码不匹配！");
    }
}
```

上段代码中的判断语句表示当【用户名】文本框和【密码】文本框中输入的字符串分别为"weix"和"123"时，页面将由当前页跳转至 eg03_3_1.aspx 页面，如图 3-9 和图 3-10 所示。注意，需在站点 ch03 中创建新页面 eg03_3_1.aspx。

图 3-9　下一页输出效果(1)

图 3-10　下一页输出效果(2)

3.4　Request 对 象

Request 对象由 System.Web.HttpRequest 类来实现，封装了来自客户端的请求信息，可以利用该对象获取客户端的数据。Request 对象常用的属性和方法如表 3-4 所示。

表 3-4　Request 对象常用的属性和方法

名　称	功能说明
Browser 属性	获取客户端浏览器的信息
Form 属性	获取表单数据集合
QueryString 属性	获取 HTTP 字符串变量集合
Cookies 属性	获取客户端发送的 Cookie 集合
ServerVariables 属性	获取 Web 服务器变量的集合
MapPath 方法	将指定的虚拟路径映射为物理路径
SaveAs 方法	将 HTTP 请求保存到磁盘

3.4.1　从浏览器获取数据

Request 对象获取表单数据的方式取决于表单数据返回服务器的方式。若表单数据传送的方法为 Get，那么表单数据将以字符串的形式附加在网址后面返回服务器，此时需要用 Request 对象的 QueryString 属性来获取表单数据；若表单数据传送的方法为 Post，那么表单数据将以放在 HTTP 标题(Header)的形式返回服务器，此时用 Request 对象的 Form 属性来获取表单数据。

使用 Form 属性的语法如下所示。

```
Request.Form["key"]
```

下面将通过一个实例来说明 Request 对象获取数据的方法。

【例 3-3】　在当前页面通过 Post 方式传送表单数据的设计步骤如下。

(1) 在 ch03 站点中，添加一个新的 Web 页面 eg03_4.aspx。在当前页面中添加 1 个 Panel 控件，ID 设置为 Panel1，边框颜色为红色，边框宽度为 1px，Visible 属性的值设置为 true；在 Panel1 控件中添加一个 4 行 2 列的表格，合并第一行的单元格，并在表格的第一行单元格中输入文字"Request 对象"，添加 2 个 TextBox 控件、1 个 Button 控件，分别设置其 ID 和 Text 属性，这里取默认值，设置后的效果如图 3-11 所示。

(2) 在 Web 页面中，添加一个 Panel 控件，ID 设置为 Panel2，在 Panel2 控件中添加一个 4 行 2 列的表格，合并第一行的单元格，并在合并后的单元格中输入文字"Request 对象"，设置边框颜色为蓝色，边框宽度为 1px，设置属性 Visible 的值为 false，在 Panel2 中添加 2 个 Label 控件，设置 ID 为默认值，调整控件的位置，如图 3-11 所示。

图 3-11　Request 对象的设计界面

(3) 切换到 HTML 标记页面，找到<form>标记，添加 Method 属性，其值设置为 Post，示例代码如下。

```
<form id="form1" runat="server" method ="post" >
```

(4) 双击【提交】按钮，该按钮的 Click 事件处理代码如下。

```
protected void Button1_Click(object sender, EventArgs e)
{
    Panel1.Visible = false;
    Panel2.Visible = true;
    Label1.Text = Request.Form ["textBox1"];
    Label2.Text =Request.Form ["textBox2"];
}
```

(5) 将 eg03_4.aspx 页面设置为起始页，运行结果如图 3-12 所示。此时，因为面板 Panel2 的 Visible 值为 false，所以 Panel2 控件是不可见的。输入数据"weix"和"123"，单击【提交】按钮，运行结果如图 3-13 所示，此时，在程序中，已经修改了面板 Panel1 的 Visible 值，故 Panel1 不可见，而面板 Panel2 的 Visible 值为 true，显示从 Form 表单传递过来的数据。

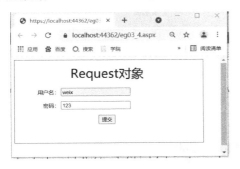

图 3-12　Request 对象运行界面(1)

图 3-13　Request 对象运行界面(2)

如果在步骤(3)中,将 Method 属性的值改为 Get,则在程序中获取数据的代码如下所示。

```
Label1.Text = Request.QueryString ["textBox1"];
```

这两种获取数据的方式都可以采用如下所示的省略写法。

```
Label1.Text = Request["textBox1"];
```

例 3-3 是在同一页面中获取 Form 表单的数据,事实上,不同的页面也可以获取来自浏览器的数据。这里以例 3-2 为例,介绍不同页面数据值的获取,设计步骤如下。

(1) 打开 3.3 小节中的 eg03_3.aspx 页面,修改【下一页】按钮的 Click 事件,修改后的跳转语句代码如下。

```
Response.Redirect("eg03_3_1.aspx?uname="+uName+"&upswd="+uPswd );
```

(2) 打开 3.3 小节中创建的 eg03_3_1.aspx 页面,切换到【设计】窗口,在该页面添加 1 个 3 行 2 列的表格,合并第一行的单元格,并在合并后的单元格中输入文字"Request 对象",然后添加 2 个 Lable 控件,ID 为默认值,调整控件的位置,如图 3-14 所示。

图 3-14 Request 对象测试

(3) 打开 eg03_3_1.aspx.cs 文件,在 Page_Load 事件中添加如下代码。

```
protected void Page_Load(object sender, EventArgs e)
    {
      Label1.Text = Request["uname"];
      Label2.Text = Request["upswd"];
}
```

(4) 保存所有文件,设置 eg03_3.aspx 页面为起始页,运行程序,输入数据,单击【下一页】按钮,运行结果如图 3-15 和图 3-16 所示。

图 3-15 Request 对象运行界面(1)

图 3-16 Request 对象运行界面(2)

注意，运行界面(2)中的网址部分，"?"后面的参数 uname 和 upswd 的值通过 Request 对象传给了控件 Label1 和 Label2，并通过 Label 控件的 Text 属性显示在页面上。

3.4.2 读取客户端的信息

利用 Request 对象还可以得到客户端的一些信息，如客户端浏览器的版本、客户端 IP 地址等。

【例 3-4】 利用 Request 对象获取客户端浏览器信息的设计步骤如下。

(1) 在站点 ch03 中，右击解决方案资源管理器中的站点文件，在弹出的快捷菜单中选择【添加】|【新建项】命令，添加新的 Web 页面 eg03_5.aspx，在 Page 对象的 Load 事件中添加如下处理代码。

```
protected void Page_Load(object sender, EventArgs e)
{
    Response.Write("客户端浏览器: "+Request.UserAgent);
    Response.Write("<br>客户端地址: "+Request.UserHostAddress);
}
```

(2) 将 eg03_5.aspx 页面设置为起始页，运行程序后的结果如图 3-17 所示。

图 3-17 获取客户端浏览器信息的运行界面

3.5 Server 对象

Server 对象由 System.Web.HttpServerUtility 类来实现，包含处理服务器端数据的属性和方法。Server 对象提供的这些方法和属性非常有用，通过它们可以得到服务器端的计算机名称，可以对字符串进行编码，可以在网页间传递参数时处理一些特殊的字符等，为网络编程带来了极大的方便。Server 对象常用的属性和方法如表 3-5 所示。

表 3-5 Server 对象常用的属性和方法

名　称	功能说明
MachineName 属性	返回服务器端的计算机名称
ScriptTimeout 属性	获取或设置请求超时的时间(以秒计)
HtmlEncode 方法	对字符串进行 Html 编码
HtmlDecode 方法	对 Html 编码的字符串进行解码
UrlEncode 方法	对字符串进行 URL 编码
UrlDecode 方法	对 URL 格式字符串进行解码
MapPath 方法	将虚拟路径转换为物理路径
Execute 方法	使用另一页执行当前请求
Transfer 方法	终止当前页的执行，并开始执行新的请求页

3.5.1　HtmlEncode 方法和 HtmlDecode 方法

当字符串中含有 HTML 标签时，浏览器会根据标记的作用来显示内容，而标记本身不会被显示。若需要在页面上显示这些标记字符串，但又不希望浏览器将其解释为 HTML 标记时，就可以用 Server 对象的 HtmlEncode 方法将字符串中的 HTML 标记字符串转换为字符实体，从而显示在页面中。

【例 3-5】　使用 HtmlEncode 方法和 HtmlDecode 方法的设计步骤如下。

(1)　在网站 ch03 中，右击解决方案资源管理器中的站点文件，在弹出的快捷菜单中选择【添加】|【新建项】命令，新建网页 eg03_6.aspx，在 Page 对象的 Load 事件中添加如下处理代码。

```
protected void Page_Load(object sender, EventArgs e)
{
    string str1, str2,str3;                  //定义字符串变量
    str1 = "<H2>欢迎光临</H2>";              //包含有 HTML 标记的字符串变量 str1
    str2 = Server.HtmlEncode(str1);          //对字符串编码
    str3 = Server.HtmlDecode(str1);          //对字符串解码
    Response.Write(str1);                    //输出原始字符串
    Response.Write(str2);                    //输出编码后的字符串
    Response.Write(str3);                    //输出解码后的字符串
}
```

(2)　将 eg03_6.aspx 页面设置为起始页，运行程序后的结果如图 3-18 所示。从结果中可以看出，str2 字符串中的 HTML 标记被原样输出了。

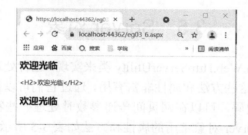

图 3-18　使用 HtmlEncode 方法和 HtmlDecode 方法的运行结果

查看页面的源文件，在网页空白处单击鼠标右键，在弹出的快捷菜单中选择【查看网页源代码】命令，Server 对象的 HtmlEncode 方法已经把\<H2\> \</H2\>标记进行了转换，如图 3-19 所示。

图 3-19 HTML 标记转换结果

同时可以发现，HtmlEncode 方法和 HtmlDecode 方法是一对可逆的方法，一个进行编码，另一个进行解码，HtmlDecode 的作用就是把字符串实体转换为 HTML 标记字符。

3.5.2 UrlEncode 方法和 UrlDecode 方法

Server 对象的 UrlEncode 方法用来对字符串进行 URL 格式编码。这是因为在网页间传递参数时，会出现一些特殊的字符，如 http://localhost:1047/eg3-4/Default.aspx?a=5 & b=7 中，就有一个特殊字符&，在传递数据时，这个特殊字符会使接收数据端不能正确地得到数据，这时就需要对 URL 进行编码。

【例 3-6】 使用 UrlEncode 方法和 UrlDecode 方法传递特殊字符的设计步骤如下。

(1) 在网站 ch03 中，右击解决方案资源管理器中的站点文件，在弹出的快捷菜单中选择【添加】|【新建项】命令，新建 eg03_7.aspx 网页，在网页中添加 2 个 Button 按钮，并改变按钮的 Text 属性，界面设计的效果如图 3-20 所示。

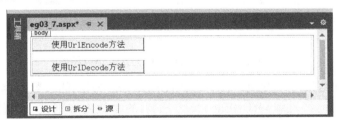

图 3-20 UrlEncode 方法和 UrlDecode 方法的设计页面

(2) 双击【使用 UrlEncode 方法】按钮，添加按钮的 Click 事件处理代码如下。

```
protected void Button1_Click(object sender, EventArgs e)
{
    Response.Redirect("eg03_7_1.aspx?str=a"+Server .UrlEncode ("&& b 的值"));
}
```

(3) 双击【使用 UrlDecode 方法】按钮，添加按钮的 Click 事件处理代码如下。

```
protected void Button2_Click(object sender, EventArgs e)
{
    Response.Redirect("eg03_7_1.aspx?str=a"+Server .UrlDecode ("&& b的值"));
}
```

代码的意思很明确，希望通过 Response 对象的 Redirect 方法将页面地址重新定向到

eg03_7_1.aspx，且传递参数 str 的值"a&&b 的值"，因字符串中有特殊字符&&的存在，如果直接传递或使用 UrlDecode 方法，&&和之后的字符串将被忽略，使用 UrlEncode 方法进行 URL 编码规则之后，该字符串"a&&b 的值"将被正确传递。

(4) 在解决方案资源管理器中，右击站点文件，在弹出的快捷菜单中选择【添加】|【新建项】命令，添加一个新的 Web 页面 eg03_7_1.aspx，双击该页面打开逻辑代码编辑页，在 Page 对象的 Load 事件中添加代码如下。

```
protected void Page_Load(object sender, EventArgs e)
{
    Response.Write(Request["str"]);
}
```

上段代码的作用是在 eg03_7_1.aspx 页面中，通过 Request 对象的 QueryString 方法接收来自上一页面传递过来的值，这里是省略写法。

(5) 将 eg03_7.aspx 页面设置为起始页，运行程序，单击【使用 UrlEncode 方法】按钮，运行结果如图 3-21 所示。单击【使用 UrlDecode 方法】按钮，运行结果如图 3-22 所示。

图 3-21 使用 UrlEncode 方法的运行结果

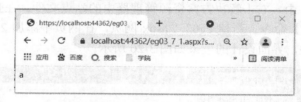

图 3-22 使用 UrlDecode 方法的运行结果

从上面的运行结果可以发现，没有编码(UrlDecode 方法)的参数内容因为特殊符号&&没有被完全传递，而经过编码(UrlEncode 方法)后的参数内容则被正确传递且显示在浏览器中。

3.5.3 MapPath 方法

在页面中，一般使用虚拟路径，但是有时也需要使用页面的物理路径，例如，进行文件操作。虽然物理路径可以在程序中直接写出，但是这样的方式不利于网站的移植。此时，使用 Server 对象的 MapPath 方法就可以将虚拟路径转换为物理路径。

【例 3-7】 使用 MapPath 方法将虚拟路径转换为物理路径的代码如下。

```
protected void Page_Load(object sender, EventArgs e)
{
    Response.Write("当前文件的物理路径为: <br>");
    Response.Write(Server.MapPath("eg03_8.aspx"));
}
```

運行結果如图 3-23 所示，程序中的
为 HTML 标记，表示换行。

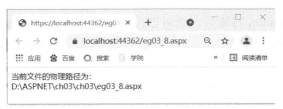

图 3-23　得到文件的物理路径

3.6　Application 对象

Application 对象由 System.Web.HttpApplicationState 类来实现，它用于维护应用程序的状态，和应用程序的生命周期有关。当用户请求第一个 ASP.NET 页面时开始创建该对象，当程序关闭或进程撤销时结束该对象。

此外，可以利用 Application 对象在不同的客户端之间实现数据的共享。向 Application 对象中添加一个对象后，该对象可被同一个 Web 项目中的所有页面存取，并且不同的客户端可以共享此对象，即都可以对其进行读取、修改或删除。Application 对象常用的属性和方法如表 3-6 所示。

表 3-6　Application 对象常用的属性和方法

名　称	功能说明
Count 属性	获取 Application 对象变量的数量
Add 方法	将新的对象添加到 Application 对象集合中
Clear 方法	清除全部 Application 对象变量
GetKey 方法	使用索引值获取 Application 对象变量
Lock 方法	锁定 Application 对象变量
UnLock 方法	解除锁定的 Application 对象变量
Remove 方法	移除指定的 Application 对象变量

3.6.1　利用 Application 对象存取信息

Application 对象是一个集合对象，利用 Application 对象的 Add 方法可以将新对象添加到集合中，Add 方法有两个参数，第一个参数是要添加到集合中的对象名，第二个参数是对象值。Add 方法的定义代码如下。

```
Public void Add(string name, object value);
```

其中，参数 name 为要添加到集合中的对象名，value 为对象值，且 value 为 object 类型，故可以将任何类型的值存入 Application 对象中。示例代码如下。

```
Application.Add("Name","张三");
```

也可以采用以下格式添加 Application 对象。

```
Application["Name"]="张三";
```

将信息存入 Application 对象后，就可以在需要时从 Application 对象中读取出来使用。注意，因为得到的对象都是 Object 类型的，在使用前要先经过相应的类型转换，示例代码如下。

```
string Name=Application["Name"].ToString();
```

【例 3-8】利用 Application 对象存取信息的设计步骤如下。

(1) 在网站 ch03 中，右击解决方案资源管理器中的站点文件，在弹出的快捷菜单中选择【添加】|【新建项】命令，添加新的页面 eg03_9.aspx，在 Page 对象的 Load 事件中添加如下代码。

```
protected void Page_Load(object sender, EventArgs e)
{
    Application.Clear();                     //清除 Application 对象中的信息
    //利用 Application 对象存储信息
    Application.Add("Name", "张三");
    Application.Add("Sex", "男");
    Application["Age"] = 22;
    //从 Application 对象中读取信息
    for (int i = 0; i < Application.Count; i++)
    {
     Response.Write("对象名: " + Application.GetKey(i));
        Response.Write("<br>对象值: " + Application[i] + "<br>");
     Response.Write("<br>");
    }
}
```

在这段代码中，先通过 Application 对象的 Clear 方法清除所有的对象信息，然后存入新的对象信息，这里采用了两种不同的格式。程序最后通过循环语句读取 Application 中的所有信息。Application 中的 GetKey(i)方法用来获取存储在 Application 中的第 i 个对象的名称。

(2) 将 eg03_9.aspx 设置为起始页，运行程序后的结果如图 3-24 所示。

图 3-24　运行结果

3.6.2　锁定 Application 对象

Application 中的信息是所有客户端都能共享的，在程序运行过程中有可能会发生多个用户同时操作 Application 对象的情形，故在修改 Application 对象时，对其加锁，防止意外错误。Application 对象中的 Lock 方法和 UnLock 方法可以实现锁定和解除锁定的功能。示例代码如下。

```
Application.Lock();              //锁定 Application
Application["Sex"]="女";         //修改 Application 中的对象
Application.UnLock();           //解除对 Application 的锁定
```

在修改名为 Sex 的变量之前，先将 Application 锁定，以防止其他用户更改，在修改完后，解除对应用程序变量值的锁定。

3.6.3 删除 Application 中的信息

Application 对象的 Remove 方法用来删除不再使用的变量。如在例 3-8 中，根据客户需求不再使用名为 Sex 的应用程序变量，则可以通过以下语句来删除。

```
Application.Remove("Sex");
```

如果要删除所有的应用程序变量，可以使用 Clear 方法实现，如例 3-8 中的第 3 条语句。

3.7　Session 对象

Session 对象由 System.Web.SessionState.HttpSessionState 类实现，用来存储或跟踪用户的数据。Session 对象存储的信息是局部的，属于某个特定的用户，而 Application 存储的信息是整个应用程序的。Session 对象常用的属性和方法如表 3-7 所示。

表 3-7　Session 对象常用的属性和方法

名　　称	功能说明
Count 属性	获取会话状态集合中的对象个数
TimeOut 属性	获取并设置所允许的最长空闲时间(以分钟计)
Mode 属性	获取当前会话状态的模式
Add 方法	向会话状态集合中添加一个新项
Clear 方法	从会话状态集合中移除所有的键和值
Abandon 方法	取消当前会话
Remove 方法	移除指定的 Session 对象变量

当一个 Session 变量被建立后，如果没有超时或者人为地删除，则站点内的其他页面都可以使用它。服务器分别为每一个客户端建立一个 Session 对象，因此 Session 对象需要占用服务器的资源。若用户在指定的一段时间内未再次向服务器提出请求，为节约服务器的资源，服务器会清除该用户的 Session 对象，这个时间段称为所允许的最长的非活动时间。默认情况下，Session 对象最长的非活动时间是 20 分钟，如果要修改此项设定，则可以通过 Session 对象的 TimeOut 属性来设置。

创建 Session 变量的语法与 Application 相似，示例代码如下。

```
Session.Add("Name", "张三");
```

或者

```
Session["Name"]="张三";
```

获取 Session 对象数据的语法如下所示。

```
string Uname=Session["Name"].ToString();
```

因为 Session 对象的返回值为 Object 类型，故需要对返回值进行相应的转换。

在 Web 应用程序中，还存在一些比较特殊的页面，这些页面会自动检查访问者的权限，不同权限的访问者看到的执行结果是不同的。下面将通过一个实例来说明 Session 对象在编程过程中的用法。

【例 3-9】用 Session 对象存储客户的数据，设计用户登录页面的步骤如下。

(1) 在网站 ch03 中，右击解决方案资源管理器中的站点文件，在弹出的快捷菜单中选择【添加】|【新建项】命令，添加 2 个 Web 页面，分别是 eg03_10.aspx 和 eg03_10_1.aspx。其中，eg03_10.aspx 是客户进行登录的界面，eg03_10_1.aspx 是主界面。

(2) 在 eg03_10.aspx 页面中，添加 1 个 4 行 2 列的表格，合并第一行和第四行，在第一行单元格中输入文字"用户登录"，添加 2 个 TextBox 控件、1 个 Button 控件，并设置各控件的属性值，调整其位置和大小，设计效果如图 3-25 所示。

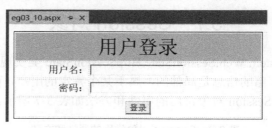

图 3-25 Session 设计界面

(3) 双击 eg03_10.aspx 页面中的【登录】按钮，添加 Click 事件的处理代码如下。

```
protected void Button1_Click(object sender, EventArgs e)
{
    Session.Timeout =1;      //设置访问页面的有效时间为 1 分钟
    if (TextBox1.Text == "张三" && TextBox2.Text == "123")
    {
        //如果为合法的用户，则通过 Session 存储数据
        Session["flag"] = "OK";
        Session["Name"] = TextBox1.Text;
        Session["Pwd"] = TextBox2.Text;
        Response.Redirect("eg03_10_1.aspx");
    }
}
```

此段代码首先通过 Session 对象的 TimeOut 属性设置访问网页的有效时间为 1 分钟，然后判断客户是否是合法的用户，如果是，则将 flag 变量设置为 OK 值来标识，并将客户的信息分别存储在 Session 对象中。

(4) 双击 eg03_10_1.aspx 页面，添加 Page 对象的 Load 事件处理代码如下。

```
protected void Page_Load(object sender, EventArgs e)
{
    if (Session["flag"] == null || (string)Session["flag"] != "OK")
        Response.Redirect("eg03_10.aspx");
    else
        Response.Write("欢迎你, "+Session["Name"]);
}
```

(5) 将 eg03_10.aspx 页面设置为起始页，程序运行结果如图 3-26 所示。

图 3-26　Session 运行界面(1)

当正确登录后，出现如图 3-27 所示的界面，然后间隔 1 分钟后再次刷新 eg03_10_1.aspx 页面，此时，因为会话时间已经超过了设置的 1 分钟，Session 对象中存储的数据将被全部删除，故地址将重新定位到 eg03_10.aspx 页面。

图 3-27　Session 运行界面(2)

3.8　Cookie 对象

Cookie 对象是 HttpCookieCollection 类的一个实例，可用它来存放非敏感的用户信息。当浏览网站时，Cookies 可以记录用户的 ID、密码、历史网页、停留的信息等。当用户再次浏览网站时，浏览器会在用户本地硬盘上查找与之相关的 Cookies 信息，程序可以根据这些信息进行相应的操作。

Cookie 对象与 Session 对象相似，都可以用来存储或跟踪用户的数据，它们的主要区别在于：Session 对象的信息保存在服务器上，而 Cookie 对象的信息保存在客户端的浏览器上。Cookie 对象常用的属性如表 3-8 所示。

表 3-8　Cookie 对象常用的属性

名　　称	功能说明
Name 属性	获取或设置 Cookie 的名称
Expires 属性	设置 Cookie 变量的有效时间
Value 属性	获取或设置单个 Cookie 变量的值
Values 属性	获取在 Cookie 对象中包含的键值的集合

可以通过 Response 对象的 Cookies 集合保存 Cookie 变量，格式如下所示。

```
Response.Cookies["Greet"].Value="欢迎光临";
```

可以通过 Request 对象的 Cookies 集合读取 Cookie 变量，格式如下所示。

```
变量名=Request.Cookies["Greet"].Value;
```

【例 3-10】 设置或获取 Cookie 对象数据的设计步骤如下。

(1) 在网站 ch03 中，右击解决方案资源管理器中的站点文件，在弹出的快捷菜单中选择【添加】|【新建项】命令，添加新的页面 eg03_11.aspx，添加 1 个 Button 按钮，Text 属性设置为"获取 Cookie 变量的值"。

(2) 在 Page 对象的 Load 事件中设置 Cookie 变量，添加代码如下。代码中为了防止出现乱码，分别采用了 URLEncode 编码和 URLDecode 解码。

```
protected void Page_Load(object sender, EventArgs e)
{
    HttpCookie cookie = new HttpCookie("Greet");
    cookie.Value = HttpUtility.UrlEncode("欢迎光临");
    Response.Cookies.Add(cookie);
}
```

(3) 双击【获取 Cookie 变量的值】按钮，添加 Click 事件的处理代码如下。

```
protected void Button1_Click(object sender, EventArgs e)
{
    string str = HttpUtility.UrlDecode(Request.Cookies["Greet"].Value);
    Button1.Visible = false;
    Response.Write(str);
}
```

(4) 将 eg03_11.aspx 设置为起始页，运行程序，结果如图 3-28 所示。

图 3-28 设置 Cookie 变量

这段程序首先通过 Page_Load 方法设置了一个 Cookie 变量的值，单击【获取 Cookie 变量的值】按钮，读取 Cookie 的值，运行结果如图 3-29 所示。

图 3-29 获取 Cookie 变量

3.9 实战 1：统计网站在线人数

为了让网站管理者能根据用户数量来考察服务器或者程序的性能，了解网站的吸引力或者网站程序的效率，需要统计该网站的在线人数。本小节使用 Application 对象和 Session

对象实现在线人数的统计，设计步骤如下。

(1) 在网站 ch03 中，右击解决方案资源管理器中的站点文件，在弹出的快捷菜单中选择【添加】|【新建项】命令，添加一个新的 Web 窗体 eg03_12.aspx。

(2) 打开 ch03 站点，右击解决方案资源管理器，在弹出的快捷菜单中选择【添加】|【新建项】命令，添加"全局应用程序类"，此文件通常不改名，默认名为 Global.asax。

(3) 打开 Global.asax，IDE(集成开发环境)已自动生成了一些事件的处理方法，在 Application_Start 事件中添加如下代码，实现在线人数计数器的初始化。

```
void Application_Start(object sender, EventArgs e)
    {
        //在应用程序启动时运行的代码
        Application["count"] = 0;
}
```

(4) 在 Session_Start 事件中添加如下代码，实现计数器加 1 的功能。

```
void Session_Start(object sender, EventArgs e)
    {
        //在新会话启动时运行的代码
        Application.Lock();
        Application["count"] = (int)Application["count"] + 1;
        Application.UnLock();
}
```

由于 Application 对象中的数据对所有用户都共享，因此可能存在多个用户在同一时间对 Application 对象进行访问，从而造成混乱的问题，这就需要在修改数据前锁定 Application 对象，修改后再解锁，以保证在同一时刻只有一个用户访问。

(5) 在 Session_End 事件中添加如下代码，实现计数器减 1 的功能。

```
void Session_End(object sender, EventArgs e)
    {
        //在会话结束时运行的代码
        //注意：只有在 Web.config 文件中的 sessionstate 模式设置为 InProc 时，
        //才会引发 Session_End 事件。如果会话模式设置为 StateServer
        //或 SQLServer，则不会引发该事件
        Application.Lock();
        Application["count"] = (int)Application["count"] - 1;
        Application.UnLock();
    }
}
```

(6) 打开 eg03_12.aspx.cs，在其 Page_Load 事件中添加如下代码，显示当前在线人数。

```
protected void Page_Load(object sender, EventArgs e)
    {
        if (!Page.IsPostBack)
        {
            Session.Timeout = 1;
            int UserCount = (int)Application["count"];
            Response.Write("当前在线人数为: " + UserCount);
        }
}
```

(7) 保存所有文件，运行程序，复制网址到不同的浏览器中浏览，结果如图 3-30 所示，这里以不同的浏览器模拟不同的客户端，也可发布网站之后，在不同的计算机上访问该页面查看效果。

图 3-30   统计在线人数运行界面

3.10   实战 2：用户登录

在用户登录网站时，经常可以看到保存用户登录信息的提示。本小节通过 Cookie 对象和 Session 对象来介绍如何在网页中保存用户登录的信息，具体的设计步骤如下。

(1) 在网站 ch03 中，右击解决方案资源管理器中的站点文件，在弹出的快捷菜单中选择【添加】|【新建项】命令，添加 2 个 Web 窗体 eg03_13.aspx 和 eg03_13_1.aspx。

(2) 打开 eg03_13.aspx 页面，切换到【设计】页面，在该页面中添加 1 个 4 行 2 列的表格，分别合并第 1 行和第 4 行的单元格；在第 1 行的单元格内输入文字"用户登录"；在第 2 行的第 1 个单元格中输入文字"用户名："，在第 2 个单元格中添加 1 个 TextBox 控件；在第 3 行的第 1 个单元格中输入文字"密码："，在第 2 个单元格中添加 1 个 TextBox 控件；在第 4 行的单元格内添加 1 个 Button 控件和 1 个 CheckBox 控件，并设置这些控件的属性值，以及调整位置，设计完的效果如图 3-31 所示。

(3) 打开 eg03_13_1.aspx 页面，切换到【设计】页面，在该页面中添加 1 个 4 行 2 列的表格，分别合并第 1 行和第 4 行的单元格。在第 1 行的单元格中输入文字"登录成功"；在第 2 行的第 1 个单元格中输入文字"用户名："，在第 2 个单元格中添加 1 个 Label 控件；在第 3 行的第 1 个单元格中输入文字"密码："，在第 2 个单元格中添加 1 个 Label 控件；在第 4 行中添加 1 个 CheckBox 控件和 1 个 LinkButton 控件，并设置这些控件的属性值，以及调整控件位置，设计完的效果如图 3-32 所示。

图 3-31   用户登录页面

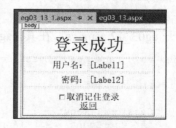

图 3-32   登录成功页面设计

(4) 打开 eg03_13.aspx 页面，双击【登录】按钮，添加 Button 控件的 Click 事件，代码如下。

```
protected void Button2_Click(object sender, EventArgs e)
    {
        string uName = TextBox1.Text;  //获取用户名
```

```
    string uPswd = TextBox2.Text;   //获取密码
    //新建 Cookie 对象
    HttpCookie loginCookie = new HttpCookie("autoLogin");
    if (uName == "weix" && uPswd == "123")
    {
        Session["uName"] = uName;
        Session["uPswd"] = uPswd;
        if (CheckBox1.Checked)
        {
            //设置 Cookie 的有效期为 1 天
            loginCookie.Expires = DateTime.Now.AddDays(1);
        }
        else
        {
            //设置 Cookie 的有效期为-1 天
            loginCookie.Expires = DateTime.Now.AddDays(-1);
        }
        //将 Cookie 变量添加到 Response 的 Cookie 集合中
        Response.Cookies.Add(loginCookie);
        Response.Redirect("eg03_13_1.aspx");
    }
    else
    {
        Response.Write("fail");
    }
}
```

(5) 打开 eg03_13.aspx.cs 文件，添加 Page 的 Load 事件，代码如下。

```
protected void Page_Load(object sender, EventArgs e)
{
    if (Request.Cookies["autoLogin"] != null)
    {
        Response.Redirect("eg03_13_1.aspx");
    }
}
```

(6) 打开 eg03_13_1.aspx.cs 文件，添加 Page 的 Load 事件，代码如下。

```
protected void Page_Load(object sender, EventArgs e)
{
    Label1.Text = Session["uName"].ToString();
    Label2.Text = Session["uPswd"].ToString();
}
```

(7) 打开 eg03_13_1.aspx 页面，双击【返回】按钮，添加 LinkButton 的 Click 事件，代码如下。

```
protected void LinkButton1_Click(object sender, EventArgs e)
{
    HttpCookie loginCookie = Request.Cookies["autoLogin"];
    if (loginCookie != null)
    {
        if (CheckBox1.Checked)
        {
            loginCookie.Expires = DateTime.Now.AddDays(-1);
        }
        Response.Cookies.Add(loginCookie);
        Response.Redirect("eg03_13.aspx");
    }
}
```

81

(8) 保存所有文件，设置 eg03_13.aspx 为首页，运行程序，输入用户名和密码，这里输入的用户名为 weix，密码为 123，选中【记住登录】复选框，如图 3-33 所示。单击【登录】按钮，运行结果如图 3-34 所示。

图 3-33　用户登录　　　　　　　　　　图 3-34　登录成功

此时，如果在登录成功页面中单击【返回】按钮，发现页面一直处于 eg03_13_1.aspx 页面，返回不了 eg03_13.aspx 页面，说明此时 Cookie 已经记住了该登录信息。在该页面中，选中【取消记住登录】复选框，则可删除保存的 Cookie 信息，此时再单击【返回】按钮，即可返回到用户登录页面。该例子采用 Session 对象来存储用户的信息，事实上也可以改为 Cookie 对象进行存取。

小　　结

本章详细介绍了 ASP.NET 中一些内置对象的属性、方法和事件，并通过一些简单的例子演示了这些对象在 Web 编程中的使用。Page 对象用来设置与网页有关的属性、方法和事件；Response 对象用来向客户端发送信息；Request 对象用来从客户端获取信息；Server 对象提供了访问服务器的一些属性和方法；Application 对象用来设置所有用户共享的全局信息；Session 对象用来在服务器端保存某个客户端的信息；Cookie 对象用来在客户端保存用户的信息。

习　　题

一、选择题

1. Server 对象的(　　)是用来将虚拟路径转换为物理路径的。
   A. HtmlEncode 方法　　　　　　　　B. UrlEncode 方法
   C. MapPath 方法　　　　　　　　　　D. UrlDencode 方法
2. 用来删除 Application 对象中信息的方法是(　　)。
   A. Add 方法　　　B. Lock 方法　　　C. Remove 方法　　　D. UnLock 方法
3. (　　)是可以用来将地址重定向的。
   A. Response 对象　　B. Request 对象　　C. Page 对象　　D. Server 对象
4. 单击按钮(Button)时，触发的事件为(　　)。

A. Load 事件　　　　　　　　　　B. Click 事件

C. DoubleClick 事件　　　　　　　D. Closing 事件

二、填空题

1. 用来判断当前页是否为响应客户端回发而加载的是 Page 对象的_____属性。

2. 用来向客户端的浏览器输出信息的是 Response 对象的_____方法。

3. 在程序执行过程中，需要终止当前页的执行应采用_____对象的_____方法。

三、问答题

1. ASP.NET 包含哪些内置对象？各有什么功能？

2. Application 对象、Session 对象和 Cookie 对象有什么区别和联系？

3. Request.Form()方法和 Request.QueryString()方法有什么区别？

四、上机操作题

1. 编写一个程序，实现在页面中显示客户的 IP 地址。

2. 编写一个用户登录程序，实现当用户名和密码都正确时，页面将链接到另一个页面。

3. 编写一个程序，定义一个 Cookie 对象并获取其中的数据。

微课视频

扫一扫，获取本章相关微课视频。

3-1 ASP.NET 内置对象介绍.wmv

3-2 Page 对象.wmv

3-3 Respone 对象.wmv

3-4 Request 对象.wmv

3-5 Session 对象(一).wmv

3-6 Session 对象(二).wmv

3-7 实战之统计在线人数(一).wmv

3-8 实战之统计在线人数(二).wmv

3-9 实战之用户登录页面设计.wmv

3-10 实战之用户登录实现(一).wmv

3-11 实战之用户登录实现(二).wmv

第 4 章　Web 服务器控件

Visual Studio 中定义了很多用于 Web 编程的内置控件，包括 Web 服务器控件(简称 Web 控件)、HTML 服务器控件(简称 HTML 控件)等。其中，HTML 控件是以 HTML 标签为基础衍生而来的控件，而 Web 控件是针对 HTML 控件的不足而产生的，它比 HTML 控件的功能更强大。本章将主要介绍 Web 服务器控件。

本章学习目标：

◎　了解 ASP.NET 中控件的特性。

◎　掌握 ASP.NET 中 HTML 控件和 Web 控件的联系与区别。

◎　熟练掌握各种 Web 服务器控件的用途。

4.1　HTML 控件和 Web 控件

传统的编程员使用 HTML 标记来制作静态网页或动态网页，这些 HTML 标记不能利用程序直接控制其属性、方法和事件。而 Visual Studio 为动态网页提供了一种新技术，它使得 HTML 标记对象化，使得编程员可以利用程序来直接控制其属性、方法和事件。

HTML 控件由 HTML 标记衍生而来，因此与 HTML 标记非常相似，它们之间的最大区别是：前者在 HTML 标记中添加了 runat=server 的标识属性，使 HTML 控件可以通过服务器端的代码来控制。而 Web 服务器控件则是对 HTML 控件的扩充，它提供了更多的功能控件，如日历控件等。所有的 Web 服务器控件都包含在<asp: ></asp: >标记中。不管是 Web 控件还是 HTML 控件，它们最终返回给客户端的都是标准的 HTML 标记。

在 Visual Studio 的工具箱中，Web 控件和 HTML 控件分别在两个不同的选项页内，且将 HTML 选择页下的控件放置在 Web 页面时，并不表示它是一个服务器控件，若要使其变成服务器控件，则需要加上 runat 属性。在 Web 页面中放置一个 Button 按钮的 HTML 控件和 Web 控件，要注意它们之间的区别。

首先，在外形上，控件默认显示的文本中，Web 控件的第一个字母大写，而 HTML 控件的第一个字母则为小写，如图 4-1 和图 4-2 所示。

図 4-1　Web 控件　　　　　　　　　　　図 4-2　HTML 控件

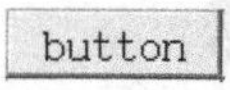

其次，观察它们的 HTML 标记，HTML 控件的标记如下。

```
<input id="Button1" type="button" value="button" />
```

而 Web 控件的标记如下。

```
<asp:Button ID="Button2" runat="server"  Text="Button" />
```

从 HTML 控件的标记中可以看到，在 Button 标记中并没有 runat 属性，因此默认的 HTML

控件无法在 cs 文件中调用。要想使 HTML 控件也能在服务器端执行，可以手工添加 runat 属性，或者右击 HTML 控件，在弹出的快捷菜单中选择【作为服务器控件运行】命令，此时，系统会自动生成 runat="server" 属性。

4.2　HTML 控件概述

HTML 控件包含在 System.Web.UI.HtmlControls 的基类中，由于所有 HTML 控件的基类相同，所以它们有一些共同的属性。表 4-1 所示为常用的 HTML 控件及其功能说明。

表 4-1　常用的 HTML 控件及其功能说明

控件名称	功能说明
input(Button)	普通按钮
input(Reset)	重置当前<form>表单里所有标签到初始化状态(如清除文本区域内容)
input(Submit)	提交当前<form>表单信息到指定页面
input(Text)	单行文本输入框
input(File)	文件选择标签
input(Password)	密码输入框
input(Checkbox)	复选框
input(Radio)	单选框
input(Hidden)	隐藏区域，可以把一些不展示给用户，而自己使用的信息存放于此
image	图片控件
Select	可创建单选或多选菜单，类似于 winform 的 combox 或 listbox
Table	表格
Textarea	多行文本区域

1. Visible 属性

该属性表示控件是否在页面上显示，默认值为 true。取值为 true 时，表示可见；取值为 false 时，表示不可见。

2. Disabled 属性

该属性表示控件是否可用，默认值为 false。取值为 true 时，表示不可用，控件显示为灰色；取值为 false 时，表示可用。

3. Attributes 属性

该属性用来设置所有属性名称和值的集合。控件的属性和属性值可以通过 Attributes 任意指定，但指定的属性必须为控件对应的 HTML 标记所支持的属性。

4. Style 属性

该属性用来设置和读取 CSS 样式。Style 属性实际上是一个样式表属性集合，可以通过程序代码在程序执行过程中改变 HTML 控件的一些样式，如背景色、前景色、字形、字体

ASP.NET 实践教程(第 3 版)(微课版)

大小等。

5. Value 属性

该属性用来设置控件显示的文本。在对应的 Web 控件中，将统一用 Text 属性来代替 Value 属性。

HTML 控件在 Visual Studio 开发环境的工具箱中有对应的图标，如图 4-3 所示，使用时直接将其拖放到 Web 页面(也可双击该图标)。由于本书主要介绍的是 Web 控件(见图 4-4)，且 HTML 控件与 Web 控件的使用方法相似，所以不再一一介绍。

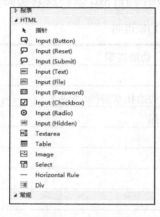

图 4-3　HTML 控件

图 4-4　Web 控件

4.3　Web 控件概述

Web 控件是对 HTML 控件的扩充，它比 HTML 控件更为抽象。Web 控件包含在 System.Web.UI.WebControls 基类中，在开发环境 Visual Studio 的控件工具箱中有对应的图标，如图 4-4 所示。表 4-2 所示为常用的 Web 控件及其功能说明。

表 4-2　常用的 Web 控件及其功能说明

控件名称	功能说明
Label	用于显示文本
Button	用于建立提交按钮或命令按钮
TextBox	用于建立单行文本输入框、密码输入框和多行文本输入框
HyperLink	用于建立文本超链接或图片超链接
Image	用于插入图片
ImageButton	用于创建图片按钮或支持地图功能
LinkButton	功能与 Button 控件类似，外观与 HyperLink 控件类似
CheckBox	用于建立复选框
CheckBoxList	功能与 CheckBox 控件类似，支持数据绑定
RadioButton	用于建立单选按钮

86

控件名称	功能说明
RadioButtonList	功能与 RadioButton 控件类似，支持数据绑定
ListBox	用于建立单选或复选列表框
DropDownList	用于建立单选下拉列表框
Calendar	显示日历
AdRotator	动态广告控件
GridView	数据绑定控件
DataList	数据绑定控件
Repeater	数据绑定控件
FileUpload	文件上传控件
BulletedList	列表项目控件
MultiView	多视图控件
View	视图控件

由于 Web 控件都是从 WebControls 派生的，故它们都有一些共同的属性，这些属性一般用于设置控件的外观显示。

(1) id 属性：表示控件的编程名称，每个控件都有唯一的 id 属性，用来区分于其他的控件。

(2) Height 属性：用来设置控件的高度。

(3) Width 属性：用来设置控件的宽度。

(4) AccessKey 属性：用来定义控件的快捷键。如设置 AccessKey＝"A"，则当页面运行时，直接按住 Alt+A 快捷键就能定位到该控件。

(5) TableIndex 属性：用来设置控件的 Tab 顺序。

(6) Font 属性：用来设置控件中文本的字体。Font 属性又有许多子属性。

(7) Visible 属性：用来设置控件是否可见。值为 true 时表示控件可见，值为 false 时表示控件不可见。

(8) Enabled 属性：表示控件是否可用。值为 true 时表示控件可用，值为 false 时表示控件不可用。

(9) BackColor 属性：用来设置该控件的背景色。

(10) BorderColor 属性：用来设置控件边框的颜色。

(11) BorderStyle 属性：用来设置控件边框的样式。

(12) BorderWidth 属性：用来设置控件边框的宽度。

4.4　基　本　控　件

基本控件包括 Button 控件、Label 控件和 TextBox 控件。其中，Button 控件用于向服务器发送请求，Label 控件用于在页面中显示静态文本内容，TextBox 控件用于接收使用者输入的文字信息。

4.4.1 Button 控件

Button 控件(即按钮控件)用于向服务器发送 Http 请求。Web 控件中有 3 种 Button 类型的控件，分别是标准命令按钮(Button 控件)、超链接按钮(LinkButton 控件)和图形化按钮(ImageButton 控件)。这 3 种类型的按钮具有不同的外观，但是功能相似。

Button 控件在 Web 页面中的 HTML 标记如下。

```
<asp:Button ID="Button1" runat="server" Text="Button"
OnClick="Button1_Click"/>
```

当用户单击 Button 按钮时，会触发 Button 控件的 Click 事件，该事件用来处理用户的请求。

4.4.2 Label 控件

Label 控件(即标签控件)用来设置要在 Web 页面中显示的内容，Label 控件的 Text 属性允许用户通过程序动态地改变文本。Label 控件在 Web 页面中的 HTML 标记如下。

```
<asp:Label ID="Label1" runat="server" Text="Label" >控件显示的内容</asp:Label>
```

4.4.3 TextBox 控件

TextBox 控件(即文本框控件)是一个输入控件，它为用户提供了向窗体页面输入文本信息的功能。TextBox 控件在 Web 页面中的 HTML 标记如下。

```
<asp:TextBox ID="TextBox1" runat="server" ></asp:TextBox>
```

TextBox 控件的一个重要属性为 TextMode，它决定了文本框内容的显示形式。在默认情况下，它的 TextMode 属性值为 SingleLine，表示只显示一行的文本框；还可以设置为 MultiLine 和 PassWord，分别表示多行文本框和密码框。文本框的文字显示宽度由属性 Columns 确定。如果是多行文本框，则显示的行数由 Rows 确定。Text 属性用于设置文本框的初始值；MaxLength 属性限制输入文本框的字符数；如果要在 TextBox 控件中显示换行文本，可将 Wrap 属性设置为 true。

【例 4-1】创建一个用户登录界面，设置用户名为 admin、密码为 123，当用户名和密码都正确时，在窗体中显示"登录成功，恭喜你！"，否则在窗体中显示"登录失败，再试一次！"。

设计的具体步骤如下。

(1) 打开 Visual Studio 开发环境，新建一个站点 ch04，在解决方案资源管理器中，将默认页面 Default.aspx 改为 eg4_1.aspx。

(2) 在 eg4_1.aspx 页面中单击【设计】按钮切换到设计界面，在该界面中添加一个 4 行 2 列的表格，边框为 1px，颜色为蓝色。

在第 1 行的第 1 个单元格中输入文字"用户名："，在第 2 个单元格中添加 1 个 TextBox 控件；在第 2 行的第 1 个单元格中输入文字"密码："，在第 2 个单元格中添加 1 个 TextBox 控件；在第 3 行的第 1 个单元格中输入文字"备注："，在第 2 个单元格中添加 1 个 TextBox

控件；用鼠标选中第 4 行，右击并在弹出的快捷菜单中选择【修改】|【合并单元格】命令，合并第 4 行，添加 1 个 Button 控件；合并第 5 行，添加 1 个 Label 控件。各控件的属性设置如表 4-3 所示。

表 4-3 各控件的属性设置

控件类型	控件名称	属性	设置结果
Label	Label1	ID	lbShow
		Text	
		ForeColor	设置为红色
Button	Button1	ID	btnOk
		Text	确定
TextBox	TextBox1	ID	txtName
		Text	
	TextBox2	Text	
		ID	txtPwd
		TextMode	Password
	TextBox3	ID	txtMessage
		Text	
		TextMode	MultiLine
		Rows	5

(3) 调整各控件的位置和大小后，页面如图 4-5 所示。

(4) 双击【确定】按钮，添加 btnOK 按钮 Click 事件的处理代码如下。

```
protected void btnOk_Click(object sender, EventArgs e)
{
    string uName = txtName.Text.Trim();
    string uPswd = txtPwd.Text.Trim();
    string message = txtMessage.Text;
    if (uName == "admin" && uPswd == "123")
    {
        lbShow.Text = "登录成功, 恭喜你! <br>你的资料如下: <br>用户名: "
            +uName+"<br>密码: "+uPswd+"<br>特长: "+message;
    }
    else
    {
        lbShow.Text = "登录失败, 再试一次! ";
        txtName.Text = "";
        txtPwd.Text = "";
    }
}
```

(5) 将 eg4_1.aspx 设置为起始页，运行程序，如图 4-6 所示。输入正确的用户名和密码（分别为 admin 和 123），单击【确定】按钮，如图 4-7 所示。

如果用户名和密码不正确，将显示"登录失败，再试一次！"，且输入用户名和密码的文本框也被清空，如图 4-8 所示。

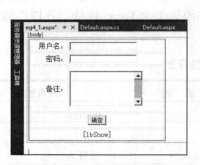

图 4-5　基本控件设计

图 4-6　运行界面

图 4-7　成功登录界面

图 4-8　登录失败界面

4.5　选　择　控　件

选择控件包括复选控件(CheckBox)和复选列表框(CheckBoxList)控件、单选控件(RadioButton)和单选列表框(RadioButtonList)控件。

4.5.1　CheckBox 控件和 CheckBoxList 控件

CheckBox 控件和 CheckBoxList 控件为用户提供了一种输入布尔型数据的方法,常用于多项选择的情况,在日常信息输入中,如遇到多选,就需要用到复选控件。

CheckBox 控件的 Checked 属性用来判断用户是否选中了相应的选项,其值为 true 表示已选中,值为 false 表示未选中。

如果需要用到多个 CheckBox 控件,就需要考虑使用 CheckBoxList 控件。对于使用数据绑定创建一组复选框而言,CheckBoxList 更易于操作,但是单个的 CheckBox 控件则可以更好地控制布局,读者可以根据自己的喜好选择合适的控件。

CheckBoxList 控件具有 DataMember、DataSource、DataTextField 等属性,可以与多种数据源进行绑定,并在页面中显示相应数据。

【例 4-2】创建一个可以选择歌手和歌曲的页面。设计的具体步骤如下。

(1)　打开站点 ch04,在解决方案资源管理器中,右击站点文件,在弹出的快捷菜单中

选择【添加】|【新建项】命令,添加页面 eg4_2.aspx。

(2) 在 eg4_2.aspx 页面中单击【设计】按钮切换到设计界面,在该界面中添加一个 4 行 2 列的表格,边框宽度为 1px,边框颜色为蓝色。

在第 1 行的第 1 个单元格中输入文字"请选择喜爱的歌手:",在第 2 个单元格中添加 4 个 CheckBox 控件,ID 属性为默认值,Text 属性分别为"刘德华""那英""张学友""刘若英"。

用鼠标选中第 3 行,右击并在弹出的快捷菜单中选择【修改】|【合并单元格】命令,合并第 3 行,添加 1 个 Button 控件,ID 属性为 btnOK,Text 属性为"确定"。

合并第 4 行,添加 1 个 Label 控件,ID 属性为 lbShow,Text 属性清空。调整各控件的位置,如图 4-9 所示。

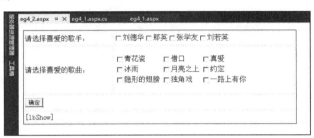

图 4-9　设计界面

(3) 在第 2 行的第 1 个单元格中输入文字"请选择喜爱的歌曲:",在第 2 个单元格中添加 1 个 CheckBoxList 控件,ID 属性设置为 ckSongs。选中该控件,单击右上角的⤤按钮,在 CheckBoxList 任务对话框中选择列表项,出现如图 4-10 所示的【ListItem 集合编辑器】对话框。单击【添加】按钮,设置 Text 属性值为歌曲的名字,可多次添加歌曲。添加好歌曲名后,单击【确定】按钮。也可以通过属性窗口中的 Items 属性打开同样的对话框进行设置。在属性窗口中,设置 CheckBoxList 控件的 RepeatDirection 属性为 Horizontal,表示列表项水平显示;设置 RepeatColumns 属性为 3,表示分两列显示。

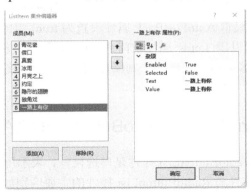

图 4-10　【ListItem 集合编辑器】对话框

(4) 设计好界面后,双击【确定】按钮,添加 Button1 按钮 Click 事件的处理代码如下。

```
protected void Button1_Click(object sender, EventArgs e)
{
    string m="",s="";        //定义字符串,m用来存储歌曲,s用来存储歌手
```

```
//如果选择了 CheckBox1,则将它的内容加入到字符串 s
if (CheckBox1.Checked)
    s= s + CheckBox1.Text+" ";
if (CheckBox2.Checked)
    s = s + CheckBox2.Text+" ";
if (CheckBox3.Checked)
    s = s + CheckBox3.Text+" ";
if (CheckBox4.Checked)
    s = s + CheckBox4.Text+" ";
//通过循环确定选择的歌曲,用字符串 m 存储
for (int i = 0; i < ckSongs.Items.Count; i++)
{
    if (ckSongs.Items[i].Selected)
    {
        m = m + ckSongs.Items[i].Text+" ";
    }
}
lbShow.Text = "你选择的歌手是: "+s+"<br>";
lbShow.Text = lbShow.Text + "你选择的歌曲是: " + m;
}
```

(5) 将 eg4_2.aspx 页面设置为起始页,运行程序,选择歌手和歌曲,单击【确定】按钮,显示如图 4-11 所示的界面。

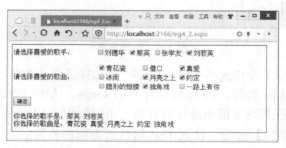

图 4-11　运行界面

上述程序中,CheckBox 控件的 Checked 属性用来判断复选框是否被选中,当用户选中复选框时,将触发 CheckedChanged 事件。默认情况下,CheckedChanged 事件并不会立即被提交到服务器处理,但如果将 AutoPostBack 属性设置为 true,则会被立即送到服务器处理。CheckBoxList 控件中,可以用 Items 属性访问列表中的所有列表项;Items[i]表示列表中第 i-1 个列表项;列表项的 Selected 属性用来判断该列表项是否被选中;Count 属性用来表示列表项的个数。

4.5.2　RadioButton 控件和 RadioButtonList 控件

RadioButton 控件和 RadioButtonList 控件是单选控件,表示用户只能从备选的选择项中选择一项。RadioButton 控件与 RadioButtonList 控件的主要区别如下。

(1) RadioButton 控件有一个 GroupName(组名)属性,若将多个 RadioButton 控件的 GroupName 属性设置为相同的值,则这些 RadioButton 控件会被编成一组,页面运行时,用户只能选择其中的一个选项。

(2) RadioButtonList 控件支持数据绑定。RadioButtonList 控件具有 DataMember、DataSource、DataTextField 等属性,可以与多种数据源进行绑定,并在页面中显示相应的

数据。

【例 4-3】设计一个可以选择性别和学历的页面。设计的具体步骤如下。

(1) 打开站点 ch04，在解决方案资源管理器中，右击站点文件，在弹出的快捷菜单中选择【添加】|【新建项】命令，添加一个新的页面 eg4_3.aspx。

(2) 在 eg4_3.aspx 页面中单击【设计】按钮切换到设计界面，在该界面中添加一个 4 行 2 列的表格，边框宽度为 1px，边框颜色为蓝色。

在第 1 行的第 1 个单元格中输入文字"请输入性别："，在第 2 个单元格中添加 2 个 RadioButton 控件。

在第 2 行的第 1 个单元格中输入文字"请输入最高学历："，在第 2 个单元格中添加 1 个 RadioButtonList 控件。

用鼠标选中第 3 行，右击并在弹出的快捷菜单中选择【修改】|【合并单元格】命令，合并第 3 行，添加 1 个 Button 控件。

合并第 4 行，添加 1 个 Label 控件。调整各控件的大小和位置，如图 4-12 所示。

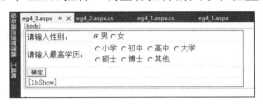

图 4-12   设计界面

其中各控件的属性如表 4-4 所示。

表 4-4   各控件的属性设置

控件类型	控件名称	属 性	设置结果
Label	Label3	Text	
		ID	lbShow
Button	Button1	ID	btnOk
		Text	确定
RadioButton	RadioButton1	ID	rdbtnBoy
		Text	男
		GroupName	sex
		Checked	true
	RadioButton2	ID	rdbtnGirl
		Text	女
		GroupName	Sex
RadioButtonList	RadioButtonList1	ID	rdbtnList
		items	设置选项的值

(3) 设置 RadioButtonList 的列表项，单击控件的右上角，出现如图 4-10 所示的对话框，或者通过设置 Items 属性值添加列表项。RadioButtonList 控件与 CheckBoxList 控件的用法

类似。

(4) 双击【确定】按钮，添加 btnOK 按钮的 Click 事件处理代码如下。

```
protected void btnOK_Click(object sender, EventArgs e)
{
    string sex = "男",s="";
    if (rdbtnGirl.Checked)
        sex = "女";
    for (int i = 0; i < rdbtnList.Items.Count; i++)
    {
        if (rdbtnList.Items[i].Selected)
            s = rdbtnList.Items[i].Text;
    }
    lbShow.Text = "你的基本资料是: <br>";
    lbShow.Text = lbShow.Text + "性别是: " + sex + "<br>";
    lbShow.Text = lbShow.Text + "最高学历是: " + s;
}
```

(5) 将 eg4_3.aspx 页面设置为起始页，运行程序，选择性别和最高学历，单击【确定】按钮，将显示如图 4-13 所示的界面。

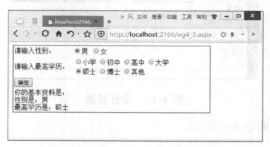

图 4-13　运行界面

RadioButton 控件和 RadioButtonList 控件的用法相似，不过，RadioButton 控件必须将同一组控件的 GroupName 属性设置为相同的值，否则不能实现单选的功能。RadioButtonList 控件中 Items 属性和 Count 属性与 CheckBoxList 控件的相应属性类似，在此不再赘述。

4.6 列表控件

列表控件包括 ListBox 控件和 DropDownList 控件，事实上，前面所介绍的 CheckBoxList 控件和 RadioButtonList 控件也属于列表控件。ListBox 控件是用于创建单选或多重选择的列表框，用户可以从预定义的列表中选择一项或者多项。DropDownList 控件用来创建下拉列表框。ListBox 控件和 DropDownList 控件的功能类似，不同之处在于 DropDownList 控件的项默认是隐藏的，这样可以节省空间，且 DropDownList 不支持多选，而 ListBox 允许多项选择。

4.6.1 ListBox 控件

1. ListBox 控件的基本属性

ListBox 控件用于创建单选或者多选的列表框，其基本属性介绍如下。

(1) SelectionMode 属性：该属性用来设置选择的模式，即单选(Single)或多选(Multiple)，用户可以按住 Ctrl 键或者 Shift 键选择多项。

(2) Rows 属性：表示要显示的可见行的数目。如果包含的项数多于 Rows 的值，则会显示一个垂直滚动条。

(3) DataTextField 和 DataTextValueField 属性：用来绑定 ListBox 的显示文本和关联文本。

(4) Items 属性：用来设置列表项。单击列表控件属性窗口中 Items 属性的对话框，将打开【ListItem 集合编辑器】对话框，如图 4-14 所示，用来确定要在列表中显示的项目集合。单击【添加】按钮可以在成员列表中添加一个选项，单击【移除】按钮可以删除列表中的一个选项，单击向上或向下箭头按钮可以把成员列表中选定的项目向上或向下移动一个位置。

图 4-14　"ListItem 集合编辑器"对话框

右侧属性窗口中，Enabled 属性表示列表项是否可用，Selected 属性表示是否被选中，Text 属性和 Value 属性表示列表中显示的文本和值。

编程的时候，通过 SelectedIndex 属性获取所选项的索引，通过 SelectedItem 属性获得所选项的内容，通过 Items 属性访问列表框中的所有列表项，通过 Count 属性获取列表框中成员的个数。

2. ListBox 控件应用示例

【例 4-4】设计一个寻找职位的页面，将找到的职位添加到一个 ListBox 控件中显示。具体步骤如下。

(1) 打开 ch04 站点，在解决方案资源管理器中，添加 eg4_4.aspx 页面。

(2) 在 eg4_4.aspx 页面中单击【设计】按钮切换到设计界面，在该界面中添加一个 2 行 3 列的表格，边框宽度为 1px，边框颜色为蓝色。

在第 1 行的第 1 个单元格中输入文字"寻找职位："。

在第 2 行的第 1 个单元格和第 3 个单元格中各添加 1 个 ListBox 控件，在第 2 个单元格中添加 2 个 Button 控件。

各控件的属性设置如表 4-5 所示。调整各控件的大小和位置，效果如图 4-15 所示。

表 4-5　各控件的属性设置

控件类型	控件名称	属 性	设置结果
Button	Button1	ID	btnAdd
		Text	添加
	Button2	ID	btnMove
		Text	移除
ListBox	ListBox1	ID	ListBox1
		Items	添加各项
		SelectionMode	Multiple

续表

控件类型	控件名称	属　性	设置结果
ListBox	ListBox2	ID	ListBox2
		Items	
		SelectionMode	Multiple

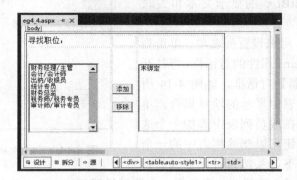

图 4-15　设计界面

(3)　双击【添加】按钮，添加 btnAdd 按钮 Click 事件的处理代码如下。

```
protected void btnAdd_Click(object sender, EventArgs e)
{
    for (int i = 0; i < ListBox1.Items.Count; i++)
    {
        if (ListBox1.Items[i].Selected)
            ListBox2.Items.Add(ListBox1.Items[i].Text);
    }
}
```

(4)　双击【移除】按钮，添加 btnMove 按钮 Click 事件的处理代码如下。

```
protected void btnMove_Click(object sender, EventArgs e)
{
    for(int i=0;i<ListBox2 .Items .Count ;i++)
        if(ListBox2 .Items[i].Selected )
            ListBox2.Items.Remove(ListBox2.Items[i].Text );
}
```

(5)　将 eg4_4.aspx 页面设置为起始页，运行程序，选择 ListBox1 控件中的职位，单击
【添加】按钮，界面如图 4-16 所示。

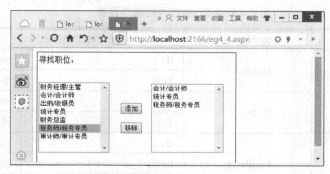

图 4-16　运行界面(1)

ListBox 控件也可以通过程序动态地绑定数据。静态绑定数据适用于选项已经确定的情况，而日常生活中经常需要动态绑定数据源，这些数据可以是数据库中的数据，也可以是 XML 文件中的数据。

单击【移除】按钮，界面如图 4-17 和图 4-18 所示。

图 4-17　运行界面(2)

图 4-18　运行界面(3)

4.6.2　DropDownList 控件

DropDownList 控件用于创建下拉列表框，它的功能与 ListBox 控件相似，不过在 DropDownList 中不能选择多项。

DropDownList 控件可以通过程序动态地绑定数据，通过 Items 属性添加选项，通过 SelectedIndex 属性获取选项的索引，通过 SelectedItem 属性获取选项的值，通过 AutoPostBack 属性实现两个选项的同步更新。

【例 4-5】设计一个动态显示省份和城市的页面，其中第一个下拉列表框中的选项是省份，第二个下拉列表框根据省份显示不同的城市，具体步骤如下。

(1) 打开站点 ch04，在解决方案资源管理器中，右击站点文件，在弹出的快捷菜单中选择【添加】|【新建项】命令，添加 eg4_5.aspx 页面。

(2) 在 eg4_5.aspx 页面中单击【设计】按钮切换到设计界面，在该界面中添加一个 3 行 2 列的表格，边框宽度为 1px，边框颜色为蓝色。

在第 1 行的第 1 个单元格中输入文字"请选择省份城市："，在第 2 个单元格中添加 2 个 DropDownList 控件。

在第 2 行的第 2 个单元格中添加 1 个 Button 控件。

在第 3 行的第 2 个单元格中添加 1 个 Label 控件。各控件的属性如表 4-6 所示。各控件的大小和位置如图 4-19 所示。

表 4-6　各控件的属性设置

控件类型	控件名称	属　性	设置结果
Label	Label1	ID	lbShow
		Text	
Button	Button1	ID	btnOK
		Text	确定
DropDownList	DropDownList1	ID	DropDownList1
		Items	添加各个省份
		AutoPostBack	true
	DropDownList2	ID	DropDownList2

💡 **注意**：　第一个 DropDownList 控件(即选择省份的下拉列表框)的 AutoPostBack 属性一定要设置为 true，否则达不到效果。

图 4-19　设计界面

(3) 选择第一个 DropDownList 控件，单击属性窗口中的 ⚡ 按钮，找到事件中的 SelectedIndexChanged 事件，双击，为 SelectedIndexChanged 事件添加处理代码如下。

```
protected void DropDownList1_SelectedIndexChanged(object sender, EventArgs e)
{
    switch (DropDownList1.SelectedIndex)
    {
        case 0:
            DropDownList2.Items.Clear();
            DropDownList2.Items.Add("广州");
            DropDownList2.Items.Add("深圳");
            DropDownList2.Items.Add("佛山");
            break;
        case 1:
            DropDownList2.Items.Clear();
            DropDownList2.Items.Add("武汉");
            DropDownList2.Items.Add("荆州");
            DropDownList2.Items.Add("沙市");
            break;
        case 2:
            DropDownList2.Items.Clear();
            DropDownList2.Items.Add("长沙");
            DropDownList2.Items.Add("株洲");
            DropDownList2.Items.Add("郴州");
```

```
        break;
    //…
    }
}
```

代码说明：

程序通过 switch 语句将 DropDownList1 控件的 SelectedIndex 属性作为参数，根据不同的省份显示该省份相关的城市。其中，Clear()方法表示清空下拉列表框中的选项，Add()方法表示添加选项。程序中省略的部分请读者自行添加。

(4) 双击【确定】按钮，添加 btnOk 按钮的 Click 事件处理代码如下。

```
protected void btnOk_Click(object sender, EventArgs e)
{
    string s, c;
    s = DropDownList1.SelectedItem.Text;
    c = DropDownList2.SelectedItem.Text;
    lbShow.Text = "你选择的城市为: " +s + "省" + c+"市";
}
```

(5) 将 eg4_5.aspx 页面设置为起始页，运行程序，在第一个下拉列表框中选择省份，会发现第二个下拉列表框中的城市会随之变化，单击【确定】按钮，运行界面如图 4-20 所示。

图 4-20 运行界面

AutoPostBack 属性用于当用户改变下拉列表框中的选取项时，是否自动上传窗体数据到服务器处理，值为 true 时，表示上传。当选择省份后，需要将选择的省份上传到服务器端进行处理，使得第二个下拉列表框中的城市与之相对应。所以在此例中必须将第一个下拉列表框(即省份下拉列表框)的 AutoPostBack 属性设置为 true，否则达不到效果。

4.7 高 级 控 件

高级控件包括 Calendar 控件和 AdRotator 控件。其中，Calendar 控件用来制作日历，AdRotator 控件用来制作横幅广告。

4.7.1 Calendar 控件

Calendar 控件用于创建一个日历，以便用户可以选择日期及月份。Calendar 控件非常灵活，用户可以选择日期，也可以直接输入日期数据。Calendar 的样式和属性非常多，这里主要介绍一些常用的属性和样式。

(1) TitleFormat 属性：设置日历的表头，Month 表示显示月份，MonthYear 表示显示年份和月份。

(2) ShowNextPrevMonth 属性：设置是否显示【上一个月】、【下一个月】两个按钮。默认值为 True，表示显示【上一个月】、【下一个月】两个按钮；值为 False，表示不显示这两个按钮。

(3) NextMonthText/PreMonthText 属性：设置下一个月/上一个月导航控件显示的文本。

(4) ShowDayHeader 属性：表示是否显示星期标题，值为 True 时，显示星期标题；值为 False 时，不显示星期标题。

(5) ShowGridLines 属性：表示是否显示网格，值为 Ture 时，显示网格；值为 False 时，不显示网格。

(6) SelectedData 属性：该属性用来获取选定的日期。

(7) SelectionMode 属性：该属性用来确定日、周和月是否可以选定，其值有 Day、DayWeek 和 DayWeekMonth 三种。

(8) SelectedDate 属性：该属性用来获取选定的日期。

Calendar 控件的样式有很多，通过控件右上角的小三角按钮打开对话框，可以自动套用一些样式，也可以通过属性窗口设计样式。

【例 4-6】Calendar 控件的使用。设计一个页面，通过 Calendar 控件来选择某个日期的年、月、日。具体步骤如下。

方法一：

(1) 打开站点 ch04，右击解决方案资源管理器中的站点文件，在弹出的快捷菜单中选择【添加】|【新建项】命令，添加一个新的页面 eg4_6.aspx。

(2) 在 eg4_6.aspx 页面中单击【设计】按钮切换到设计界面，在该界面中添加一个 5 行 2 列的表格，边框宽度为 1px，边框颜色为蓝色。

在第 1 行的第 1 个单元格中输入文字"请选择日期："。

选中第 2~5 行的第 1 个单元格，右击并在弹出的快捷菜单中选择【修改】|【合并单元格】命令，在该单元格内添加一个 Calendar 控件。

在第 2 行第 1 个单元格中添加 1 个 Button 控件，为 Calendar 控件自动套用格式，设置它的 NextPrevFormat 属性值为 ShortMonth。

分别在第 2~5 行的第 2 个单元格中输入文字，添加 4 个 Label 控件，id 属性分别为 lbDate、lbYear、lbMonth、lbDay，Text 的初始值为空值，调整各控件的大小和位置，如图 4-21 所示。

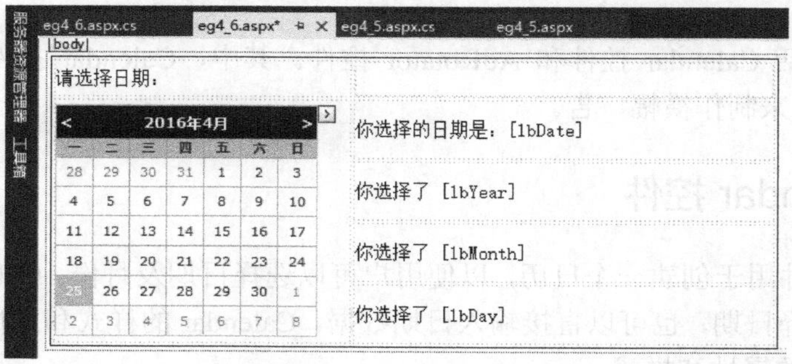

图 4-21 设计界面(1)

(3) 双击 Calendar 控件，添加 cddate 控件 SelectionChanged 事件的处理代码如下。

```
protected void cddate_SelectionChanged(object sender, EventArgs e)
{
    lbDate.Text = cddate.SelectedDate.ToShortDateString();
    lbYear.Text = cddate.SelectedDate.Year.ToString()+"年";
    lbMonth.Text = cddate.SelectedDate.Month.ToString()+"月";
    lbDay.Text = cddate.SelectedDate.Day.ToString()+"日";
}
```

(4) 将 eg4_6.aspx 页面设置为起始页，运行程序，选择一个日期，得到如图 4-22 所示的运行界面。

图 4-22　运行界面(1)

方法二：

本例还可以做成下拉列表框的形式，通过下拉列表框设置日历控件的日期。用户通过下拉列表框选择年月日后，日历也会相应更新。

(1) 在 eg4_6.aspx 页面上增加 3 个 DropDownList 控件，Name 属性分别为 dwYear、dwMonth、dwDay，分别用来显示年份、月份和日；1 个 Button 控件，Name 属性为 btnOK，用来触发事件。设计界面如图 4-23 所示。

图 4-23　设计界面(2)

在 Calendar 控件 SelectionChanged 事件的处理代码中再增加如下代码，实现用户通过下拉列表框选择日期时的日历更新功能。

```
dwYear.Text = cddate.SelectedDate.Year.ToString ();
dwMonth.Text = cddate.SelectedDate.Month.ToString();
dwDay.Text =cddate.SelectedDate.Day.ToString();
```

(2) 打开 eg4_6.aspx.cs 文件，在 Page 对象的 Load 事件中添加处理代码进行初始化，代码如下。

```
protected void Page_Load(object sender, EventArgs e)
{
    if (!IsPostBack)
    {
        for (int y = 1950; y < 2050; y++)
            dwYear.Items.Add(y.ToString ());
        for (int m = 1; m < 13; m++)
            dwMonth.Items.Add(m.ToString ());
        for (int d = 1; d < 32; d++)
            dwDay.Items.Add(d.ToString ());
    }
}
```

(3) 回到设计界面，双击【设置】按钮，添加 btnOK 按钮的 Click 事件处理代码如下。

```
protected void btnOK_Click(object sender, EventArgs e)
{
    string y = dwYear.SelectedItem.Text;
    string m = dwMonth.SelectedItem.Text;
    string d = dwDay.SelectedItem.Text;
    cddate.SelectedDate = Convert.ToDateTime(y + "-" + m + "-" + d);
    cddate.VisibleDate = Convert.ToDateTime(y + "-" + m + "-" + d);
}
```

(4) 将 eg4_6.aspx 页面设置为起始页，运行程序，结果如图 4-24 所示。当选择不同的日期时，日历会同时进行更新。

图 4-24 运行界面(2)

也可以通过日历控件选择不同的年月日，下拉列表框进行同步更新。在程序中有一个缺陷，即如果月份为 2 月，则"日"的下拉列表中应同步更新为 29 日，但在下拉列表中并没有实现月份的更新。这个问题留给读者思考解决。

4.7.2 AdRotator 控件

AdRotator 控件用于在页面中呈现一些广告图像，单击这些图像将会定位到一个新的 Web 页面。每当用户刷新页面时，都会从预定义的列表中随机选择一个广告。要使用 AdRotator 控件，先要设置所显示的广告看板的属性，这里以 XML 文件来设置。

以下是 XML 文件的标记。

◎ <ImageUrl>：要显示的图片路径。

◎ <NavigateUrl>：单击图片时要链接的网址。

◎ <AlternateText>：图像不可用时显示的文本。

◎ <Keyword>: 该条广告的关键词。

◎ <Impression>: 指示广告显示频率的数值。

下面通过一个例子来演示 AdRotator 控件的用法。

【例 4-7】设计一个广告播放页面。在页面中，将分别显示全球通、神州行、动感地带的广告图片。当用户刷新页面时，系统将随机显示一个广告图片和相应的文本及网址。具体步骤如下。

(1) 打开站点 ch04，右击解决方案资源管理器中的站点文件，在弹出的快捷菜单中选择【添加】|【新建项】命令，添加一个新的页面 eg4_7.aspx，在页面上放置一个 AdRotator 控件。

(2) 在解决方案资源管理器中，右击站点 ch04，在弹出的快捷菜单中选择【添加】|【新建文件夹】命令，如图 4-25 所示，新建一个文件夹，文件名为 img，该文件夹用来存放显示的图片。右击 img 文件夹，在弹出的快捷菜单中选择【添加现有项】命令，找到图片存放的位置，将图片添加到 img 文件夹中，如图 4-26 所示。

图 4-25 选择【新建文件夹】命令

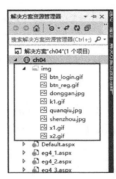

图 4-26 添加图片

(3) 右击解决方案资源管理器中的站点文件，在弹出的快捷菜单中选择【添加】|【新建项】命令，打开如图 4-27 所示的对话框。选择 XML 文件，并将名称改为 adr.xml，即成功添加一个 XML 文件。关于 XML 文件的具体内容将在第 9 章中详细介绍。

图 4-27 添加 XML 文件

(4) 在 adr.xml 文件中添加如下代码。

```xml
<?xml version="1.0" encoding="gb2312"?>
<Advertisements>
  <Ad>
    <ImageUrl>~/img/quanqiu.jpg</ImageUrl>
    <NavigateUrl>http://www.chinamobile.com/gotone/</NavigateUrl>
    <AlternateText>全球通</AlternateText>
    <Keyword>全球通</Keyword>
    <Impressions>30</Impressions>
  </Ad>
  <Ad>
    <ImageUrl>~/img/donggan.jpg</ImageUrl>
    <NavigateUrl>http://www.m-zone.com.cn/homepage/homepage.HTML</NavigateUrl>
    <AlternateText>动感地带</AlternateText>
    <Keyword>动感地带</Keyword>
    <Impressions>50</Impressions>
  </Ad>
  <Ad>
    <ImageUrl>~/img/shenzhou.jpg</ImageUrl>
    <NavigateUrl>http://www.chinamobile.com/easyown/</NavigateUrl>
    <AlternateText>神州行</AlternateText>
    <Keyword>神州行</Keyword>
    <Impressions>70</Impressions>
  </Ad>
</Advertisements>
```

(5) 打开 eg4_7.aspx 页面，在该页面中添加 AdRotator 控件，设置 AdRotator 控件的 AdvertisementFile 属性，在弹出的对话框中选择 adr.xml 文件，如图 4-28 所示。

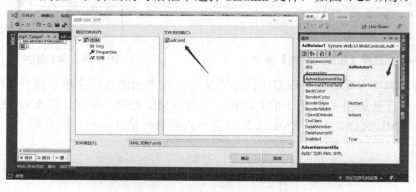

图 4-28　AdRotator 控件的属性设置

将 eg4_7.aspx 页面设置为起始页，运行程序，界面如图 4-29 所示。刷新页面，重新加载此页面，如图 4-30 所示，页面中的图片已经改变。

图 4-29　显示广告条

图 4-30　刷新后广告条已变

当单击广告图片时，会打开<NavigateUrl></NavigateUrl>标记中的网址。如果图片不能显示，则由<AlternateText></AlternateText>标记中的内容来代替。<Impressions></Impressions>标记指定了广告的优先级(即相对权重)。

4.7.3 MultiView 控件和 View 控件

MultiView 控件是多视图控件，可以实现让用户在同一页面中通过切换选项卡而看到相应的内容，而不用每次都重新打开一个新的窗口。通常，MultiView 控件是与 View 控件一同使用的。

【例 4-8】 使用 MultiView 控件和 View 控件将学生信息在不同的选项卡中输入并显示出来。具体步骤如下。

(1) 打开站点 ch04，在解决方案资源管理器中，右击站点文件，在弹出的快捷菜单中选择【添加】|【Web 窗体】命令，文件名为 eg4_8.aspx。

(2) 在 eg4_8.aspx 的设计界面中添加一个 MultiView 控件，将 MultiView 作为容器，在其中添加 3 个 View 控件，ID 值分别为 View1、View2 和 View3。

(3) 在 View1 中添加一个 3 行 2 列的表格。

在第 1 行的第 1 个单元格中添加文字"学号："，在第 2 个单元格中添加 1 个 TextBox 控件，ID 属性为 txtNo。

在第 2 行的第 1 个单元格中添加文字"姓名："，在第 2 个单元格中添加 1 个 TextBox 控件，ID 属性为 txtName。

合并第 3 行，添加一个 Button 控件，Text 属性为"下一步"。

(4) 在 View2 中添加一个 3 行 1 列的表格。

在第 1 行添加文字"兴趣爱好："。

在第 2 行添加一个 TextBox 控件，ID 属性值为 txtfav，TextMode 属性值为 MultiLine。

在第 3 行添加两个 Button 控件，Text 属性值分别为"上一步"和"下一步"。

(5) 在 View3 中添加一个 2 行 1 列的表格，在第 1 行添加文字"学号：""姓名："和"兴趣爱好："以及 3 个 Label 控件，ID 值分别为 lbNo、lbName 和 lbfav，Text 属性均为空字符串；在第 2 行添加一个 Button 控件，Text 属性值为"上一步"。调整各控件的大小及位置，如图 4-31 所示。

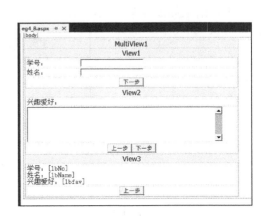

图 4-31　设计界面

(6) 打开 eg4_8.aspx.cs 文件，在 Page_Load 事件中添加如下代码。

```
protected void Page_Load(object sender, EventArgs e)
{
    if (!Page.IsPostBack) {
        MultiView1.ActiveViewIndex = 0;
    }
}
```

代码说明：

View1、View2、View3 的索引值依次为 0、1、2。上述代码实现在页面第一次加载时，索引值为 0 的 View(即 View1)处于激活状态，这时 MultiView1 的 ActiveViewIndex 属性值为 0。

(7) 双击 View1 中的【下一步】按钮，打开其 Click 事件，添加如下代码。

```
protected void btnNext_Click(object sender, EventArgs e)
{
    MultiView1.ActiveViewIndex += 1;
}
```

(8) 双击 View2 中的【上一步】按钮，打开其 Click 事件，添加如下代码。

```
protected void PreviousView_Click(object sender, EventArgs e)
    {
    MultiView1.ActiveViewIndex -= 1;
}
```

(9) 将 View3 中的【上一步】按钮的 Click 事件设置为此事件，实现同样的功能。

(10) 双击 View2 中的【下一步】按钮，打开其 Click 事件，其代码如下。

```
protected void btnNext2_Click(object sender, EventArgs e)
{
    MultiView1.ActiveViewIndex += 1;
    lbNo.Text = txtNo.Text;
    lbName.Text = txtName.Text;
    lbfav.Text = txtfav.Text;
}
```

(11) 保存所有文件，运行程序。如图 4-32 所示，输入学号、姓名。单击【下一步】按钮，结果如图 4-33 所示。输入兴趣爱好，单击【下一步】按钮，结果如图 4-34 所示。

图 4-32　运行界面(1)

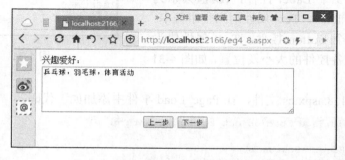

图 4-33　运行界面(2)

图 4-34　运行界面(3)

4.7.4　ScriptManager 控件和 UpdatePanel 控件

ScriptManager 控件用来处理页面上所有的组件及页面的局部更新。每个页面只能添加一个 ScriptManager 控件，它一般和 UpdatePanel 控件联合使用，用来实现页面异步局部更新的效果。ScriptManager 控件和 UpdatePanel 控件都位于工具箱的【AJAX 扩展】组中，如图 4-35 所示。

【例 4-9】实现页面局部刷新效果。具体步骤如下。

(1) 打开站点 ch04，在解决方案资源管理器中，右击站点文件，在弹出的快捷菜单中选择【添加】|【Web 窗体】命令，文件名为 eg4_9.aspx。

(2) 在 eg4_9.aspx 页面中添加一个 Label 控件，其 Text 属性设置为空，ID 属性为默认值。

(3) 在工具箱的【AJAX 扩展】组中，添加一个 ScriptManager 控件和一个 UpdatePanel 控件，在 UpdatePanel 控件内添加一个 DIV，设置边框样式为红色、边框粗细为 1px。在 DIV 内添加一个 Label 控件和一个 Button 控件。调整各控件的大小和位置，如图 4-36 所示。

图 4-35　AJAX 扩展控件

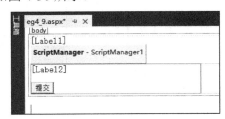

图 4-36　设计界面

该页面的 HTML 源码如下。

```
<html xmlns="http://www.w3.org/1999/xhtml">
<head runat="server">
<meta http-equiv="Content-Type" content="text/html; charset=utf-8"/>
   <title></title>
</head>
<body>
   <form id="form1" runat="server">
   <div>
      <asp:Label ID="Label1" runat="server"></asp:Label>
      <asp:ScriptManager ID="ScriptManager1" runat="server">
```

```
    </asp:ScriptManager>
    <asp:UpdatePanel runat="server">
        <ContentTemplate>
            <div style="width: 300px; border: 1px solid #FF0000">
            <asp:Label ID="Label2" runat="server"></asp:Label>
            <br />
            <br />
            <asp:Button ID="Button1" runat="server" Text="提交" OnClick="Button1_Click" />
        </div>
        </ContentTemplate>


    </asp:UpdatePanel1>

    </div>
    </form>
</body>
</html>
```

(4) 打开 eg4_9.aspx.cs 页面，在 Page 对象的 Load 事件中添加代码如下。

```
protected void Page_Load(object sender, EventArgs e)
    {
        Label1.Text = DateTime.Now.ToString();
        Label2.Text = DateTime.Now.ToString();
    }
```

(5) 切换到 eg4_9.aspx 设计界面，双击【提交】按钮，打开该控件的 Click 事件，添加代码如下。

```
protected void Button1_Click(object sender, EventArgs e)
    {
        Label2.Text = DateTime.Now.ToString();
    }
```

代码说明：
该段代码与上一段代码都是用来显示当前时间的。

(6) 保存所有文件,运行程序,多次单击【提交】按钮，结果如图 4-37 所示。

多次单击【提交】按钮，会发现只有 Label2 控件中的字符串发生了变化。这是因为 Label2 控件和 Button 控件放置在 UpdatePanel 控件内，每单击【提交】按钮一次，就局部刷新一次，而

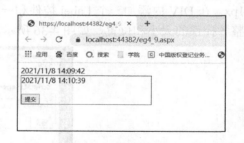

图 4-37　运行界面

Label1 控件放置在 UpdatePanel 控件之外，且它的改变来自 Page 对象的 Load 事件，即页面刷新，Label1 控件的值才会发生改变。

4.8　实战：用户注册页面

在 Visual Studio 中还有一些比较常用的其他控件，包括 LinkButton 控件、ImageButton 控件、Image 控件和 Panel 控件等。

LinkButton 控件的功能是可以使得按钮呈现为一个超链接，但是它只是使按钮看上去为

超链接，按钮终归并不是超链接，它同 Button 控件一样有 Click 事件，使用方法与 Button 控件相同。

ImageButton 控件可以将一个图形指定为按钮，它同时具有 Button 控件和 Image 控件的功能。

Image 控件用于在 Web 窗体上显示且管理图像。

Panel 控件也可以像 Label 控件那样用来显示静态文本。除此之外，Panel 控件还可以用来放置一些其他的控件，它使得页面上杂乱的控件有一种独特的外观，可以把它理解为放置控件的容器。

下面通过一个例子来演示这些控件的基本用法。

【例 4-10】设计一个简单的注册页面。当注册成功时，显示用户的一些基本信息；当注册失败时，显示提示信息。具体步骤如下。

(1) 打开站点 ch04，在解决方案资源管理器中，右击站点文件，添加 3 个新的页面 Register.aspx、Success.aspx 和 Agreement.aspx。

(2) 在设计界面之前，先将图片准备好。在解决方案资源管理器中，创建一个 img 图片文件夹，右击该文件夹，在弹出的快捷菜单中选择【添加现有项】命令，找到图片的位置，添加图片素材。

(3) 在解决方案资源管理器中，右击站点文件，创建一个 css 文件夹。在该文件夹里添加一个样式表文件 myStyle.css，用来控制页面的布局。网站的页面布局主要分为上、中、下三部分，上面部分用来放置标题和 Logo，中间部分为主要内容，下面部分用来放置服务热线等。代码如下。

```css
body {
    background-image: url('../img/bg.jpg');
    background-repeat: repeat-x;
    text-align :center ;
}
#Head{

    background-image: url('../img/logo_N.jpg');
    background-repeat: no-repeat;
    height: 120px;
    width :1000px;
     margin :auto;

}
#mainBody{
    width :1000px;
    margin :auto;
    height: 612px;
}
#Footer{
    width :1000px;
    margin :auto;
    height: 30px;
     padding-top: 10px;
    padding-bottom: 2px;
    font-size: 12px;
    background-color: #797979;
}
```

(4) 打开 Register.aspx 页面，切换到源码编辑窗口，在该窗口的 form 标记中添加 3 个

div，ID 分别为 Head、mainBody 和 Footer。将样式表 myStyle.css 文件拖至 head 标记内。在 mainBody 层添加一个 13 行 2 列的表格，在 Footer 层添加文字，如图 4-38 所示。

```
49      </head>
50   ☐ <body>
51   ☐     <form id="form1" runat="server">
52           <div id="Head"></div>
53   ☐       <div id="mainBody">
54
55   ⊞         <table class="tabmain">...</table>
183
184           </div>
185           <div id="Footer" style="color: #FFFFFF">
186   客服投诉热线: 860-10-00011234        客服邮箱: kf@vip.kuku.com        举报邮箱: jubao@contact.kuku.com
187           </div>
188         </form>
189   </body>
```

图 4-38　div 设计

(5) 在 head 标记内，通过内部样式设置表格中各单元格的样式，代码如下。

```
<head runat="server">
<meta http-equiv="Content-Type" content="text/html; charset=utf-8"/>
    <title></title>
<link href="css/myStyle.css" rel="stylesheet" />
    <style type="text/css">
        .tabmain{
            width :100%;
            background-color:#E7E3E7;
            line-height :34px;
            text-align: left;
            height: 100%;
        }
        .title{
            background-color: #797979;
            color: #FFF;
            padding-top: 2px;
            padding-bottom: 2px;
            font-size: xx-large;
            text-align: center;
            height :60px;
        }
        .left
        {
            width :250px;
            text-align: right;
            font-size: 16px;
            font-family: 微软雅黑;

        }
        .middle {
            width : 500px;
            text-align: left;
            height: 28px;
        }
        .right{
            width : 200px;
            text-align: left;
            height: 28px;
            text-align: left;
            font-size: small;
            color: #666666;
        }
    </style>
</head>
```

(6) 在表格的各个单元格内输入文字，放置 8 个 TextBox 控件、1 个 ImageButton 控件、1 个 LinkButton 控件、2 个 RadioButton 控件、1 个 DropDownList 控件、1 个 CheckBox 控件和 1 个 Image 控件。各控件的属性设置如表 4-7 所示。

表 4-7　表格中各控件的属性设置

控件类型	控件名称	属　性	设置结果
RadioButton	RadioButton1	ID	rbtnMan
		Checked	true
		Text	男
		GroupName	Sex
	RadioButton2	ID	rbtnWoman
		Text	女
		GroupName	Sex
TextBox	TextBox1	ID	txtName
	TextBox2	ID	txtAge
	TextBox3	ID	txtQQ
	TextBox4	ID	txtEmail
	TextBox5	ID	txtAddress
	TextBox6	ID	txtPswd
		TextMode	Password
	TextBox7	ID	TxtPswd2
		TextMode	Password
	TextBox8	ID	txtMessage
		TextMode	MultiLine
		Row	5
ImageButton	ImageButton1	ID	ibtnLog
		imageUrl	~/img/btn_reg.gif
LinkButton	LinkButton1	ID	lbtnFg
		Text	ku 酷论坛服务协议
DropDownList	DropDownList1	ID	drpPhoto
		Items	各头像的图片名称
CheckBox	CheckBox1	ID	ckServeice
		Checked	true
Image	Image1	ID	imgPhoto
		imageUrl	~/img/1.jpg

(7) 调整各控件的位置和大小，如图 4-39 所示。

(8) 打开 Success.aspx 页面，采用同样的 div 布局设置该页面。此页面用来在注册成功后显示用户信息，所以该页面采用多个 Label 控件来静态显示信息。设置好的页面效果如

图 4-40 所示。

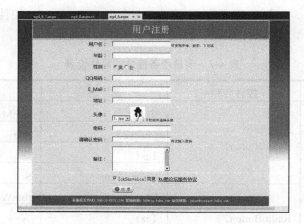

图 4-39 注册页面的设置

图 4-40 注册成功页面

(9) 打开 Agreement.aspx 页面,该页面用来显示论坛的服务协议,效果如图 4-41 所示。

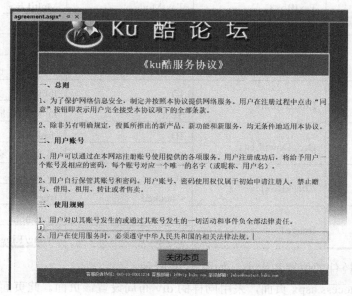

图 4-41 论坛服务协议页面

(10) 切换到 Register.aspx 设计界面，双击 DropDownList 控件，添加 drpPhoto 控件 SelectedIndexChanged 事件的代码如下。

```
protected void drpPhoto_SelectedIndexChanged(object sender, EventArgs e)
    {
        imgPhoto.ImageUrl = "~/img/" + drpPhoto.Text;
    }
```

(11) 双击【ku 酷论坛服务协议】按钮，添加 LinkButton1 按钮的 Click 事件处理代码如下。

```
protected void LinkButton1_Click(object sender, EventArgs e)
{
        Response.Write("<script>window.open('agreement.aspx','_blank');</script>");
}
```

(12) 双击【注册】按钮，添加 ImageButton1 按钮的 Click 事件处理代码如下。

```
protected void ImageButton1_Click(object sender, ImageClickEventArgs e)
    {
        if (txtName.Text != "" && txtPswd.Text != "" && txtEmail.Text != ""&&
         ckServeice .Checked)
        {
            Session["uName"] = txtName.Text.Trim();
            Session["uAge"] = txtAge.Text.Trim();
            if(rbtnMan .Checked ){
                Session["uSex"] = "男";
            }
            else
            {
                Session["uSex"] = "女";
            }
            Session["QQ"] = txtQQ.Text.Trim();
            Session["Email"] = txtEmail.Text.Trim();
            Session["address"] = txtAddress.Text.Trim();
            Session["photo"] = drpPhoto.Text;
            if (txtPswd.Text == txtPswd2.Text)
            {
                Session["pswd"] = txtPswd.Text.Trim();
                Session["Message"] = txtMessage.Text.Trim();
                Response.Redirect("Success.aspx");
            }
            else
            {
                lbShow.Text = "两次密码不一致！";
            }
        }
        else
        {
            lbShow.Text = "用户名或密码或邮件不能为空，且必须同意协议！";
        }
    }
```

代码说明：

此段代码表示当用户名、密码和 E_Mail 三项不为空且用户同意论坛服务协议时，将用户的基本信息保存在 Session 对象中。

(13) 打开 Success.aspx.cs 文件，为 Page 对象的 Load 事件添加代码如下。

```
protected void Page_Load(object sender, EventArgs e)
    {
        if (Session["uName"] != null && Session["Email"] != null)
        {
            lbName.Text = Session["uName"].ToString();
            lbSex.Text = Session["uSex"].ToString();
            lbQQ.Text = Session["QQ"].ToString() ;
            lbEmail .Text= Session["Email"].ToString ();
            lbAdrr .Text= Session["address"] .ToString ();
            lbAge.Text = Session["uAge"].ToString();
            Image1.ImageUrl = "~/img/" + Session["photo"];
        }
    }
```

(14) 将 Register.aspx 页面设置为起始页，运行程序，界面如图 4-42 所示。

图 4-42　运行界面

　　输入正确的用户名基本信息，单击【ku 酷论坛服务协议】超链接，可查看该论坛的服务协议，如图 4-43 所示。单击【注册】按钮，页面跳转至 Success.aspx 页面，并显示注册用户的信息，如图 4-44 所示。

　　当用户名为空或密码不正确或未选中【同意】复选框时，注册页面将提示用户出错的信息，效果如图 4-45 所示。

　　事实上，对于用户注册页面的设计，一般需要数据库的支持，因为用户名和密码等信息需要存储在数据库中，这里只简单地使用了 Session 对象来存储用户的基本信息。数据库的操作将在后面的章节中介绍。

图 4-43　服务协议界面

图 4-44　注册成功页面

图 4-45　用户名为空时的警告界面

小　结

本章首先介绍了服务器端的 HTML 控件，它们的用法与传统的 HTML 标记语言类似，但操作更简单，且需要加上 runat=Server 属性。在 ASP.NET 中，HTML 控件不再是一种标识，而是一个对象。然后介绍了 Web 服务器控件，包括基本控件、选择控件、列表控件和高级控件，通过具体的实例让读者快速理解各个控件的基本用法和在编程过程中的用途。

本章重点及难点：

(1)　常用控件 TextBox、Button、Label 等的使用方法。

(2)　选择控件 CheckBox、RadioButton 等的属性设置和使用方法。

(3)　列表控件 ListBox、DropDownList 的使用方法。

习　题

一、选择题

1.　(　　)既可以进行文本的输入，也可以用来在 Web 页面显示文本的内容。

　　A. Button 控件　　　　　　　　　　B. Image 控件

　　C. TextBox 控件　　　　　　　　　　D. Label 控件

2.　设置 Panel 控件的(　　)属性可以将 Panel 控件中的所有控件都隐藏。

　　A. Enable　　　　　　　　　　　　B. Visible

　　C. Name　　　　　　　　　　　　　D. Text

3.　设置 ListBox 控件的(　　)可以向 ListBox 控件的选项中增加一项。

　　A. add() 方法　　　　　　　　　　B. Remove()方法

　　C. Clear()方法　　　　　　　　　　D. Count 属性

4.　单击按钮(Button)时，触发的事件为(　　)。

　　A. Load 事件　　　　　　　　　　　B. Click 事件

　　C. DoubleClick 事件　　　　　　　　D. Closing 事件

5.　如果想将页面上的多个 RadioButton 设置为一组，则 RadioButton 控件的(　　)应该设为相同。

　　A. Text 属性　　　　　　　　　　　B. Name 属性

　　C. Enable 属性　　　　　　　　　　D. GroupName 属性

二、填空题

1. 用来设置 Button 控件不可用的属性是＿＿＿＿＿＿属性。

2. 在 DropDownList 控件中，如果希望当选定的内容更改后自动回发到服务器，则应设置 DropDownList 控件的＿＿＿＿＿＿属性，使其为 True。

3. 如果希望 HTML 控件能在服务器端运行，则需要加上＿＿＿＿＿＿属性。

4. 使用＿＿＿＿＿＿控件可以在页面上显示一个日历。

三、问答题

1. ASP.NET 中的 HTML 标记与 HTML 控件有什么区别?
2. 简述 Web 服务器控件的工作原理。

四、上机操作题

使用基本的 Web 控件设计一个用户注册页面,其中包括 Label 控件、Button 控件、Image 控件、RadioButton 控件、ListBox 控件、DropDownList 控件、CheckBox 控件、TextBox 控件等。当注册成功时,显示用户的基本信息;当注册失败时,显示错误提示信息。

 微课视频

扫一扫,获取本章相关微课视频。

4-1 Web 服务控件介绍.wmv

4-2 TextBox 控件.wmv

4-3 单选控件.wmv

4-4 复选框控件.wmv

4-5 下拉框控件.wmv

4-6 基本控件的使用.wmv

第5章 验证控件

Visual Studio 中的验证控件包括非空验证(RequiredFieldValidator)控件、比较验证(CompareValidator) 控件、范围验证(RangeValidator)控件、正则表达式验证(RegularExpressionValidator) 控件、自定义验证(CustomValidator) 控件和验证总结(ValidatorSummary)控件。验证控件不能单独使用，必须和 Web 控件或者 HTML 服务器控件一起使用，它们用来验证所输入的数据是否有数据输入，且输入数据的格式、类型、范围等是否符合用户的要求。本章主要介绍这 6 种验证控件的功能和使用。

本章学习目标：

◎ 熟练掌握各种验证控件的属性。

◎ 熟练掌握每种验证控件在 Web 中的应用。

5.1 验证控件概述

在 Web 应用程序中，对数据的验证是必不可少的一个过程。编程人员必须考虑输入数据的合理性和有效性。在 Visual Studio 中，提供了 6 种验证控件供用户使用。这些验证控件实现了不同的验证功能，提供了一套简单的、易用的功能来检查数据输入时是否有错误，同时对于不合法的输入还能给出提示信息，给用户提供了极大的方便。

在 Visual Studio 开发环境下，这些验证控件分布在工具箱的【验证】组下，如图 5-1 所示。

在编写 Web 应用程序时，这些验证控件有以下共同的属性。

(1) ControlToValidate 属性：该属性用来绑定要验证的控件的 ID。使用验证控件时必须输入该属性值，否则将会出错。

(2) EnableClientScript 属性：该属性用来指示是否在上一级浏览器中对客户端执行验证。

(3) Enabled 属性：该属性用来表示验证控件是否已启用。默认情况下为 true，表示使用验证控件。

图 5-1 验证控件

(4) ErrorMessage 属性：该属性表示当验证的控件无效时，即输入的数据错误时，显示在控件上的信息文本。

(5) Display 属性：该属性表示验证控件的显示方式，其属性值有 None、Static 和 Dynamic 三种。其中，Static 表示控件的位置是静态的，即不管验证有没有错，控件都会在页面上占用位置；Dynamic 表示控件的位置是动态的，如果验证通过，则控件在页面上不占用位置，否则，占用位置；None 表示即使没有通过验证，错误出现时也不显示，但在 ValidatorSummary 控件中显示。

(6) Visible 属性：该属性表示该控件是否可见并被呈现出来。默认值为 true，表示可见。

在使用验证控件时，一般通过 Button 类的控件来激发验证事件，可以通过 Button 控件的 CausesValidation 属性来设置是否激发验证控件，默认情况下为 true，表示激发验证，可以设置为 false 来禁止激发验证。

微软开发工具自 Visual Studio 2012 之后的版本(.NET Framework 4.0 之后)在开发时，很多控件默认使用了 Unobtrusive Validation 模式(所谓 Unobtrusive Validation，就是一种隐式的验证方式)的属性(和 jQuery 的引用相关)，但并未对其进行赋值， 开发者必须手动对其进行设置，否则会出现错误。解决的办法有多种，可以在 Web.config 配置文件中将 FrameWork 版本修改为 4.0，也可以增加如图 5-2 所示的 ValidationSettings 配置代码。

```
eg5_1.aspx    Web.config
  https://go.microsoft.com/fwlink/?LinkId=169433
-->
<configuration>
  <system.web>
    <compilation debug="true" targetFramework="4.7.2" />
    <httpRuntime targetFramework="4.7.2" />
  </system.web>
  <appSettings >
    <add key="ValidationSettings:UnobtrusiveValidationMode" value="None"/>
  </appSettings>
  <system.codedom>
    <compilers>
      <compiler language="c#;cs;csharp" extension=".cs" type="Microsoft.CodeDo
      <compiler language="vb;vbs;visualbasic;vbscript" extension=".vb" type="M
    </compilers>
  </system.codedom>
</configuration>
```

图 5-2　添加代码

5.2　RequiredFieldValidator 控件的功能和使用

RequiredFieldValidator 控件用于在 Web 页面中输入数据时不会跳过非空项。在 Web 页面中通过 RequiredFieldValidator 控件的 ControlToValidate 属性将其链接到某个指定的控件，检测指定的控件是否填入了信息。

通常情况下，使用 RequiredFieldValidator 控件强制验证输入控件的输入值，当验证执行时，如果输入控件包含的值为空字符串或为初始值，则该控件验证失败。

【例 5-1】使用 RequiredFieldValidator 控件设计一个登录页面，当输入值为空或者为初始值时，Web 页面中将给用户提示相应的信息。具体设计步骤如下。

(1) 打开 Visual Studio 开发环境，新建站点 ch05，在解决方案资源管理器中，右击站点 ch05，添加新页面 eg5_1.aspx，在该页面中添加 1 个 4 行 3 列的表格。

合并第一行的 3 个单元格，并输入文字“非空验证”；在第二行的第一个单元格中输入文字“用户名：”，在第二个单元格中添加 1 个 TextBox 控件，在第三个单元格中添加 1 个 RequiredFieldValidator 控件；在第三行的第一个单元格中输入文字“角色：”，在第二个单元格中添加 1 个 DropDownList 控件，在第三个单元格中添加 1 个 RequiredFieldValidator 控件，设计后的效果如图 5-3 所示。

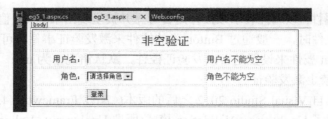

图 5-3   非空验证设计界面

各控件的属性设置如表 5-1 所示。

表 5-1   各控件的属性设置

控件类型	控件名称	属性	设置结果
TextBox	TextBox1	ID	txtName
Button	Button1	ID	btnOk
		Text	登录
DropDownList	DropDownList1	ID	dwjs
		Items	添加各角色值
RequiredFieldValidator	RequiredFieldValidator1	ErrorMessage	用户名不能为空
		ControlToValidate	txtName
		ID	rfvName
	RequiredFieldValidator2	ErrorMessage	角色不能为空
		ControlToValidate	dwjs
		ID	rfvjs
		InitialValue	请选择角色

在设计过程中,设置 DropDownList1 控件的编辑项(即 Items 属性)的方法有两种,第一种通过单击控件右上方的小三角形打开设置对话框,第二种通过属性窗口中的 Items 属性打开设置对话框。为下拉列表框控件 dwjs 添加 4 个编辑项,分别是"请选择角色""管理员""会员""游客",设置"请选择角色"为第一项,在验证的过程中,如果用户选择了"请选择角色",则页面验证失败。

两个 RequiredFieldValidator 控件,其中一个用来检测用户名的输入,另一个用来检测角色的选择,通过 ControlToValidator 属性链接到指定的控件。另外,第二个 RequiredFieldValidator 控件的 InitialValue 属性用来设置要验证字段的初始值,即 DropDownList 控件的初始值。

(2) 保存文件,运行程序,直接单击【登录】按钮,由于没有输入任何数据,因此给出提示信息,如图 5-4 所示。

输入用户名,并选择角色后,再单击【登录】按钮,此时无提示信息,如图 5-5 所示。

有时候,在一些特殊的页面中,需要使验证失效,如在登录页面中同时存在【登录】按钮和【注册】按钮,当单击【登录】按钮时,页面需要执行验证,但是单击【注册】按钮时,不需要执行验证,这时可以将【注册】按钮的 CauseValidaton 属性设置为 false,从而使验证控件的验证对【注册】按钮失效。

图 5-4 没有输入数据时提示错误信息

图 5-5 输入数据后无提示信息

5.3 CompareValidator 控件的功能和使用

CompareValidator 控件用于验证用户的输入是否符合要求。这里的比较有三种情况，第一种情况是和固定值的比较，即设定一个值，如果要验证的控件输入的数据小于或大于或等于这个值，则显示提示信息；第二种情况是和控件比较，如判断用户两次输入的密码是否一致；第三种情况是类型比较，即判断输入的数据类型是否为指定类型。

CompareValidator 控件具有如下一些特有的属性。

◎ ControlToCompare 属性：用于和 ControlToValidate 比较的控件，适用于第二种情况。

◎ ValueToCompare 属性：用于和 ControlToValidate 比较的数值，适用于第一种情况。

◎ Type 属性：该属性表示要比较的两个值的数据类型。值有 String、Integer、Double、Date、Currency。

◎ Operator 属性：该属性表示要使用的比较。值包括 Equal(等于)、NotEqual(不等于)、GreaterThan(大于)、GreaterThanEqual(大于等于)、LessThan(小于)、LessThanEqual(小于等于)、DataCheckType(数据类型)。

【例 5-2】使用 CompareValidator 控件进行设计的具体操作如下。

(1) 打开站点 ch05，右击解决方案资源管理器中的站点文件，在弹出的快捷菜单中选择【添加】|【新建项】命令，新建 1 个 Web 页面 eg5_2.aspx，在该页面中添加 1 个 5 行 3 列的表格。

合并第一行的 3 个单元格，并输入文字"比较验证"；在第二行的第 1 个单元格中输入文字"固定值比较："，在第 2 个单元格中添加 1 个 TextBox 控件，在第 3 个单元格中添加 1 个 CompareValidator 控件；在第三行的第 1 个单元格中输入文字"类型比较："，在第 2 个单元格中添加 1 个 TextBox 控件，在第 3 个单元格中添加一个 CompareValidator

控件；在第四行的第 1 个单元格中输入文字"控件比较："，在第 2 个单元格中添加 2 个 TextBox 控件。各控件的属性设置如表 5-2 所示。

表 5-2 各控件的属性设置

控件类型	控件名称	属　性	设置结果
TextBox	TextBox1	ID	txtValue
	TextBox2	ID	txtType
	TextBox3	ID	txtPass
	TextBox4	ID	txtPass2
CompareValidator	CompareValidator1	ErrorMessage	输入值大于 20
		ControlToValidate	txtValue
		ID	cvValue
		Operator	Greaterthan
		CompareToValue	20
	CompareValidator2	ErrorMessage	输入日期型数据
		ControlToValidate	TxtType
		ID	cyType
		Operator	DataTypeCheck
		Type	Date
	CompareValidator3	ErrorMessage	两次输入的密码不一致
		ControlToValidate	txtPass2
		ControlToCompare	txtPass
		ID	cvPsd

三个 CompareValidator 控件分别针对三种不同情况进行验证，其中第一个 CompareValidator 控件用来与固定值比较，如果输入的值大于等于 20，则验证控件将显示 "输入数据大于 20" 的错误；第二个 CompareValidator 控件用来验证数据类型，如果输入 的数据不是日期型数据，则验证控件将显示提示信息；第三个 CompareValidator 控件用来 判断两个 TextBox 文本框中的内容是否是一样的，这个常在检验两次输入的密码是否一致 的情况下应用。

(2) 保存文件，将 eg5_2.aspx 设置为起始页，运行程序，输入数据，运行界面如图 5-6 所示。

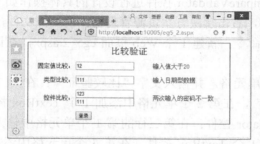

图 5-6 CompareValidator 控件的使用运行界面

此时，如果输入数据为空，CompareValidator 控件将不经过任何验证。解决的办法是将 RequiredFieldValidator 控件和 CompareValidator 控件组合在一起使用。

5.4　RangeValidator 控件的功能和使用

RangeValidator 验证控件用来检验用户输入的数据是否在指定的范围内，检测的对象可以是数字、字母和日期等，边界值为常数。该验证控件的 MinimunValue 属性用来表示边界的最小值，MaximumValue 属性用来表示边界的最大值。

【例 5-3】使用 RangeValidator 验证控件的具体操作如下。

(1)　打开站点 ch05，右击解决方案资源管理器中的站点文件，在弹出的快捷菜单中选择【添加】|【新建项】命令，新建 1 个 Web 页面 eg5_3.aspx，在该页面中添加 1 个 4 行 3 列的表格。

合并第一行的 3 个单元格，并输入文字"范围验证"；在第二行的第一个单元格中输入文字"字母："，在第二个单元格中添加 1 个 TextBox 控件，在第三个单元格中添加 1 个 RangeValidator 控件；在第三行第一个单元格中输入文字"数值："，在第二个单元格中添加 1 个 TextBox 控件，在第三个单元格中添加 1 个 RangeValidator 控件；在第四行的第一个单元格中输入文字"日期："，在第二个单元格中添加 1 个 TextBox 控件，在第三个单元格中添加 1 个 RangeValidator 控件。各控件的属性设置如表 5-3 所示。

3 个 RangeValidator 控件分别用来针对字母、数值和日期进行验证，第一个验证控件验证的数据是'a'～'z'之间的字母，第二个验证控件验证的数据是 5～30 之间的数值，第三个验证控件验证的数据是 2005-1-1 到 2008-12-31 之间的日期。

表 5-3　各控件的属性设置

控件类型	控件名称	属　　性	设置结果
TextBox	TextBox1	ID	txtWord
	TextBox2	ID	txtInt
	TextBox3	ID	txtDate
RangeValidator	RangeValidator1	ErrorMessage	在'a'～'z'之间
		ControlToValidate	txtWord
		ID	rvWord
		MinimunValue	a
		MaximumValue	z
		Type	String
	RangeValidator2	ErrorMessage	在 5～30 之间
		ControlToValidate	TxtInt
		ID	rvInt
		MinimunValue	5
		MaximumValue	30
		Type	Integer

续表

控件类型	控件名称	属 性	设置结果
RangeValidator	RangeValidator3	ErrorMessage	在 2005—2008 年之间
		ControlToValidate	txtDate
		ID	rvDate
		MinimunValue	2005-1-1
		MaximumValue	2008-12-31
		Type	Date

(2) 调整各控件的大小和位置，将 eg5_3.aspx 页面设置为起始页，运行程序，输入测试的数据，如图 5-7 所示。

RangeValidator 控件与 CompareValidator 控件一样，不验证输入数据是否为空，此时须联合多个验证控件(如与 RequiredFieldValidator 控件)一起使用。

图 5-7　RangeValidator 验证控件运行界面

5.5　RegularExpressionValidator 控件的功能和使用

RegularExpressionValidator 控件用来检验输入控件的值是否与某个正则表达式所定义的模式相匹配。该验证控件一般用来检验可预知的字符序列，如验证电话号码、邮件格式、邮件编码、网址等是否合理。

RegularExpressionValidator 控件的一个重要属性是 ValidationExpression，其值是一个正则表达式，正则表达式是由普通字符和特殊字符组成的文字模式，若感兴趣，读者可自行查找正则表达式模式语法的相关资料。

在 Web 程序设计中，常用的一些正则表达式如下。

◎　InterNET URL 网址的正则表达式是

http(s)?://([\w-]+\.)+[\w-]+(/[\w- ./?%&=]*)?。

◎　电子邮件的正则表达式是

\w+([-+.']\w+)*@\w+([-.]\w+)*\.\w+([-.]\w+)*。

◎　电话号码的正则表达式是(\(\d{3}\)|\d{3}-)?\d{8}。

在 Visual Studio 开发环境中，提供了一些常用的正则表达式,如单击属性 ValidationExpression 后的按钮，打开如图 5-8 所示的【正则表达式编辑器】对话框，用

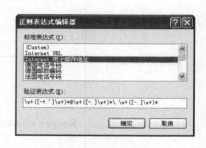

图 5-8　正则表达式编辑器

它可以快速生成常见的正则表达式，读者也可通过这个对话框自定义一些正则表达式。

【例 5-4】使用 RegularExpressionValidator 控件的具体操作步骤如下。

(1) 打开站点 ch05，右击解决方案资源管理器中的站点文件，在弹出的快捷菜单中选择【添加】|【新建项】命令，新建 1 个 Web 页面 eg5_4.aspx，在该页面中添加 1 个 4 行 3 列的表格。

合并第一行的 3 个单元格，输入文字"正则表达式验证"；在第二行的第一个单元格中输入文字"电话号码："，在第二个单元格中添加 1 个 TextBox 控件，在第三个单元格中添加 1 个 RegularExpressionValidator 控件；在第三行的第一个单元格中输入文字"电子邮件："，在第二个单元格中添加 1 个 TextBox 控件，在第三个单元格中添加 1 个 RegularExpressionValidator 控件；在第四行的第一个单元格中输入文字"网址："，在第二个单元格中添加 1 个 TextBox 控件，在第三个单元格中添加 1 个 RegularExpressionValidator 控件。各控件的属性设置如表 5-4 所示。

表 5-4 各控件的属性设置

控件类型	控件名称	属　性	设置结果
TextBox	TextBox1	ID	txtPhone
	TextBox2	ID	txtEmail
	TextBox3	ID	txtURL
RegularExpressionValidator	RegularExpressionValidator1	ErrorMessage	输入 8 位的电话号码
		ControlToValidate	txtPhone
		ID	RevPhone
		ValidationExpression	设置为电话号码
	RegularExpressionValidator2	ErrorMessage	输入正确的邮件地址
		ControlToValidate	txtEmail
		ID	RevEmail
		ValidationExpression	设置为电子邮件地址
	RegularExpressionValidator3	ErrorMessage	输入正确的网址
		ControlToValidate	txtURL
		ID	RevURL
		ValidationExpression	设置为 url

3 个 RegularExpressionValidator 控件分别用来检验输入的数据是否是电话号码、电子邮件以及网址格式。

(2) 调整各控件的大小和位置，将 eg5_4.aspx 页面设置为起始页，运行程序，输入检验数据，如图 5-9 所示。

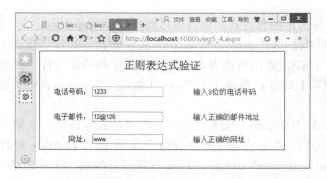

图 5-9　RegularExpressionValidator 控件运行界面

5.6　CustomValidator 控件的功能和使用

CustomValidator 验证控件是用户自定义的验证控件，当前面的这些控件的验证功能不能满足用户需求时，用户可以通过 CustomValidator 控件自定义验证信息。CustomValidator 验证控件与其他控件最大的区别就是该控件可以添加客户端验证函数和服务器端验证函数。

【例 5-5】使用 CustomValidator 控件的具体操作步骤如下。

(1) 打开站点 ch05，右击解决方案资源管理器中的站点文件，在弹出的快捷菜单中选择【添加】|【新建项】命令，新建 1 个 Web 页面 eg5_5.aspx，在页面中添加 1 个 3 行 3 列的表格，在第二行的三个单元格中分别添加 1 个 TextBox 控件，1 个 Button 控件，1 个 CustomValidator 控件。各控件的属性设置如表 5-5 所示。

表 5-5　各控件的属性设置

控件类型	控件名称	属 性	设置结果
Button	Button1	Text	提交
TextBox	TextBox1	ID	txtName
CustomValidator	CustomValidator1	ErrorMessage	用户名已存在
		ControlToValidate	txtName
		ID	cvName

(2) 在属性窗口中，打开 CustomValidator 控件事件窗口，找到 ServerValidate 事件，双击，添加代码如下。

```
protected void cvName_ServerValidate(object source, ServerValidateEventArgs args)
{
    if (txtName.Text.Trim() == "Redwendy")
    {
        args.IsValid = false;
    }
    else
    {
        args.IsValid = true;
    }
}
```

该代码段用来判断输入的用户名是否存在，如果输入的用户名为 Redwendy，表示存在此用户，故设置验证控件的 IsValid 属性为 false。一般情况下，Redwendy 字符串应从数据库中取出，这里暂且以字符串常量来代替。

(3) 将 eg5_5.aspx 页面设置为起始页，运行程序，输入字符串 Redwendy，如图 5-10 所示。

图 5-10　CustomValidate 验证控件运行界面

上述操作为 CustomValidator 控件添加了服务器验证函数，读者还可以为 CustomValidator 控件添加客户端验证函数，通过设置控件的 ClientValidatorFunction 属性来触发客户端函数。

5.7　ValidatorSummary 控件的功能和使用

ValidatorSummary 控件是错误汇总控件，它把所有验证错误信息汇总后一并显示出来，它具有以下一些特有的常用属性。

◎　ShowSummary 属性：是否在该页中显示所有的错误信息。

◎　HeadText 属性：在该页中显示的标题文本。

◎　ShowMessageBox 属性：是否弹出对话框显示错误信息。

【例 5-6】使用 ValidatorSummary 控件的具体操作步骤如下。

(1) 打开站点 ch05，右击解决方案资源管理器中的站点文件，在弹出的快捷菜单中选择【添加】|【新建项】命令，新建 1 个 Web 页面 eg5_6.aspx，在页面中添加 2 个 TextBox 控件，1 个 Button 控件，1 个 RequiredFieldValidator 控件，1 个 RegularExpressionValidator 控件和 1 个 ValidatorSummary 控件。各控件的属性设置如表 5-6 所示。

(2) 调整各控件的位置和大小，将 eg5_6.aspx 页面设置为起始页，运行程序，输入数据进行验证，单击【登录】按钮，如图 5-11 所示。

表 5-6　各控件的属性设置

控件类型	控件名称	属　性	设置结果
Label	Label1	Text	用户名
	Label2	Text	Email
TextBox	TextBox1	ID	TextBox1
	TextBox2	ID	TextBox2

控件类型	控件名称	属 性	设置结果
RegularExpressionValidator	RegularExpressionValidator1	ErrorMessage	请填写正确的邮件地址
		ControlToValidate	TextBox1
		ID	RevEmail
		ValidationExpression	设置为电子邮件地址
RequiredFieldValidator	RequiredFieldValidator1	ErrorMessage	用户名不能为空
		ControlToValidate	TextBox2
		ID	rfvName
ValidatorSummary	ValidatorSummary1	HeaderText	出错了

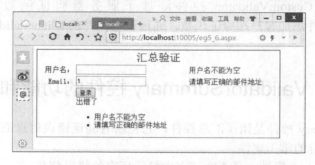

图 5-11 ValidatorSummary 控件运行界面

(3) 设置 ValidatorSummary 控件的 ShowSummary 属性为 false，ShowMessageBox 属性为 true。当验证出现问题时，则弹出错误信息提示对话框，如图 5-12 所示。

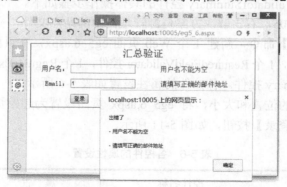

图 5-12 弹出对话框显示错误信息

小　　结

本章介绍了 6 种服务器端验证控件：RequireFieldValidator 控件，用来判断用户输入是否为空；CompareValidator 控件，用来比较两个 TextBox 控件的内容是否相等或某个控件与固定值是否相等，若不一致，则显示错误信息；RangeValidator 控件，用来判断用户输入的数据是否在某个范围之内；RegularExpressionValidator 控件，用来检验输入的字符串是否与预定义的模式相匹配，如电子邮件、邮政编码等；CustomValidator 控件，允许用户根据程序需要自己设计验证方法；ValidatorSummary 控件，用来汇总所有的验证错误信息。

本章重点及难点：

(1) 熟悉 6 种服务器端验证控件的使用方法。

(2) 掌握验证控件的常用属性和方法。

(3) 掌握 CustomValidator 控件的使用。

习　　题

一、选择题

1. 下面对 CustomValidator 控件说法错误的是(　　)。

　　A. 控件允许用户根据程序设计需要自定义控件的验证方法

　　B. 控件可以添加客户端和服务器端的验证函数

　　C. ClientValidatorFunction 属性指定客户端验证方法

　　D. runat 属性指定服务器端验证方法

2. 使用 ValidatorSummary 控件时，若想以对话框的形式显示错误信息，则需设置属性(　　)的值为 true。

　　A. ShowSummary　　　　　　　　B. ShowMessage

　　C. Display　　　　　　　　　　D. Visible

3. 下列 Display 属性的值不是验证控件的显示方式的是(　　)。

　　A. Static　　　　　　　　　　B. Dynamic

　　C. None　　　　　　　　　　　D. Null

4. 服务器端验证控件的(　　)属性用来绑定要验证的控件的 ID。

　　A. ErrorMessage　　　　　　　B. Display

　　C. ControltoValidate　　　　　D. Enabled

5. 服务器端验证控件的(　　)属性用来显示当验证无效时的错误信息。

　　A. ErrorMessage　　　　　　　B. Display

　　C. Visible　　　　　　　　　　D. Enabled

二、填空题

1. ASP.NET 中有 6 种验证控件，它们分别是 RegularExpressionValidator 控件、CompareValidator 控件、_____、RangeValidator 控件、ValidatorSummary 控件、_____。

2. 在验证控件中，_____控件可以用添加正则表达式的方式来实现验证。

三、问答题

1. 简单介绍服务器验证控件。

2. 举例演示如何使用服务器验证控件 RegularExpressionValidator。

四、上机操作题

1. 上机完成本章例 5-4，实现 RegularExpressionValidator 控件的验证。
2. 上机完成本章例 5-5，实现 CustomValidator 控件的验证。
3. 上机完成本章例 5-6，实现 ValidatorSummary 控件的验证。
4. 编写程序制作一个用户注册的页面，使用服务器验证控件对输入的数据进行验证。

 微课视频

扫一扫，获取本章相关微课视频。

5-1 验证控件介绍.wmv

5-2 非空验证.wmv

5-3 比较验证.wmv

5-4 范围验证.wmv

5-5 正则表达式验证.wmv

5-6 自定义验证.wmv

5-7 汇总验证.wmv

第 6 章　网页布局技术

本章主要介绍 Web 用户控件、母版页、导航控件等网页设计技术，这些技术主要用来美化 Web 页面，合理布局界面元素，使网站中的页面风格统一化。

本章学习目标：

◎　熟练掌握 Web 用户控件的使用方法。

◎　熟练掌握母版页在 Web 应用程序中的应用。

◎　熟练使用导航控件。

6.1　ASP.NET 用户控件

在第 2 章，已经介绍了如何采用 DIV+CSS 来布局典型的网页。除此之外，在进行网页设计的过程中，有时可能需要的功能是 ASP.NET Web 服务器控件无法提供的。在这种情况下，就要创建自己的控件。创建方式有以下两种。

(1) Web 用户控件：用户控件是能够在其中放置标记和 Web 控件的容器。可以将用户控件作为一个单元对待，为其定义属性和方法。

(2) 自定义控件：自定义控件是编写的一个类，此类从 Control 或 WebControl 派生。

Web 用户控件和自定义控件都是为了实现代码的重用，使程序开发方便快捷，提高开发效率。创建 Web 用户控件要比创建自定义控件方便很多，因为它可以重用现有的控件，易于创建。而自定义控件是编译的代码，易于使用但较难创建，因为自定义控件必须使用代码来创建。

本节主要介绍 Web 用户控件，Web 用户控件使创建具有复杂用户界面元素的控件的过程变得极为方便。

ASP.NET Web 用户控件与完整的 ASP.NET 网页(.aspx 文件)相似，同时具有用户界面页和代码。因此，可以采取与创建 ASP.NET 网页相似的方式创建 Web 用户控件，然后向其中添加所需的标记和子控件。Web 用户控件可以像页面一样包含对其内容进行操作(包括执行数据绑定等任务)的代码。

Web 用户控件与 ASP.NET 网页有以下区别。

(1) Web 用户控件的文件扩展名为.ascx。

(2) Web 用户控件中将页面类型@Page 指令改为@Control 指令，该指令可设置文件的配置信息及对其他属性进行定义。

(3) Web 用户控件不能作为独立文件运行，而必须像处理基本控件一样，将它们添加到 ASP.NET 页中。

(4) Web 用户控件中没有 HTML、body 或 form 元素，这些元素必须位于宿主页中。

【例 6-1】创建一个 Web 用户控件，用来作为网站中的导航条，当不同的用户登录时，导航条显示不同的内容。具体设计步骤如下。

(1) 打开 Visual Studio 开发环境，新建网站 ch06，在解决方案资源管理器中右击站点

文件,在弹出的快捷菜单中选择【添加】|【新建项】命令,在弹出的对话框中选择【Web Forms 用户控件】选项,在【名称】文本框中输入"Header.ascx",如图 6-1 所示,单击【添加】按钮,即可添加一个 Web 用户控件。

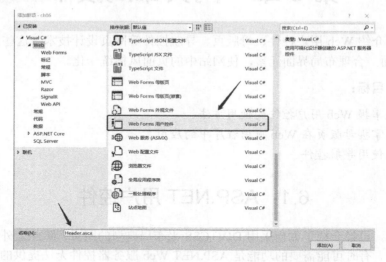

图 6-1　选择【Web Forms 用户控件】选项

(2) 在解决方案资源管理器中,添加一个文件夹,并重命名为 images,该文件夹用来存放网站中需要使用的图片,如图 6-2 所示。

(3) 在 Header.ascx 文件的设计界面中,添加一个一行一列的表格和三个 Panel 控件,然后在表格的单元格中添加图片控件,并设置其大小和位置。

(4) 在第一个 Panel 控件中,添加一个一行三列的表格,在每个单元格中添加一个 LinkButton 控件(也可以添加 HyperLink 控件),用来链接到其他的页面,将这三个 LinkButton 控件的 Text 属性分别设置为"用户注册""用户登录""返回首页",如图 6-3 所示。

(5) 用同样的方法设计其他两个 Panel 控件。

图 6-2　添加图片文件夹

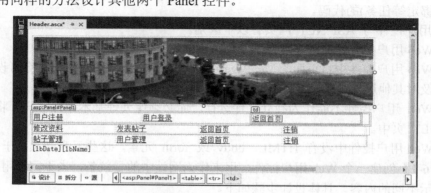

图 6-3　设计页面

(6) 在 Header 页面中再添加两个 Label 控件，ID 属性分别设为 lbDate 和 lbName，用来显示当前时间和用户名，并调整各控件的位置和大小，设计页面如图 6-3 所示。

(7) 页面设计完成后，接下来需要编写部分代码。打开 Header.ascx.cs 文件，首先添加登录方法的代码 Login()，以实现针对不同的用户显示不同的导航条，代码如下。

```
public void Login()
{
   if (Session["ID"] == null)
   {
      lbName.Text = "您现在是游客身份，只可以发表帖子！如果想回复信息，请注册/登录！";
      Panel1.Visible = true;
      Panel2.Visible = false;
      Panel3.Visible = false;
      return;
   }
   if (Session["ID"].ToString() == "0")
   {
      lbName.Text = "[" + Session["Name"].ToString() + "]，您现在是本站管理员";
      Panel1.Visible = false;
      Panel2.Visible = false;
      Panel3.Visible = true;
      return;
   }
   if (Session["ID"].ToString() == "1")
   {
      lbName.Text = "[" + Session["Name"].ToString() + "]，您现在是本站会员";
      Panel1.Visible = false;
      Panel2.Visible = true;
      Panel3.Visible = false;
      return;
   }
   if (Session["ID"].ToString() == "2")
   {
      lbName.Text = "[" + Session["Name"].ToString() + "]，您现在是本站版主";
      Panel1.Visible = false;
      Panel2.Visible = false;
      Panel3.Visible = true;
      return;
   }
}
```

代码说明如下。

程序通过 Session 对象的 ID 变量值判断该用户的级别，若 ID 值为 null，则表示是没有注册的用户，即游客；若 ID 值为 0，则表示为管理员；若 ID 值为 1，则表示为已注册的用户，即普通会员；若 ID 值为 2，表示为版主。Label2 控件将根据用户级别的不同显示不同的内容。Session 对象的 Name 变量是用户名。

(8) 在 Header.ascx.cs 文件中，添加用户注销的方法 LoginOut()，代码如下。

```
public void LoginOut()
{
   Panel1.Visible = true;
   Panel2.Visible = false;
   Panel3.Visible = false;
   HttpContext.Current.Session.Clear();          //清除 Session 内容
   HttpContext.Current.Session.Abandon();        //取消当前会话
   Session["ID"] = null;
   Session["Role"] = null;
```

```
        Session["Name"] = null;
        Login();
}
```

代码说明如下。

若用户单击【注销】按钮，则将 Panel 控件设置为初始状态，即游客级别的用户，并清除 Session 对象的内容，取消当前会话。

(9) 为两个【注销】按钮添加 Click 事件的处理代码，代码如下。

```
protected void LinkButton4_Click(object sender, EventArgs e)
{
    this.LoginOut();
}
```

(10) 在 Page 对象的 Load 事件代码中，调用 Login()方法，代码如下。

```
protected void Page_Load(object sender, EventArgs e)
{
    lbDate.Text = "【" + DateTime.Now.ToString("yyyy年MM月dd日") + " " +
        DateTime.Today.DayOfWeek.ToString() + "】";
    this.Login();
}
```

(11) 创建好用户自定义控件 Header.ascx 后，还需要将自定义控件添加到 Web 页面中，这样才能显示出来。注意，在进行开发时，不仅可以将 Web 用户控件添加到一个或多个 Web 页面中，而且同一个页面可以重复使用多次，各用户控件以 ID 标识。

在解决方案资源管理器中添加一个页面 eg6_1.aspx，找到用户自定义控件 Header.ascx，将 Header.ascx 控件以拖放的方式添加到 eg6_1.aspx 网页中，操作用户控件与操作.NET 的内置控件一样，可以在属性窗口中修改其 ID 值。

(12) 将 eg6_1.aspx 页面设置为起始页，运行程序，游客身份的运行界面如图 6-4 所示。

图 6-4　游客身份的运行界面

(13) 测试用户权限。打开 eg6_1.aspx.cs 文件，为 Page 对象的 Load 事件添加代码，改变 Session 的值，测试不同用户登录的权限，代码如下。

```
protected void Page_Load(object sender, EventArgs e)
{
    Session["Id"] = 0;                  //管理员权限
    Session["Name"] = "魏冰冰";         //用户名
}
```

(14) 保存所有文件，运行程序，管理员身份的运行界面如图 6-5 所示。

单击【注销】按钮，取消管理员身份，将变为图 6-4 所示游客身份的运行界面。

可见，用户控件的使用可以大大减少开发人员的工作量，此外，开发人员还可以为用户控件编写自己的属性、方法等。

图 6-5 管理员身份的运行界面

(15) 打开 Header.aspx.cs 文件，在程序代码段中为用户控件 Header 定义一个私有变量 strTest、一个公有属性 Test、一个方法 Hello，用来测试用户控件的属性和方法，代码如下。

```
private string strTest="Hello";
public string Test
{
    get
    {
        return strTest;
    }
    set
    {
        strTest = value;
    }
}
public string  sayHello()
{
    return "Hello world! ";
}
```

(16) 保存文件，在 Default.aspx 页面中刷新此用户控件，并添加一个 Lable 控件用来测试用户控件的属性和方法，在 Page 对象的 Load 事件中添加如下代码。

```
Label1.Text = Header1.Test;
Label2.Text = Header1.sayHello();
```

(17) 保存所有文件，运行程序，如图 6-6 所示。

图 6-6 显示用户控件属性和方法的运行界面

6.2 母版页和内容页

使用母版页(MasterPage)可以创建统一布局的应用程序。这是因为母版页可以为应用程序中的所有页(或一组页)定义所需的外观和标准行为。当用户请求内容页时，ASP.NET 将会把母版页和内容页中的内容合并执行。

母版页的扩展名为.master(如 MySite.master)，它包括静态文本、HTML 元素和服务器控件的预定义布局。母版页由特殊的@ Master 指令进行标识，该指令替换了用于普通.aspx 页的@ Page 指令。该指令类代码如下。

```
<%@ Master Language="C#" AutoEventWireup="true" CodeFile="MasterPage.master.cs"
Inherits="MasterPage" %>
```

母版页还包括一个或多个 ContentPlaceHolder 控件。定义 ContentPlaceHolder 控件后，母版页中的源码如图 6-7 所示。

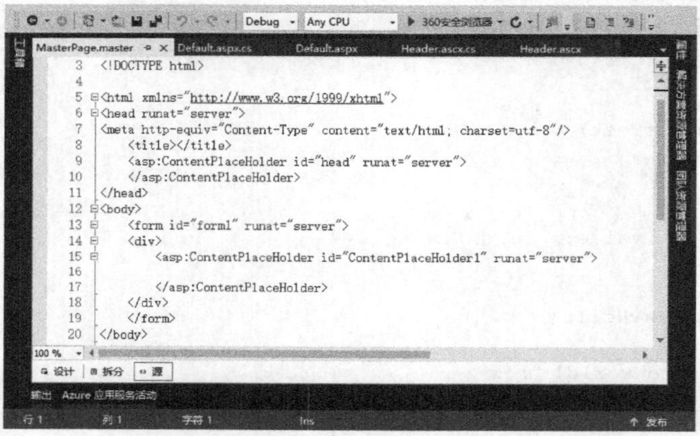

图 6-7　母版页中的源码

通过创建各个内容页来定义母版页中 ContentPlaceHolder 控件的内容，这些内容页为绑定到母版页的 ASP.NET 页(例如.aspx 文件，以及可选的代码隐藏文件)。通过内容页的 MasterPageFile 属性，在@ Page 指令中建立绑定。例如，一个内容页可能包含下面的 @ Page 指令，这个指令将该内容页绑定到 MasterPage.master 母版页。

```
<%@ Page Language="C#" MasterPageFile="~/MasterPage.master" AutoEventWireup="true"
CodeFile="Default2.aspx.cs" Inherits="Default2" Title="Untitled Page" %>
```

使用母版页具有以下优点。

(1) 使用母版页可以集中处理应用程序的通用功能。

(2) 使用母版页可以创建一些通用控件和代码，并将这些控件和代码应用于多个相同需求的页面。例如，可以在母版页上创建一个应用于所有页面的菜单。

(3) 使用母版页可以在细节上控制页面的布局。

(4) 可以使用母版页提供的对象模型在各个内容页自定义母版页。

【例 6-2】为网站添加母版页，具体设计步骤如下。

(1) 打开站点 ch06，在解决方案资源管理器中右击站点文件，在弹出的快捷菜单中选

择【添加】|【新建项】命令，在弹出的对话框中选择【Web Forms 母版页】选项，并为母版页命名，如图 6-8 所示。

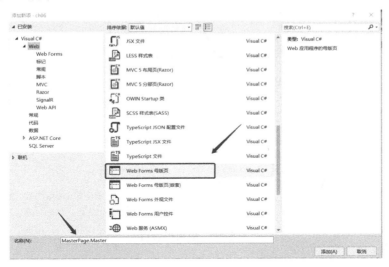

图 6-8　选择【Web Forms 母版页】

(2)　单击【添加】按钮，为该站点添加一个名为 MasterPage 的母版页，在 MasterPage 的设计界面中，添加一个 4 行 1 列的表格。在第 1 个单元格中添加用户控件 Header1 控件(上一节已完成)。在第 2 个单元格中添加一个 Label 控件，ID 属性设置为 lbDescription，Text 属性设置为空。在第 3 个单元格中放置一个 ContentPlaceHolder 控件。默认情况下，添加母版页时将自动添加一个 ContentPlaceHolder 控件，因此只需将此控件拖至第 3 个单元格。在第 4 个单元格中，添加静态文本"版权所有，偷盗必究"。设计好的母版页如图 6-9 所示。

图 6-9　设计好的母版页

(3)　在解决方案资源管理器中，右击站点文件，在弹出的快捷菜单中选择【添加】|【新建项】命令，添加一个新的 Web 页面 eg6_2.aspx。注意，此时应选择相应的母版页，如图 6-10 所示，选中【包含母版页的 Web 窗体】。

(4)　单击【添加】按钮，弹出如图 6-11 所示的【选择母版页】对话框，在【文件夹内容】列表框中选中 MasterPage.master 文件，即可为当前页添加母版页。

图 6-10　应用母版页

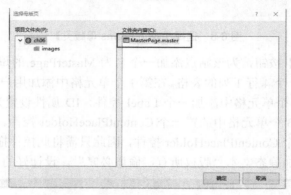

图 6-11　选择母版页

(5)　此时在 eg6_2.aspx 页面中，只有母版页中的 ContentPlaceHolder 控件位置能进行设计，其他地方均为灰色，表示不可设计。在 ContentPlaceHolder 控件内，添加文本"这里是放置内容的地方"。

(6)　保存所有文件，将 eg6_2.aspx 页面设置为起始页，运行程序，母版页运行界面如图 6-12 所示。

(7)　为母版页添加属性。打开 MasterPage.master.cs 文件，为母版页添加一个公共的属性 Description，用来简单描述当前页面的作用，代码如下。

```
public Label Description
{
    get
    {
        return lbDescription;
    }
    set
    {
        lbDescription = value;
    }
}
```

图 6-12　母版页运行界面

(8)　在 eg6_2.aspx 页面中，单击左下角的【源】按钮，添加如下代码。

```
<%@ MasterType VirtualPath ="~/MasterPage.master" %>
```

(9)　打开 eg6_2.aspx.cs 文件，为 Page 对象的 Load 事件添加调用母版页公共属性 Description 的处理代码，代码如下。

```
protected void Page_Load(object sender, EventArgs e)
{
    Master.Description.Text = "这里用来描述当前页的基本信息";
}
```

(10) 保存所有文件，运行程序，带有公共属性 Description 的母版页的运行界面如图 6-13 所示。

图 6-13　带有公共属性的母版页的运行界面

6.3 导 航 控 件

ASP.NET 中的导航控件主要有三种：SiteMapPath 控件、Menu 控件和 TreeView 控件。本节将使用这些控件在 ASP.NET 网页上创建导航菜单和其他导航辅助功能。其中，SiteMapPath 控件会显示一个导航路径，此路径为用户当前页的位置，并且会显示返回到主页的路径链接。此外，该控件还提供了许多自定义链接的外观选项。SiteMapPath 控件存储了来自站点地图的导航数据，这些数据为相关网站中页的信息，如 URL、标题、说明和导航层次结构中的位置。若将导航数据存储在一个地方，则可以更方便地添加和删除网站的导航菜单项。Menu 控件是应用程序的自定义菜单，它具有两种显示模式：静态模式和动态模式。静态显示意味着 Menu 控件始终是完全展开的，整个结构都是可视的。动态显示的菜单中，可以指定某部分是静态的，当用户将鼠标指针放置在父节点上时才会显示其子菜单项。可使用 Menu 控件的 StaticDisplayLevels 属性来控制静态显示行为，例如，将 StaticDisplayLevels 属性设置为 3，菜单将以静态显示的方式展开其前 3 层。TreeView 控件由一个或多个节点构成，这些节点由 TreeNode 对象表示。TreeView 控件的功能类似 Windows 资源管理器的树形结构，单击该控件中的某一个节点，右边将会显示相应的内容，这样设计能使网站层次清晰且操作方便快捷。

【例 6-3】为页面添加 SiteMapPath 控件和 TreeView 控件，具体设计步骤如下。

(1) 打开站点 ch06，在解决方案资源管理器中右击站点文件，在弹出的快捷菜单中选择【添加】|【新建项】命令，在弹出的对话框中选择【站点地图】选项，并命名为 Web.sitemap，如图 6-14 所示。

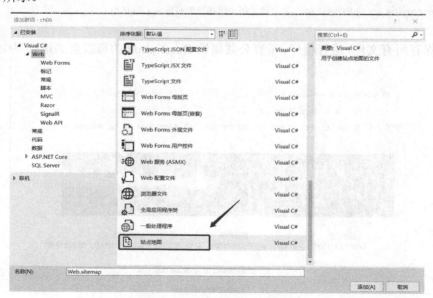

图 6-14 选择【站点地图】选项

(2) 单击【添加】按钮，即可为网站添加一个站点地图，然后修改其中的代码，具体如下所示。

```
<?xml version="1.0" encoding="utf-8" ?>
<siteMap xmlns="http://schemas.microsoft.com/AspNet/SiteMap-File-1.0" >
 <siteMapNode url="default.aspx" title="首页"  description="">
  <siteMapNode url="eg6_2.aspx" title="图书管理"  description="" >
        <siteMapNode url="eg6_3.aspx" title="浏览图书"  description="" />
        <siteMapNode url="eg6_4.aspx" title="添加图书"  description="" />
  </siteMapNode>
  <siteMapNode url="eg6_5.aspx" title="用户管理"  description="" >
        <siteMapNode url="eg6_6.aspx" title="添加用户"  description="" />
        <siteMapNode url="eg6_7.aspx" title="删除用户"  description="" />
  </siteMapNode>
 </siteMapNode>
</siteMap>
```

代码说明如下。

此段代码中，第 1 个 siteMapNode 节点的"首页"表示根节点，在此根节点之下分出"图书管理"和"用户管理"两个父节点。其中，在"图书管理"节点之下又分出"浏览图书"和"添加图书"两个子节点，在"用户管理"节点之下又分出"添加用户"和"删除用户"两个子节点。url 属性表示子节点要链接的页面，title 属性表示显示的子节点的名称，description 属性表示对子节点的描述。

(3) 添加一个新的 Web 页面 eg6_3.aspx，再在页面中添加一个 2 行 2 列的表格，合并第 1 行的两个单元格，并在合并后的单元格中添加一个 SiteMapPath 控件；在第 2 行的第 1 个单元格中添加一个 TreeView 控件，在第 2 个单元格中添加静态文本"这里是设计的主页面"。

(4) 选择 siteMapPath 控件，单击右上角的小三角形，在弹出的下拉菜单中选择【自动套用格式】命令为此控件设计外观。

(5) 选择 TreeView 控件，单击右上角的小三角形，在弹出的下拉菜单中选择【编辑节点】命令，弹出如图 6-15 所示的【TreeView 节点编辑器】对话框，在此对话框中为 TreeView 控件添加根节点和子节点，并设置各节点的属性。

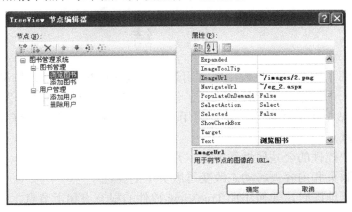

图 6-15　为 TreeView 控件添加根节点和子节点

TreeView 控件的主要属性有 Text 属性、ImageUrl 属性和 NavigateUrl 属性。其中，Text 属性表示节点的名称，ImageUrl 属性表示节点显示的图标，而 NavigateUrl 属性表示当单击该节点时跳转的链接页面。

(6) 单击【确定】按钮，然后调整各控件的位置和大小，如图 6-16 所示。

(7) 保存所有文件，将 eg6_3.aspx 设置为起始页，运行程序，如图 6-17 所示。

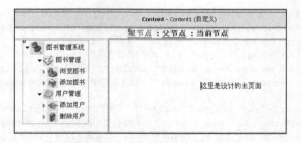

图 6-16　设计完成后的主页面

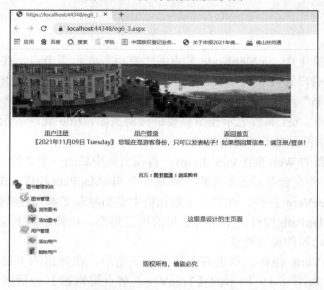

图 6-17　添加导航功能后的运行界面

小　　结

本章主要介绍了网页设计过程中经常用到的一些网页布局技术，如母版页可以为整个网站提供一个统一的风格；用户控件实现了代码的重用，提高了程序开发效率；导航控件保证了用户在网站中不会"迷路"，使得用户很快就能找到网站的所有栏目。

本章重点及难点：

(1)　设计用户控件的公共属性和方法，并调用。

(2)　创建母版页和内容页，动态改变母版页中的属性。

(3)　创建站点地图时，如何添加 TreeView 控件的根节点和子节点。

习　　题

一、选择题

1.　用户控件的文件扩展名为(　　)。

A. aspx　　　　　　B. aspx.cs　　　　　　C. master　　　　　　D. ascx

2. 母版页的文件扩展名为( )。

    A. aspx   B. aspx.cs   C. master   D. ascx

3. 下列说法正确的是( )。

    A. ASP.NET 用户控件与普通的页面完全一样

    B. ASP.NET 用户控件不包含 HTML 标记

    C. ASP.NET 用户控件可以独立运行

    D. 以上说法均不正确

4. ( )不是导航控件。

    A. SiteMapPath 控件   B. TreeView 控件

    C. Menu 控件   D. Button 控件

二、填空题

1. 母版页由特殊的_____指令识别，该指令替换了用于普通.aspx 页的@ Page 指令。

2. SiteMapPath 控件包含来自_____的导航数据，此数据为相关网站中的页的信息，如 URL、标题、说明和导航层次结构中的位置。

三、问答题

1. 母版页有哪些优点？

2. ASP.NET 中的导航控件主要有哪些，在网站设计中分别起到什么作用？

四、上机操作题

1. 上机完成本章例 6-1，实现 ASP.NET 用户控件的创建。

2. 上机完成本章例 6-2，设计一个母版页。

3. 上机完成本章例 6-3，在页面中添加导航控件。

4. 编写程序制作一个含有用户控件、母版页导航控件的页面。

📽 微课视频

扫一扫，获取本章相关微课视频。

6-1 Web 用户控件页面设计.wmv

6-2 Web 用户控件功能实现(一).wmv

6-3 Web 用户控件功能实现(二).wmv

6-4 母版页的设计与实现.wmv

第7章 Web 数据库编程基础

本章主要介绍 ASP.NET 数据库编程所需的基础知识，学习内容包括 SQL 语言、ADO.NET 概述，以及几个常用的数据库对象和数据控件。

本章学习目标：

◎ 熟悉 SQL 语言的基本语句。
◎ 熟悉 Web 数据库编程的开发流程。
◎ 熟练掌握 Connection 对象、Command 对象、DataReader 对象、DataAdapter 对象和 DataSet 对象的使用。
◎ 熟练掌握数据控件 GridView、DataList 和 Repeater 等的使用。

7.1 SQL 语 言

ASP.NET 通过执行 SQL 语句来完成对数据库的存取操作，因此，需要先学习 SQL 语句。常用的 SQL 语句有 Select、Delete、Update、Insert 和 Create，下面将简单介绍这些语句的用法。

Create 语句是建表语句，如果读者使用的数据库是 SQL Server，则建表语句可以通过企业管理器来完成。所有的语句均对表 7-1 所示的内容进行操作，SQL 语句不区分大小写。

表 7-1　学生信息表

学号(sNo)	姓名(sName)	年龄(sAge)	性别(sSex)	系别(dept)
023810121	李明	23	男	计算机系
045870211	魏小君	23	女	计算机系
063910341	张波	19	男	信息管理系
072310728	谢云蕾	18	女	外语系
082320435	魏襄羽	18	女	信息管理系

7.1.1 SQL 数据查询语句

Select 语句是数据库操作中最基本和最重要的语句之一，其功能是从数据库中检索满足条件的数据。查询的数据源可以是一张表，也可以是多张表或者视图。

Select 语句的参数有很多，该语句的格式如下。

```
Select <目标列名序列>
from  <数据源>
[where <条件表达式>]
[group by <分组依据列>]
[having <组提取条件>]
[order by <排序依据列> desc|asc]
```

其中，目标列名序列用来指定输出的字段，若要全部输出，则可简写为*；from 子句用来指定数据源，可以是一张表，也可以是多张表或视图；Where 子句用来指定选择的条件；group by 子句用来对查询结果进行分组，having 用来指定在分组结果中进一步筛选的条件；order by 用来对查询结果进行排序，desc 表示降序，asc 表示升序，默认情况下是升序。而 select 子句和 from 子句是必需的，其他的子句为可选项。

1. 简单查询

(1) 查询全部列：查询所有学生的基本信息，其语句如下。

```
Select * from student
```

或者

```
select sNo,sName,sSex,sAge,dept from student
```

运行这条语句，得到的数据如表 7-2 所示。

表 7-2　查询所有学生信息

sNo	sName	sAge	sSex	dept
023810121	李明	23	男	计算机系
045870211	魏小君	23	女	计算机系
063910341	张波	19	男	信息管理系
072310728	谢云蕾	18	女	外语系
082320435	魏襄羽	18	女	信息管理系

(2) 查询指定列：查询所有学生的姓名、性别和系别，其语句如下。

```
Select sName ,sSex,dept from student
```

运行这条语句，得到的数据如表 7-3 所示。

表 7-3　查询指定列信息

sName	sSex	dept
李明	男	计算机系
魏小君	女	计算机系
张波	男	信息管理系
谢云蕾	女	外语系
魏襄羽	女	信息管理系

2. 带有 where 条件的查询语句

(1) 带有一个条件：查询女学生的姓名、性别和系别，其语句如下。

```
Select sName ,sSex,dept from student where sSex='女'
```

运行这条语句，得到的数据如表 7-4 所示。

表 7-4　带有一个条件的查询结果

sName	sSex	dept
魏小君	女	计算机系
谢云蕾	女	外语系
魏襄羽	女	信息管理系

(2) 带有多个条件：查询信息管理系的女学生的姓名、性别和系别，其语句如下。

```
Select sName ,sSex,dept from student where sSex='女' and dept='信息管理系'
```

运行这条语句，得到的数据如表 7-5 所示。

表 7-5　带有多个条件的查询结果

sName	sSex	dept
魏襄羽	女	信息管理系

(3) 确定范围：查询年龄在 20～30 岁之间的学生的姓名、年龄和系别，其语句如下。

```
Select sName ,sAge,dept from student where sAge between 20 and 30
```

运行这条语句，得到的数据如表 7-6 所示。

表 7-6　确定范围的查询结果

sName	sAge	dept
李明	23	计算机系
魏小君	23	计算机系

3. 模糊查询(like)

当需要从数据库中检索一些记录，但又不知道精确的字符查询条件时，可以用 like 子句来实现模糊查询。like 子句用于查找与匹配串常量相匹配的元组，匹配串常量由通配符和其他字符组成，其中通配符有 "%" "_" "[]" "[^]"。

例如，查询姓 "魏" 的学生的姓名、性别和系别，其语句如下。

```
Select sName ,sSex,dept from student where sName like '魏%'
```

运行这条语句，得到的数据如表 7-7 所示。

表 7-7　模糊查询

sName	sSex	dept
魏小君	女	计算机系
魏襄羽	女	信息管理系

4. Order by

查询所有学生的姓名、年龄和系别信息，并按学生年龄进行升序排序，其语句如下。

```
Select  sName ,sAge,dept from student order by sAge asc
```

运行这条语句，得到的数据如表 7-8 所示。

表 7-8　按年龄排序查询结果

sName	sAge	dept
谢云蕾	18	外语系
魏襄羽	18	信息管理系
张波	19	信息管理系
李明	23	计算机系
魏小君	23	计算机系

5. 聚合函数

SQL 语句提供的聚合函数主要有以下几个。

(1) count(*)：统计表中的记录个数。

(2) sum(<列名>)：计算列值总和。

(3) avg(<列名>)：计算列值平均值。

(4) min(<列名>)：计算列值的最小值。

(5) max(<列名>)：计算列值的最大值。

例如，计算所有姓 "魏" 的学生数目，其语句如下。

```
Select count(*) from student where sName like '魏%'
```

这条语句的运行结果为 2。

6. top

使用 top 子句可以返回数据记录中前多少条记录。

例如，查询年龄最小的前三个学生的信息，其语句如下。

```
Select top 3 * from student order by sAge
```

运行这条语句，得到的数据如表 7-9 所示。

表 7-9　带 top 子句的查询结果

sNo	sName	sAge	sSex
072310728	谢云蕾	18	女
082320435	魏襄羽	18	女
063910341	张波	19	男

7.1.2　SQL 数据操纵语句

Select 语句仅可以进行查询操作，并返回由行和列组成的结果，但是不能修改数据库中的数据。而下面介绍的 Insert、Update、Delete 语句将对数据库进行插入数据、更新数据和删除数据的操作，这些语句的返回值是操作所影响的记录条数。

1. Insert 语句

Insert 语句用于向数据库中的表添加一行新数据，该语句的格式如下。

```
Insert [into] <表名>[(字段列表)] values (值列表)
```

例如，在表 7-1 插入一条学号为 102320208，姓名为"媛媛"，年龄为"18"，性别为"女"，系别为"计算机系"的学生信息，该 Insert 语句如下。

```
Insert into student values('102320208', '媛媛',18, '女', '计算机系')
```

如果学生的信息不全，可以指定想插入的字段，示例代码如下。

```
Insert into student(sNo,sName) values('102320208', '媛媛')
```

2. Update 语句

Update 语句用于更新数据库中表的记录，该语句的格式如下。

```
Update <表名> set <列名=表达式> [...] [where <更新条件>]
```

例如，将学号为 063910341 的学生的系别改为"计算机系"，其语句如下。

```
Update student set dept='计算机系' where sNo='063910341'
```

3. Delete 语句

Delete 语句用于删除数据库表中的记录，该语句的格式如下。

```
Delete [from] <表名>[Where <删除条件>]
```

例如，删除表 7-1 中姓名为"张波"的记录，其语句如下。

```
Delete from student where sName='张波'
```

7.2 ADO.NET 概述

ADO.NET 是一个与数据库操作密切相关的组件，它有两个核心组成部分，分别为.NET 数据提供程序和 DataSet 数据集，如图 7-1 所示。

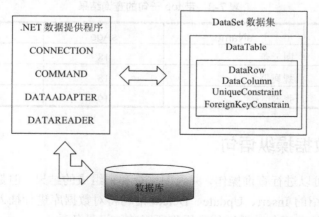

图 7-1 ADO.NET 模型

其中.NET 数据提供程序，是数据库的访问接口，负责数据库的连接和数据库的操作，包括 Connection 对象、Command 对象、DataAdapter 对象、DataReader 对象；DataSet 数据集可以看作是一个虚拟的数据库，包括一个或多个 DataTable 对象，这些对象由数据行、数据列、主键、外键、约束和有关 DataTable 对象中数据的关系组成。

进行数据访问时，DataSet 采用的是无连接传输数据的模式，当用户请求数据访问时，ADO.NET 通过连接对象 Connection 连接到数据库，通过数据库执行对象 Command 将数据从数据库中读取并将结果存入 DataSet 中，此时数据库断开连接。每个用户都拥有一个专属的 DataSet 对象，用户不会因为数据库中的数据被锁定而等待。客户端从 DataSet 对象中读取数据，并通过数据显示控件显示在 Web 页面中。

ADO.NET 可以访问常见类型的数据库，如 Access、SQL Server、Oracle、Visual FoxPro 等，其数据源可以是保存在文本文件、XML 文件中的数据。

7.2.1　.NET 数据提供程序

常用的.NET 数据提供程序有以下 4 种。

(1)　SQL Server 数据提供程序：适用于 Microsoft SQL Server 7.0 以上版本。

(2)　OLE DB 数据提供程序：适用于所有提供了 OLE DB 接口的数据源，如 Access。

(3)　ODBC 数据提供程序：适用于所有提供了 ODBC 接口的数据源。

(4)　Oracle 数据提供程序：适用于 Oracle 数据源。

每种.NET 数据提供程序都包含了 Connection、Command、DataReader 和 DataAdapter 四个核心对象，这四个对象的功能如下。

(1)　Connection 对象：用于建立与特定数据源的连接。

(2)　Command 对象：用于执行 SQL 语句，如插入数据、修改数据、删除数据等命令。

(3)　DataReader 对象：用于返回一个来自 Command 的只读、只能向前的数据流。

(4)　DataAdapter 对象：用于把数据从数据源中读到一个内存表中，以及把内存表中的数据写回到一个数据源，它是一个双向通道。DataAdapter 提供了连接 DataSet 对象和数据源的桥梁。

7.2.2　ADO.NET 数据库应用程序的开发流程

在访问数据库之前，需要先导入命名空间。ADO.NET 命名空间提供了多个数据库访问操作的类，其中 System.Data 提供了 ADO.NET 的基本类，如 System.Data.Oledb 提供了 OLE DB 数据源的数据存取类，System.Data.SqlClient 提供了 SQL Server 数据库设计的数据存取类，System.Data.ODBC 提供了 ODBC 数据源的数据存取类。这里以访问 SQL Server 数据库为例，程序中 using 部分应有如下的导入语句。

```
using System.Data;
using System.Data.SqlClient;
```

代码说明如下。

在建立网站时，.NET 工具会自动为网页添加 System.Data 的导入语句，而 System.Data.SqlClient 类需要手工添加。以下小节在访问数据库时，都需在当前页面中添加以上的两条语句。

ADO.NET 数据库应用程序的开发流程步骤如下。

(1) 创建数据库，创建相应的表及数据。

(2) 导入相应的命名空间。

(3) 通过 Connection 对象建立与数据库的连接。

(4) 通过 Command 对象对数据库执行 SQL 命令，包括查询、添加、修改和删除等操作。

(5) 通过 DataReader 读取数据源中的数据。

(6) 关闭数据库的连接，释放 DataReader 对象。

如果要完成复杂的操作，则通过 DataSet 对象和 DataAdpater 对象来完成。在第(4)步中执行 SQL 命令后，通过 DataAdpater 对象将读取到的记录存入 DataSet 中，然后在 DataSet 上执行所需要的操作。

7.3　Connection 对象

数据库应用程序要访问数据库，首先必须和数据库建立连接，对不同的数据源，ADO.NET 提供了不同的类来建立连接。

7.3.1　创建 Connection 对象

以 SqlConnection 类为例，其对象的创建格式如下。

```
SqlConnection 对象名= new SqlConnection(ConnectionString);
```

或者

```
SqlConnection 对象名= new SqlConnection();
```

然后，通过对象的 ConnectionString 属性设置其连接字符串。ConnectionString 属性是 Connection 对象最核心的属性，用来设置数据库的连接字符串，连接字符串中包含有数据库名称、服务器名称和初始连接的一些参数，具体格式如下。

```
Server=服务器名;Initial Catalog=数据库名; User ID=用户名; Password =密码
```

其中，Server 可以用 Data Source 代替，Initial Catalog 可以用 DataBase 代替。如果 SQL Server 中没有设置用户名和密码，则使用 Integrated Security 参数，也可以使用 Trusted_Connection 参数。该字符串中的字符不区分大小写，各参数所表示的具体含义如下。

(1) Server：设置要连接的服务器的名称。如果使用的是本地数据库且定义了实例名，则可以写为"Server=(local)\实例名"，(local)可改为"."；如果是远程服务器，则将(local)替换为远程服务器的名称或 IP 地址。

(2) Initial Catalog：连接打开后要使用的数据库名称。

(3) Integrated Security：设置服务器的安全性，该参数表示在数据库连接时使用集成的 Windows 身份验证方式登录。

(4) Trusted_Connection：设置服务器的安全性，该参数的值可设置为 true、false 和 SSPI

中的一个，其中 true 和 SSPI 都表示使用信任连接。

(5) UserID：设置登录 SQL Server 的用户账号。

(6) Password：设置登录 SQL Server 的密码。

下面的代码表示连接 weijx 服务器中名为 DBStudent 的数据库。

```
Con.ConnectionString="Server=weijx;database=DBStudent; Trusted_Connection=true;"
```

如果希望采用用户名和密码的形式登录，则修改后的代码如下所示。

```
Con.ConnectionString="Server=weijx;database=DBStudent;
Trusted_Connection=true;userID=sa; Password=123"
```

其中用户名为 sa，密码为 123。

7.3.2 Connection 对象的方法和事件

常用的 Connection 对象的方法和事件有以下几种。

(1) Open 方法：打开与数据库的连接，SqlConnection 属性只对连接方式进行了设置，并没有打开与数据库的连接。

(2) Close 方法：关闭与数据库的连接。

(3) StateChange 事件：当数据库连接状态改变时将触发此事件。

7.4 Command 对象

当连接数据库成功后，就可以通过 ADO.NET 提供的 Command 对象来执行各种 SQL 语句了，常用的语句有 Select、Insert、Update、Delete 等。

7.4.1 创建 Command 对象

Command 类常用的构造方法有三种，所以创建 Command 对象的格式也有三种，这里以 SqlCommand 类为例分别实现这三种 Command 对象的创建。

第 1 种创建 Command 对象的格式如下。

```
SqlCommand cmd=new SqlCommand(cmdText,Connection);
```

其中，cmdText 参数和 Connection 参数在创建 Command 对象时可以省略设置，然后通过 Command 对象的 CommandText 属性和 ConnectionString 属性来设置，示例代码如下。

```
string str="select * from student";
SqlCommand cmd=new SqlCommand(str,con);
```

第 2 种创建 Command 对象的示例代码如下。

```
string str="select * from student";
SqlCommand cmd=new SqlCommand(str);
cmd.Connection=con;
```

在此构造方法中只有一个参数 str，连接数据库则通过 Command 对象的 Connection 属性来设置，其中 con 表示 Connection 对象。

第 3 种创建 Command 对象的示例代码如下。

```
string str="select * from student";
SqlCommand cmd=new SqlCommand();
cmd.Connection=con;
cmd.CommandText=str;
```

在此方法中，Command 对象的构造方法没有参数，其连接数据库和执行 SQL 语句分别通过 Command 对象的 Connection 属性与 CommandText 属性来完成。

以上 3 种方法都可以创建 Command 对象，其中，后两种方法需要通过 Command 对象的属性来设置 SQL 语句和数据库的连接。

7.4.2　Command 对象的属性和方法

常用的 Command 对象的属性和方法有以下几种。

(1)　Connection 属性：获取或设置 Command 对象连接的数据库，值为 Connection 对象。

(2)　CommandText 属性：获取或设置对数据源执行的 SQL 命令。

(3)　Cancel 方法：取消对 Command 对象的执行。

(4)　ExecuteReader 方法：执行 CommandText 属性指定的内容，并返回一个 DataReader 对象。

(5)　ExecuteScalar 方法：执行 CommandText 属性指定的内容，并返回执行结果集的第一行第一列的值，此方法只用来执行 Select 语句，一般情况下用来计算符合条件的记录数。

(6)　ExecuteXmlReader 方法：执行 CommandText 属性指定的内容，返回 XmlReader 对象，只有 SQL Server 才能用此方法。

(7)　ExecuteNonQuery 方法：执行 CommandText 属性指定的内容，返回数据表中被影响的行数，只有执行 Update、Insert、Delete 语句时，数据表的行会发生改变。

7.5　DataReader 对象

ADO.NET 访问数据源的方式有两种，一种是通过 DataReader 对象，它是最简单的读取数据方式，该方式只能读取数据流，且只能按顺序从头到尾依次读取。因为 DataReader 对象每次在内存中只处理一行数据，所以使用这种方式提高了程序的性能，减少了系统的开销；另一种是通过 DataSet 对象和 DataAdapter 对象访问数据，这种方法将在下一节中详细介绍。

7.5.1　创建 DataReader 对象

DataReader 类没有构造方法，所以不能直接实例化，需要通过 Command 对象的 ExecuteReader 方法返回一个 DataReader 实例，示例代码如下。

```
SqlDataReader dr=cmd.ExecuteReader();
```

其中 cmd 是上节中创建的 Command 对象。DataReader 对象为在线操作数据，它会一直占用 SqlConnection 连接，因此在其获得数据的过程中，数据库连接一定要保持为打开状态，否则不能读取数据。

7.5.2　DataReader 对象的属性和方法

常用的 DataReader 对象的属性和方法有以下几个。

(1)　FieldCount 属性：获取字段的数目。

(2)　Item({name,col})属性：获取或设置字段的内容，name 为字段名，col 为列序号，col 的属性值从 0 开始。

(3)　GetName(col)方法：获取第 col 列的字段名。

(4)　GetOrdinal(Name)方法：获取字段名为 Name 的列的序号。

(5)　GetValues(col)方法：获取 col 列的值。

(6)　GetValues(Values)方法：获取所有字段的值，并把字段值存放在 Values 数组中。

(7)　Read()方法：读取下一条记录，返回 true，表示还有下一条数据，返回 false，表示没有下一条数据。

(8)　IsDBNull(col)方法：判断序号为 col 的列是否为空值，是则返回 true，否则返回 false。

下面将通过例子来介绍这些对象的使用。本实例所操作的数据为表 7-1，在 Web 页面上访问此学生表，并以表格的形式显示处理结果。

打开 SQL Server 企业管理器，创建数据库 DBStudent，然后参照表 7-1 创建学生表，接着设计站点，具体步骤如下。

(1)　新建站点 ch07，新建页面 eg07_1.aspx，打开 eg07_1.aspx.cs 文件，在程序的 using 部分添加如下代码。

```
using System.Data.SqlClient;
```

(2)　在 eg07_1.aspx.cs 文件中，添加 page 对象的 Load 事件处理代码。

```
protected void Page_Load(object sender, EventArgs e)
{
    string str="server=.;database=DBStudent;Trusted_Connection=true;";
    SqlConnection con = new SqlConnection(str);
    con.Open();
    str = "select * from student";
    SqlCommand cmd = new SqlCommand(str, con);
    SqlDataReader dr = cmd.ExecuteReader ();
    for (int i = 0; i < dr.FieldCount; i++)
    {
        Response.Write(dr.GetName(i) + "  ");
    }
    Response.Write("<hr size=1 >");
    while (dr.Read())
    {
        Response.Write("<br>");
        Response.Write(dr["sNo"]+"  ");
        Response.Write(dr["sName"]+"  ");
        Response.Write(dr["sSex"]+"  ");
        Response.Write(dr["sAge"]+"  ");
        Response.Write(dr["dept"]+"  ");
        Response.Write("<br>");
        Response.Write("<hr size=1 >");
```

```
    }
    con.Close();
    dr.Close();
}
```

代码说明如下。

上述代码先通过 Connection 对象 con 的 open 方法打开数据库的连接，然后通过 Command 对象 cmd 执行 SQL 语句，这里的 SQL 语句是查询数据表中的所有记录，最后通过 DataReader 对象 dr 读取数据表中的数据。在读取数据时，通过对象 dr 的 read 方法一条条读取数据流，并通过 getName 方法获取表头各列的数据，通过列表名获取表中各列的值。事实上，除了使用列表名获取各列外，还可以通过 GetValue()方法获取各列的值，代码如下。

```
for (int i = 0; i < dr.FieldCount; i++)
{
    Response.Write(dr.GetValue(i) + " ");
}
```

此外，还可以直接使用序列号 0, 1, 2, …, N 获取，如 Response.Write(dr["sNo"])可以用 Response.Write(dr[0])表示。

程序中 Response.Write("<hr size=1 >")语句表示画线的 HTML 标记，用于在 Web 页面中输出一个分隔线，而 Response.Write("<br>")语句表示换行的 HTML 标记。

在代码中，连接字符串的 server=.;表示本地服务器，如果 SQL Server 有实例，则需要通过"机器名\实例名"进行访问，如图 7-2 所示，连接数据库中的服务器名称为 REDWENDY\SQLEXPRESS，则连接字符串如下所示。

```
string str=@"server=REDWENDY\SQLEXPRESS;database=DBStudent;
Trusted_Connection=true;";
```

如果连接字符串中含有\符号，则需要使用 C#的转义符双反斜杠\\表示，或者在字符串前加@符号。

图 7-2   连接字符串设置

(3) 将 eg07_1.aspx 设置为起始页，运行程序后的界面如图 7-3 所示。

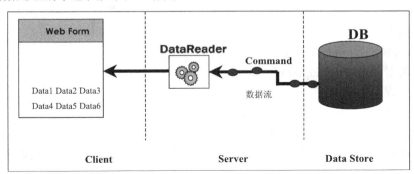

图 7-3 运行界面

7.6 DataAdapter 对象和 DataSet 对象

使用 DataReader 对象访问数据库，其优点是执行速度快，但是使用不灵活，因为 DataReader 从数据库检索的是只读、只进的数据流，且只能执行 Command 对象中的 Select 语句，其数据处理的示意图如图 7-4 所示。

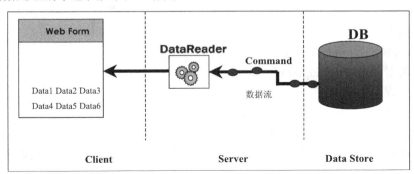

图 7-4 DataReader 数据处理示意图

而 DataAdapter 对象和 DataSet 对象组合使用的方式提供了一种新的数据库访问途径，如图 7-5 所示。其中，DataSet 对象在数据库处理中起着承前启后的作用，一方面，保存 DataAdapter 对象从数据库中取出的数据；另一方面，通过数据显示控件(如 GridView 等)将数据从 DataSet 对象中取出来进行显示。

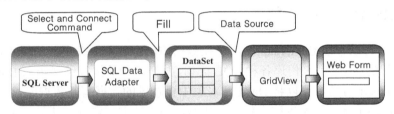

图 7-5 DataSet 对象和 DataAdapter 对象组合访问数据库

在使用 DataSet 对象时,用户不必关心数据源是 Access 数据库还是 SQL Server 数据库,或者是 XML 格式的文件,这是因为 DataSet 对象提供了独立于数据源的一种编程模型,可以看作是一个虚拟的数据库,它通过 DataAdapter 对象(数据适配器)与数据库进行交互。

DataAdapter 对象有很多执行 SQL 语句的属性,如 SelectCommand 属性、InsertCommand 属性、UpdateCommand 属性、DeleteCommand 属性等,它们都是 Command 对象。DataAdapter 对象的 Fill 方法使用 SelectCommand 的结果填充 DataSet 数据集。

7.6.1 DataSet 对象

DataSet 对象的结构与关系数据库很相似,它可以看成是 DataTable 的集合,而 DataTable 由 DataRow 和 DataColumn 组成,如图 7-6 所示。

DataSet 对象主要由两个集合组成:Tables 集合和 Relations 集合,此外,还包括一个 ExtendedProperties 集合。其中 Tables 集合是一个 DataTableCollection 对象,包括从 0 到多个 DataTable 对象,而每个 DataTable 对象由 Rows 集合、Columns 集合和 Constraints 集合组成。Relations 集合是一个 DataSetRelationsCollection 对象,主要体现表之间的关系。

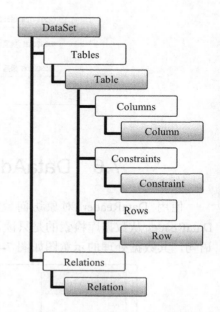

图 7-6　DataSet 对象内部结构

DataSet 提供了许多方法用于操作数据集中的表,常用的方法如下。

(1) AcceptChanges()方法:提交自加载此 DataSet 对象或上次调用 AcceptChanges()方法以来对 DataSet 进行的所有更改。

(2) Clear()方法:清除 DataSet 对象中的数据。

(3) Copy()方法:复制该 DataSet 对象的结构和数据。

(4) HasChanges()方法:检查 DataSet 对象中的数据是否有更改,包括新增行、已删除的行或已修改的行。

(5) ReadXml()方法:将 XML 架构和数据读入 DataSet 对象。

(6) WriteXml()方法:将 DataSet 对象中的数据写入 XML 文件。

创建 DataSet 对象的格式如下。

```
DataSet ds = new DataSet( );
```

7.6.2 DataAdapter 对象

从图 7-4 中可以看出 DataAdapter 对象在数据访问中起着至关重要的作用,它是数据源和 DataSet 之间的桥梁,用来传递各种 SQL 语句,并把语句的执行结果填入 DataSet 对象中。同样,DataAdapter 对象还可以将 DataSet 对象中更新过的数据写回数据库。

因此,DataAdapter 对象也称为数据适配器,用于读取、添加、更新和删除数据源中的记录。该对象常用的属性有四个,即 SelectCommand 属性、InsertCommand 属性、

UpdateCommand 属性和 DeleteCommand 属性。DataAdapter 对象常用的方法有两个，即 Fill()法和 Update()方法。

◎ Fill(dataset,srcTable)方法：将 SelectCommand 属性指定的 SQL 命令执行后的数据置入 DataSet 对象中，参数 dataset 为要置入数据行的 DataSet 对象，srcTable 为数据表对象的名称，可以省略不填。

◎ Update(dataset,srcTable)方法：调用 InsertCommand、UpdateCommand 或 DeleteCommand 属性指定的 SQL 命令，将 DataSet 对象中的数据更新到相应的数据源。参数 dataset 为要将数据更新到数据库的 DataSet 对象，srcTable 为数据表对象的来源数据表名称，可以省略不填。该方法的返回值为数据库中被修改的行数。

DataAdapter 类的构造方法有多个，这里以 SQL Server 数据提供程序为例，代码如下所示。

```
public SqlDataAdapter();
public SqlDataAdapter(SqlCommand);
public SqlDataAdapter(string,sqlConnection);
public SqlDataAdapter(string,string);
```

所以定义 DataAdapter 对象的格式有以下四种。

第一种定义格式如下。

```
SqlDataAdapter dapt=new SqlDataAdapter();
dapt.SelectCommand=new SqlCommand("select * from student",con);
```

其中 con 表示连接数据库的对象，select * from student 表示 SQL 语句。

第二种定义格式如下。

```
SqlCommand cmd= new SqlCommand("select * from student",con);
SqlDataAdapter dapt=new SqlDataAdapter(cmd);
```

第三种定义格式如下。

```
SqlDataAdapter dapt=new SqlDataAdapter("select * from student",con);
```

第四种定义格式如下。

```
SqlDataAdapter dapt=new SqlDataAdapter("select * from student"," Server=weijx;
database=DBStudent; Trusted_Connection=true;userID=sa; Password=123");
```

以上是创建 SqlDataAdapter 对象的几种方法，读者可以选择喜欢的方法。如果要创建 OleDbDataAdapter 对象，只需将 Sql 改为 OleDb。

下面的例子使用 DataSet 对象和 DataAdapter 对象来访问数据，数据表以学生表为例，具体步骤如下。

(1) 打开站点 ch07，右击解决方案资源管理器中的站点文件，在弹出的快捷菜单中选择【添加】|【新建项】命令，添加一个新的 Web 页面 eg07_2.aspx，在工具箱的【数据】选项组中，添加一个 GridView 控件，调整控件的大小和位置。

(2) 打开 eg07_2.aspx.cs 文件，在 page 对象的 Load 事件中添加如下代码。

```
protected void Page_Load(object sender, EventArgs e)
{
    string str = "server=.;database=DBStudent;Trusted_Connection=true;";
    SqlConnection con = new SqlConnection(str);
    con.Open();
```

```
    SqlCommand cmd = new SqlCommand("select * from student",con);
    SqlDataAdapter dapt = new SqlDataAdapter(cmd);
    DataSet ds = new DataSet();
    dapt.Fill(ds,"student");
    GridView1.DataSource = ds.Tables["student"];
    GridView1.DataBind();
    con.Close();
    dapt.Dispose();
}
```

代码说明如下。

在代码中,通过 DataAdapter 对象 dapt 填充数据集 DataSet 对象 ds,且填充的表名设置为 student,可以省略表名参数,若省略,则 ds 中的数据表下标值从 0 开始,如 ds.Tables["sudent"]和 ds.Tables[0]表示相同的意思。

语句 GridView1.DataSource = ds.Tables["student"]表示 GridView 数据控件的数据源为来自 ds 对象的 student 表,DataBind()方法表示将数据进行绑定。

(3) 将 eg07_2.aspx 页面设置为起始页,运行程序,得到如图 7-7 所示的界面。

sNo	sName	sAge	sSex	dept
023810121	李明	23	男	计算机系
045870211	魏小君	23	女	计算机系
063910341	张波	19	男	计算机系
072310728	谢云蕾	18	女	外语系
082320435	魏襄羽	18	女	信息管理系
102320208	媛媛	18	女	计算机系

图 7-7 eg07_2.aspx 的运行界面(1)

DataAdapter 对象通过 Fill()方法把数据添加到 DataSet 中,对 DataSet 中的数据完成增加、删除或修改操作后要调用 Update 方法更新数据源。注意,如果 DataSet 中的数据更改后没有调用 Update 方法更新数据源,则这些更改的数据并没有存入数据库中。

更新数据库时,常用的一种方法是使用 CommandBuilder 对象,该对象是一个命令生成器,不同的.NET 数据提供程序的类也不同,如 SqlCommandBuilder 类和 OleDbCommandBuilder 类。CommandBuilder 对象工作在 DataAdapter 对象之上,根据 SelectCommand 收集相关的信息,自动生成相应的 InsertCommand、UpdateCommand、DeleteCommand 属性。

修改 eg07_2.aspx.cs 文件中 page 对象的 Load 事件处理代码,如下所示。

```
protected void Page_Load(object sender, EventArgs e)
{
    string str = "server=.;database=DBStudent;Trusted_Connection=true;";
    SqlConnection con = new SqlConnection(str);
    con.Open();
    SqlCommand cmd = new SqlCommand("select * from student",con);
    SqlDataAdapter dapt = new SqlDataAdapter(cmd);
    DataSet ds = new DataSet();
    dapt.Fill(ds,"student");
    // 修改数据集,往数据集 ds 中的 student 表中添加新的一行
    DataRow dr = ds.Tables["student"].NewRow();
```

```
//为 student 表中的各个字段进行赋值
dr["sNo"] = "07148542";
dr["sName"] = "王川";
dr["sSex"] = "女";
dr["sAge"] = 18;
dr["dept"] = "外语系";
//将添加的新行加入到 student 表中
ds.Tables["student"].Rows.Add(dr);
SqlCommandBuilder cb = new SqlCommandBuilder(dapt);
//用更改后的数据集更新数据库
dapt.Update(ds, "student");
GridView1.DataSource = ds.Tables["student"];
GridView1.DataBind();
con.Close();
dapt.Dispose();
}
```

运行程序，从图 7-8 中可以看出，在数据表 student 中增加了一条记录。注意，一定要有 SqlCommandBuilder 对象，否则 Update 方法执行错误。

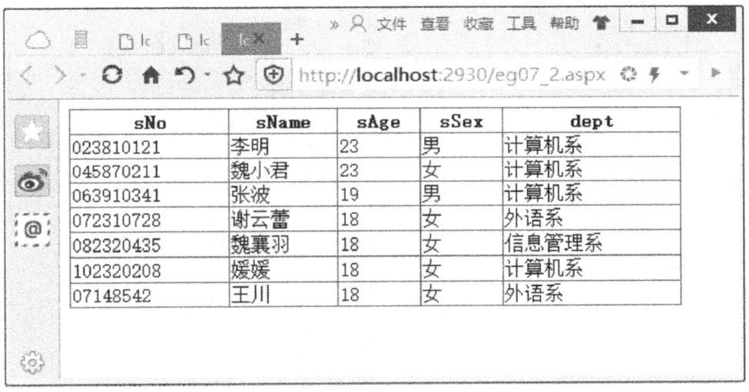

图 7-8　eg07_2.aspx 的运行界面(2)

7.7　插入、编辑和删除数据

本节主要介绍在进行 Web 应用程序的开发过程中，需要用到的数据库编程操作，如增、删、改、查等操作。本节要用到的数据库编程对象有 Connection、Command、DataAdapter、DataSet 等，服务器为 SQL Server，数据显示控件为 GridView，此控件在 7.9.2 节中详细介绍。

下面将以学生信息表为例演示增加、删除、修改、查询等操作。其主要实现步骤如下。

(1) 打开站点 ch07，右击解决方案资源管理器中的站点文件，在弹出的快捷菜单中选择【添加】|【新建项】命令，添加一个新的 Web 页面 eg07_3.aspx。

(2) 在 eg07_3.aspx 页面中添加一个 7 行 2 列的表格，将表格的边框宽度设置为 1px，边框颜色设置为蓝色。

在第 1 列的每个单元格中分别输入学号、姓名、性别、年龄和系别。

在第 1 行的第 2 个单元格中添加 1 个 TextBox 控件，ID 属性改为 txtNo。

在第 2 行的第 2 个单元格中添加 1 个 TextBox 控件，ID 属性改为 txtName。

在第 3 行的第 2 个单元格中添加 2 个 RadioButton 控件，ID 属性分别改为 rbtnBoy 和 rbtnGirl，GroupName 属性都设置为 sex，表示这两个控件为同一组，Text 属性分别设置为

"男""女"，将 rbtnBoy 控件的 Checked 属性设置为 true。

在第 4 行的第 2 个单元格中添加 1 个 TextBox 控件，ID 属性改为 txtAge。

在第 5 行的第 2 个单元格中添加 1 个 TextBox 控件，ID 属性改为 txtDept。

合并第 6 行的两个单元格，添加 4 个 Button 控件，Text 属性分别设置为添加、修改、删除、查询。

合并第 7 行的两个单元格，添加 1 个 GridView 控件，ID 属性改为 gvShow，调整各控件的位置和大小。

(3) 单击 GridView 控件右上角的小三角形，在 GridView 的下拉菜单中，选择【自动套用格式】命令，为 GridView 控件设置外观样式，再选择【编辑列】命令，在弹出对话框的【可用字段】列表框中，添加 5 个 BoundField，如图 7-9 所示，然后设置每个 BoundField 列的 DataField 属性，其值为 Student 表中的各字段名称，如 sNo，BoundField 列的 HeaderText 属性分别设置为学号、姓名、年龄、性别和系别。

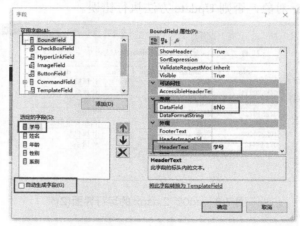

图 7-9   设置 GridView 的 BoundField

(4) 调整各控件的大小和位置，完成后的布局如图 7-10 所示。

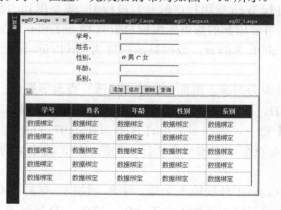

图 7-10   eg07_3.aspx 的设计界面

(5) 打开 eg07_3.aspx.cs 文件，添加自定义方法 DataBd()和 Excute()，并在 Page 对象的 Load 事件中添加调用 DataBd()方法的代码。其中 DataBd()方法用来绑定 GridView 控件，

Excute()方法用来执行 SQL 命令，代码如下。

```
protected void Page_Load(object sender, EventArgs e)
{
    if (!IsPostBack)
    {
        this.DataBd("");
    }
}
void DataBd(string where)
{
    String conStr = @"server=.;database=DBStudent;Integrated Security=SSPI";
    SqlConnection con = new SqlConnection(conStr);
    con.Open();
    string sqlStr = "select * from student ";
    SqlCommand cmd = new SqlCommand(sqlStr, con);
    SqlDataAdapter dapt = new SqlDataAdapter(cmd);
    DataSet ds = new DataSet();
    dapt.Fill(ds);
    this.GridView1.DataSource = ds;
    this.GridView1.DataBind();
    con.Close();
}
bool Excute(string sqlStr)
{
    String conStr = @"server=.;database=DBStudent;Integrated Security=SSPI";
        SqlConnection con = new SqlConnection(conStr);
    con.Open();
    try
    {
        con.Open();
        SqlCommand cmd = new SqlCommand(sqlStr, con);
        cmd.ExecuteNonQuery();
        return true;
    }
    catch
    {
        return false;
    }
    finally
    {
        con.Close();
    }
}
```

代码说明如下。

在程序中，DataBd()方法带有一个参数 where，表示 SQL 查询语句 Select 的条件，即根据此条件查询数据，如果要查询所有数据，则传递空串即可。如在增加或删除一条记录后，需要显示最新的所有数据，调用该方法的语句为 this.DataBd("");。

(6) 回到设计页面，双击【查询】按钮，为 Button4 控件的 Click 事件添加处理代码，将根据输入的内容进行数据查询，这里的查询条件是学号和姓名，其他的请读者思考完善。代码如下。

```
protected void Button4_Click(object sender, EventArgs e)
{
    string sNo = txtNo.Text;
        string sName = txtName.Text;
        //其他条件请思考
```

```
        string where = " where  1=1  " ;
        where += sNo == "" ? "" : "  and sNo like '%" + sNo + "%' ";
        where += sName == "" ? "" : "  and sName like '%" + sName + "%' ";
        this.DataBd(where);
}
```

(7) 保存文件，运行页面，在文本框中输入要查询的信息，可以是模糊查询，单击【查询】按钮，查询"姓名"中包含"李"的学生信息，查询结果如图 7-11 所示。若要查询所有数据，则清空输入框的内容，直接单击【查询】按钮，查询结果如图 7-12 所示。

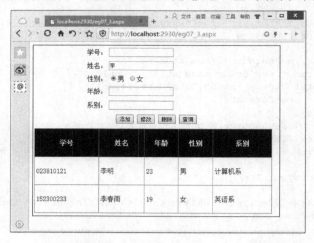

图 7-11　查询结果显示页面

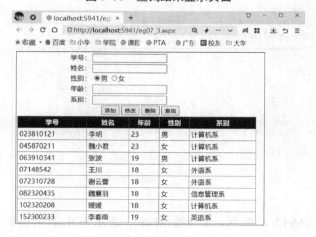

图 7-12　查询所有数据

(8) 回到设计页面，双击【添加】按钮，为 Button1 控件的 Click 事件添加处理代码，将学生信息插入数据库中，代码如下。

```
protected void Button1_Click(object sender, EventArgs e)
{
    //获取学生的学号、姓名等相关信息
    string sNo = txtNo.Text;
    string sName = txtName.Text;
    string sSex = "";
    if (rbtnBoy.Checked)
```

```
      sSex = "男";
   if (rbtnGirl.Checked)
      sSex = "女";
   int sAge = int.Parse(TXTAge.Text.Trim());
   string dept = txtDept.Text;
   //要执行的 SQL 语句
   string sqlStr = "insert into student(sNo,sName,sAge,sSex,dept) values('" + sNo + "',
      '" + sName + "','" + sAge + "'," + sSex + ",'" + dept + "')";
   //调用自定义方法 Excute() 执行插入命令
   if (this.Excute(sqlStr))
   {
      Response.Write("<script>alert('插入成功')</script>");
      this.DataBd("");
   }
   else
   {
      Response.Write("<script>alert('数据出错! ')</script>");
   }
}
```

代码说明如下。

在程序中，语句 insert into student(sNo, sName…由多个字符串拼接而成，SQL 语句的原型如下。

```
insert into student(sNo,sName,sAge,sSex ,dept)  values('152300123','李春雨', 19,'女
','英语系');
```

其中各字段的值分别为页面中各文本框中的值。在拼接字符串与变量时，需要注意它们的类型，如 sName 在数据库中的类型为 varchar，所以其值应使用单引号，而 sAge 在数据库中的类型为 int，所以其值不需要单引号。

该 SQL 语句也可以用如下代码代替。

```
string sqlStr = string.Format("insert  into  student(sNo,sName,sAge,sSex ,dept)
values('{0}', '{1}', {2}, '{3}', '{4}'); ",sNo,sName,sAge,sSex,dept);
```

(9) 保存文件，运行页面，在文本框中输入数据，单击【添加】按钮，这些数据将会添加到数据库中，并在 GridView 控件中显示出来，运行结果如图 7-13 所示。

图 7-13 添加学生信息后的页面

(10) 回到设计页面，双击【删除】按钮，为 Button2 控件的 Click 事件添加处理代码，将学生信息从数据库中删除，代码如下。

```
protected void Button2_Click(object sender, EventArgs e)
{
    string sNo = txtNo.Text;
    if (sNo != "")
    {
        string sqlStr = "delete from student where sNo='" + sNo + "'";
        if (this.Excute(sqlStr))
        {
            Response.Write("<script>alert('删除成功')</script>");
            this.DataBd("");
        }
        else
        {
            Response.Write("<script>alert('数据出错! ')</script>");
        }
    }
    else
    {
        Response.Write("<script>alert('学号不能为空')</script>");
    }
}
```

一般情况下，根据数据库表中的主键删除某条记录，所以上段代码以学号为条件删除合适的学生信息，其他文本框可省略输入。

(11) 保存文件，运行页面，在【学号】文本框中输入学号，单击【删除】按钮，即可删除数据库表中该学生的信息，运行结果如图 7-14 所示。

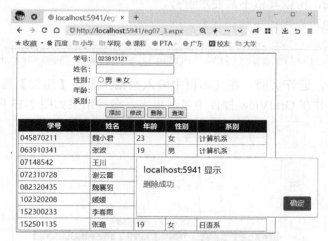

图 7-14　删除学生信息后的页面

(12) 回到设计页面，双击【修改】按钮，为 Button3 控件的 Click 事件添加处理代码，修改学生的信息，代码如下。

```
protected void Button3_Click(object sender, EventArgs e)
{
    string sNo = TextBox1.Text;
    if (sNo != "")
```

```
{
    string sName = TextBox2.Text;
    string sSex = "";
    if (RadioButton1.Checked)
        sSex = "男";
    if (RadioButton2.Checked)
        sSex = "女";
    int sAge = int.Parse(TextBox3.Text.Trim());
    string dept = TextBox4.Text;
    string sqlStr = "update student set sName='"+sName +"',sSex='"+sSex +"',
        sAge="+sAge+",dept='"+dept+"' where sNo='"+sNo+"'";

    if (this.Excute(sqlStr))
    {
        Response.Write("<script>alert('修改成功')</script>");
        this.DataBd("");
    }
    else
    {
        Response.Write("<script>alert('数据出错! ')</script>");
    }
}
else
{
    Response.Write("<script>alert('学号不能为空')</script>");
}
}
```

(13) 保存文件，运行页面，在各文本框中输入修改信息，单击【修改】按钮，数据库中对应的信息将被修改，例如，这里修改了"媛媛"学生的系别，运行结果如图 7-15 所示。

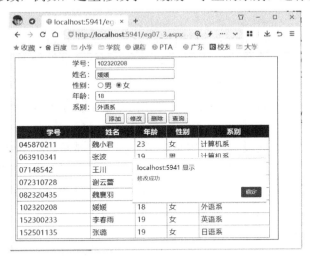

图 7-15　修改学生信息后的页面

7.8 数 据 绑 定

数据绑定技术是 ASP.NET 新增的一项功能，主要用于把 Web 控件与数据源绑在一起，从而显示数据源中的数据。绑定数据源的语法如下。

```
<%# DataSource %>
```

其中 DataSource 表示各种数据源，可以是变量、属性、列表、表达式或数据集等。

下面将通过例子说明如何绑定数据源，其具体步骤如下。

(1) 打开 ch07 站点，右击解决方案资源管理器中的站点文件，在弹出的快捷菜单中选择【添加】|【新建项】命令，添加一个 eg07_4.aspx 页面，打开页面的源代码，即编写 HTML 标志的页面，添加如下代码。

```
<html xmlns="http://www.w3.org/1999/xhtml">
<head runat="server">
<meta http-equiv="Content-Type" content="text/html; charset=utf-8"/>
    <title></title>
     <script language ="c#" runat ="server" >
    string sname = "林郑泽";
    string sno = "047584024";
    int sage = 23;
    </script>

</head>
<body>
    <form id="form1" runat="server">
    <div>
    姓名: <%# sname %>
    学号: <%#sno %>
    年龄: <%#sage %>

    </div>
    </form>
</body>
</html>
```

代码说明如下。

上段代码通过语句<%# sname %>将数据源设置为变量 sname。

(2) 在 eg07_4.aspx.cs 文件中，添加 page 对象的 Load 事件处理代码。

```
Page.DataBind();
```

在 Page 对象的 Load 事件处理代码中，调用 DataBind 方法将控件属性绑定到指定的数据源。

(3) 将 eg07_4.aspx 页面设置为起始页，运行程序，界面如图 7-16 所示。

图 7-16 eg07_4.aspx 数据源绑定运行界面(1)

也可以将控件绑定到复杂的数据源。在 Web 应用程序中，经常要对指定的数据进行一些查询操作，如可以将学生的学号绑定在下拉列表中进行选择。

打开站点 ch07 中的 eg07_4.aspx 页面，添加一个 DropDownList 控件。为 Page 对象的 Load 事件添加如下处理代码。

```
string str = "server=.;database=DBStudent;Trusted_Connection=true;";
SqlConnection con = new SqlConnection(str);
```

```
con.Open();
SqlCommand cmd = new SqlCommand("select * from student", con);
DropDownList1.DataSource = cmd.ExecuteReader();
DropDownList1.DataTextField = "sName";
DropDownList1.DataValueField = "sName";
DropDownList1.DataBind();
```

这时的程序运行结果如图 7-17 所示。

图 7-17　eg07_4.aspx 数据源绑定运行界面(2)

7.9　数 据 控 件

在 Visual Studio 中，有许多数据控件，其中以 GridView 控件、DataList 控件、Repeater 控件最为常用。

7.9.1　SqlDatasource 控件

在 ASP.NET 中有 5 个数据源控件，每个数据源控件都以 DataSource 结尾，前缀有所不同，如 SqlDataSource 控件、AccessDataSource 控件、ObjectDataSource 控件、XmlDataSource 控件、SiteMapDatasource 控件，每种控件用于操作不同的数据源。

Datasource 控件提供了一个易于使用的向导，引导用户完成配置过程，也可以通过直接在 Source 视图中修改控件的属性，手动修改控件。Datasource 控件负责打包过去用户不太擅长使用的 DataAdapter 和 Connection 控件，用向导化的方式，把 Web 数据库程序设计转变为最简单的模式。

如果数据存储在 SQL Server、SQL Server Express、Oracle Server、ODBC 数据源、OLE DB 数据源或 Windows SQL CE 数据库中，就可以使用 SqlDataSource 控件来配置数据源，它可以配合数据显示控件，如 GridView 控件"零代码"实现增、删、改、查的数据库操作。

下面将以 SqlDataSource 为例，配置数据源，并在 Web 页面上显示数据库中表的内容，以学生表为例，具体步骤如下。

(1) 打开 ch07 站点，右击解决方案资源管理器中的站点文件，在弹出的快捷菜单中选择【添加】|【Web 窗体】命令，添加一个 eg07_5.aspx 页面。

(2) 在工具箱的【数据】选项组中找到 SqlDataSource 控件并添加，单击 SqlDataSource 控件右上角的 按钮，打开 SqlDataSource 任务，选择【配置数据源】命令，打开如图 7-18 所示的对话框。

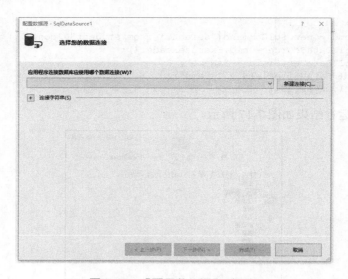

图 7-18　【配置数据源】对话框

（3）单击【新建连接】按钮，打开【选择数据源】对话框，如图 7-19 所示。选择 Microsoft SQL Server 选项，若数据库一直采用 SQL Server，则可选中【始终使用此选择】复选框，单击【继续】按钮，打开如图 7-20 所示的对话框。

（4）在【添加连接】对话框中，如果需要修改数据源，则单击【更改】按钮，即可打开图 7-19 所示的对话框。在【服务器名】下拉列表框中选择服务器，最简单的设置就是只输入"."，表示使用本地服务器，接着选择一个数据库，这里选择 DBStudent，如图 7-20 所示。完成后单击【测试连接】按钮，查看数据库是否能正常连接，如果不成功，则检查服务器是否已打开。

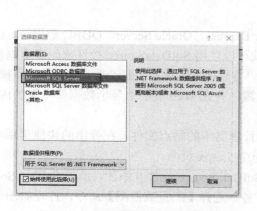

图 7-19　【选择数据源】对话框

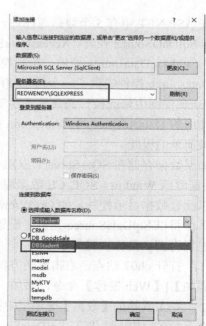

图 7-20　【添加连接】对话框

(5) 单击【确定】按钮，返回到【配置数据源】对话框，单击【下一步】按钮，进入【将连接字符串保存到应用程序配置文件中】界面。一般情况下需选中【是，将此连接另存为】复选框，如图 7-21 所示。

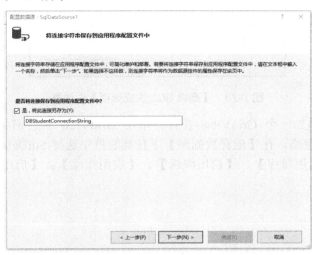

图 7-21 【将连接字符串保存到应用程序配置文件中】界面

(6) 单击【下一步】按钮，进入【配置 Select 语句】界面，如图 7-22 所示。

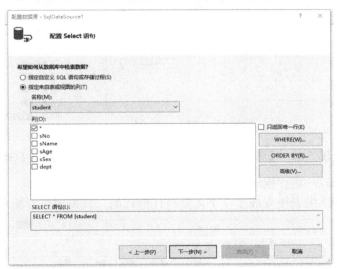

图 7-22 【配置 Select 语句】界面

(7) 在【名称】下拉列表框中选择使用的表，如 student 表，在【列】列表框中选择需要显示的列，* 表示选择所有列，单击【高级】按钮，打开如图 7-23 所示的对话框，选中【生成 INSERT、UPDATE 和 DELETE 语句】复选框。

(8) 单击【确定】按钮返回到【配置 Select 语句】界面，确认无误后，单击【下一步】按钮，出现如图 7-24 所示的【测试查询】界面。在该界面中可以测试该 SQL 语句是否正确，单击【测试查询】按钮，查看显示的数据是否是需要的，一切无误后，单击【完成】按钮。

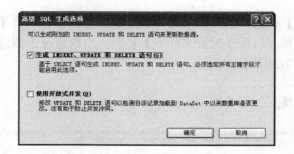

图 7-23 【高级 SQL 生成选项】对话框

(9) 在页面中添加一个 GridView 控件，单击 GridView 控件右上角的 ▶ 按钮，打开【GridView 任务】窗格，在【选择数据源】下拉列表框中选择 SqlDataSource1 选项，选中【启用分页】、【启用排序】、【启用编辑】、【启用删除】、【启用选定内容】复选框，如图 7-25 所示。

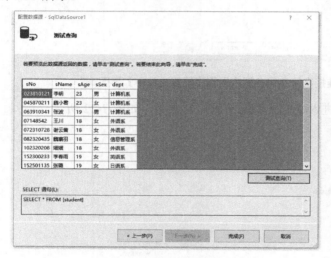

图 7-24 【测试查询】界面

图 7-25 【GridView 任务】窗格

(10) 设置完成后，运行程序，并查看结果，如图 7-26 所示。至此，一个支持排序、编辑、分页、选择的学生表便完成了，不需要写任何代码，只需要进行简单的设置。

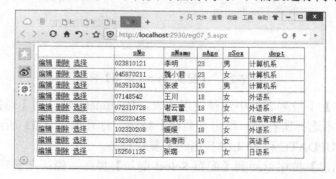

图 7-26 运行结果

(11) 单击表格中任意一个【编辑】选项，GridView 的样式将变为图 7-27 所示的编辑状态,这时可以修改学生的姓名、性别、年龄等信息,单击【更新】选项即可将数据保存到数据库中。

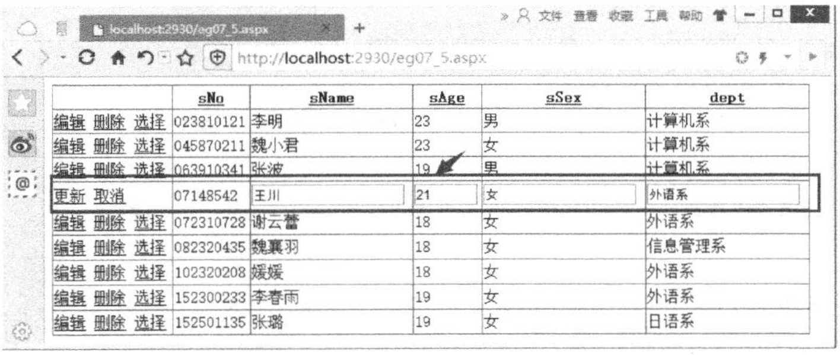

图 7-27　编辑数据

(12) 此外,也可通过 DataSource 控件设置查询功能。在页面中添加一个 TextBox 控件和一个 Button 控件,TextBox 控件用来输入过滤的条件,而 Button 控件用来触发事件。在本实例的第(6)步【配置 Select 语句】界面中,单击 WHERE 按钮,弹出如图 7-28 所示的对话框,在【列】下拉列表框中选择 sName,在【运算符】下拉列表框中选择=,在【源】下拉列表框中选择 Control,在【参数属性】选项组中,设置【控件 ID】为 TextBox1,【默认值】为%,表示根据 TextBox1 控件中输入的内容进行筛选,单击【添加】按钮,然后单击【确定】按钮完成配置。

图 7-28　【添加 WHERE 子句】对话框

(13) 单击工作区域左下角的【源】按钮,返回到 HTML 编辑模式。这里将 Select 语句中的=改为 like,如图 7-29 所示,从而进行模糊查询。

```
<asp:SqlDataSource ID="SqlDataSource1" runat="server" ConnectionString="<%$ ConnectionStrings:DBStudentConnectio
    DeleteCommand="DELETE FROM [student] WHERE [sNo] = @sNo"
    InsertCommand="INSERT INTO [student] ([sNo], [sName], [sAge], [sSex], [dept]) VALUES (@sNo, @sName, @sAge, @
    SelectCommand="SELECT * FROM [student] WHERE ([sName] like @sName)"
    UpdateCommand="UPDATE [student] SET [sName] = @sName, [sAge] = @sAge, [sSex] = @sSex, [dept] = @dept WHERE
```

图 7-29　设置 SelectCommand 属性

(14) 保存文件,运行程序,在 TextBox1 控件中输入"魏%",然后单击 Button 按钮,查询结果如图 7-30 所示。

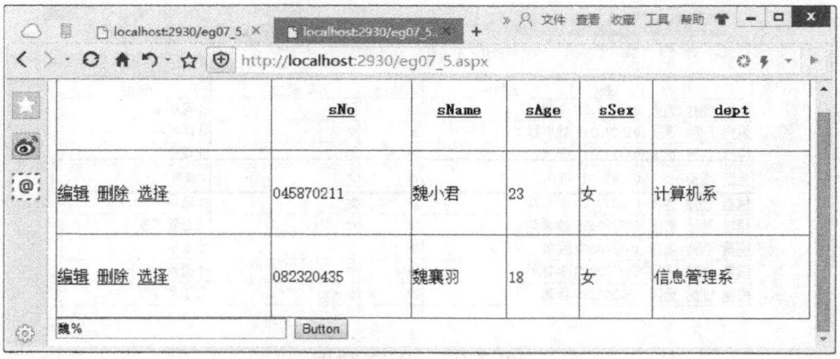

图 7-30   查询结果

7.9.2   GridView 控件

GridView 控件是 ASP.NET 新增加的一个数据控件,它的功能与旧版的 DataGrid 控件类似。DataGrid 控件的功能虽然十分强大而且实用,但不便于操作使用,如要用 ADO.NET 访问数据库,然后才能绑定 DataGrid 控件,进行编辑、删除、新增数据等操作时还要输入一定的代码来实现。虽然 ASP.NET 2.0 对 DataGrid 控件仍然支持,但新增的 GridView 控件更能吸引人,而且功能丝毫不逊色于 DataGrid 控件,操作更加方便,写的代码更少了。

GridView 控件主要以表格的形式来显示数据源中的数据。每列表示表中一个字段,每行表示一条记录。GridView 控件可以在不编写代码的情况下实现分页、排序、更新、编辑、选择等功能。

GridView 控件常用的属性及说明如表 7-10 所示。

表 7-10   GridView 控件常用属性

属　性	说　明
AllowPaging	是否启用分页功能
AllowSorting	是否启用排序功能
DataKeyNames	GridView 控件中项的主键字段的名称
DataKeys	GridView 控件中每一行的数据键值
DataSource	数据绑定控件的数据源
PageCount	数据源记录的总页数
PageSize	每页显示的记录条数
PageIndex	当前页的索引

1. 设置 GridView 控件的字段列

在前面的实例中,已经通过 GridView 控件绑定显示了数据源中的数据,但在前面的数据绑定中,细心的读者会发现,表格中的标题都是英文的,如 sNo,这些字段是数据库表中定义的列名,输出效果并不理想。要想编辑 GridView 控件的字段,就需要对每个编辑列进行设置，如图 7-31 所示。

图 7-31 编辑 GridView 的字段

GridView 控件包括 7 种类型的列，分别为 BoundField(普通数据绑定列)、CheckBoxField(复选框数据绑定列)、HyperLinkField(超链接数据绑定列)、ImageField(图片数据绑定列)、ButtonField(按钮数据绑定列)、CommandField(命令数据绑定列)和TemplateField(模板数据绑定列)。

(1) BoundField 列：默认的数据绑定列，用于显示普通文本。

(2) CheckBoxField 列：用来显示布尔型数据，绑定数据值为 true 时，表示选中，否则表示未选中。

(3) HyperLinkField 列：用来绑定超链接列。可自定义绑定超链接的文字、URL 或打开窗口的方式。

(4) ImageField 列：用来显示图片。一般情况下绑定为图片的路径。

(5) ButtonField 列：用来为 GridView 控件创建命令按钮。

(6) CommandField 列：用来执行选择、删除、编辑操作的预定义命令按钮。这些按钮可以呈现为普通按钮、超链接、图片等外观。

(7) TemplateField 列：允许以模板形式定义数据绑定列的内容。

2. 定制 GridView 控件的外观

在设计网站时，为了美化网页的界面、丰富页面的显示效果，开发人员采取了多种形式来美化 GridView 的外观。在 ASP.NET 中，GridView 控件提供了【自动套用格式】命令，单击该命令，可打开如图 7-32 所示的对话框，在该对话框的左侧可以选择已经制定好的几种样式，从而可以很方便地改变 GridView 的外观。

当然，除了使用【自动套用格式】对话框中的样式外，也可以通过 GridView 控件的外观属性来自定义控件的外观和样式。

在设计网页显示信息时，为了获得更加美观的页面，通常只把数据的概要信息显示出来，如论坛中的首页显示帖子信息时，只显示帖子的一些概要信息，如帖子标题、发表用户等。若要查看帖子的详细信息，通常会使用一个超链接链接到显示详细帖子信息的页面。

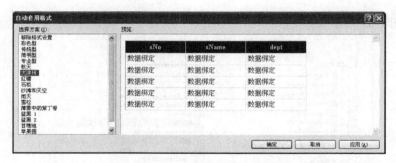

图 7-32 【自动套用格式】对话框

下面的实例将通过 GridView 控件显示帖子的详细信息,并能通过"查看"链接到相应的页面。具体操作步骤如下。

(1) 创建数据库 ASPNETDB,新建数据库表 tbPost,各字段的名称和类型如图 7-33 所示。设置 postID 为主键,标识增量为 1,然后在 tbPost 表中增加 10 条记录。

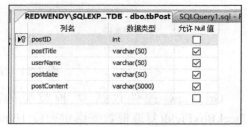

图 7-33 tbPost 表

(2) 打开 ch07 站点,右击解决方案资源管理器中的站点文件,在弹出的快捷菜单中选择【添加】|【Web 窗体】命令,添加 eg07_6.aspx 页面和 eg07_6_1.aspx 页面,其中 eg07_6_1.aspx 页面用来显示详细信息。

(3) 在 eg07_6.aspx 页面中添加一个 GridView 控件和一个 SqlDataSource 控件。

(4) 配置 SqlDataSource 数据源,在配置 Select 语句时,选择 tbPost 表中的字段为 postID、postTitle、userName,其他的字段不勾选。

(5) 单击 GridView 控件右上角的 按钮,打开 GridView 控件的任务,选中【启用分页】复选框,设置该控件的分页功能,打开属性窗口设置 GridView 控件的 PageSize 属性为 4,表示每页显示 4 条记录。再次打开 GridView 控件的任务,在下拉菜单中选择【自动套用格式】命令,设置 GridView 控件的外观样式,在【选择数据源】下拉列表框中选择 SqlDataSource1 选项,单击【编辑列】超链接,打开如图 7-34 所示的对话框。

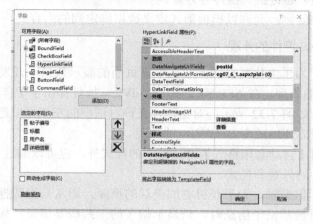

图 7-34 编辑 GridView 字段

174

(6)　在弹出的【字段】对话框中，修改【可用字段】列表框中的各字段，分别设置它们的 DataField 属性和 HeaderText 属性。

(7)　添加一个 HyperLinkField 列，将 HeaderText 的属性值设置为【详细信息】，Text 属性值设置为【查看】，DataNavigateUrlFields 属性值设置为 postId，DataNavigateUrlFormatString 属性值设置为 eg07_6_1.aspx?pid={0}，如图 7-34 所示。

(8)　在 eg07_6_1.aspx 中，添加一个 4 行 4 列的表格，在每个单元格中添加相应的文本，并添加 4 个 TextBox 控件，其中 TextBox1 用于显示帖子标题，ID 属性设置为 txtTitle，TextBox2 用于显示发帖用户名，ID 属性设置为 txtName，TextBox3 用于显示发帖时间，ID 属性设置为 txtDate，TextBox4 用于显示帖子内容，ID 属性设置为 txtContent，如图 7-35 所示。

图 7-35　eg07_6_1.aspx 页面设置

(9)　eg07_6_1.aspx 页面接收上一个页面 eg07_6.aspx 传递过来的 pid，然后根据 pid 在数据表中查询数据，并将数据与 eg07_6_1.aspx 页面对应的控件绑定。因此，在 Page_Load 事件中需要添加一个 DataBd()方法，代码如下。

```
protected void Page_Load(object sender, EventArgs e)
{
    if (!IsPostBack)
    {
        this.DataBd();
    }
}
void DataBd()
{
    string str = "server=.;database=DBStudent;Trusted_Connection=true;";
    SqlConnection con = new SqlConnection(str);
    con.Open();
    int postID = Convert.ToInt32(Request["pid"].ToString());
    string sqlStr = "select * from tbpost where postID=" + postID;
    SqlCommand cmd = new SqlCommand(sqlStr ,con);
    SqlDataAdapter dapt = new SqlDataAdapter(cmd);
    DataSet ds = new DataSet();
    dapt.Fill(ds);
    txtTitle.Text = ds.Tables[0].Rows[0]["postTitle"].ToString();
    txtName.Text = ds.Tables[0].Rows[0]["userName"].ToString();
    txtDate.Text = ds.Tables[0].Rows[0]["postdate"].ToString();
    txtContent.Text = ds.Tables[0].Rows[0]["postContent"].ToString();
    con.Close();
}
```

(10) 保存文件，运行程序后的结果如图 7-36 所示。

单击某一行的【查看】超链接，将会显示该帖子的详细信息，如图 7-37 所示。

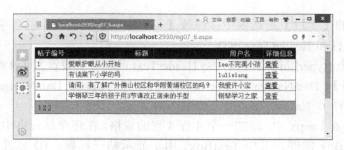

图 7-36　显示帖子信息

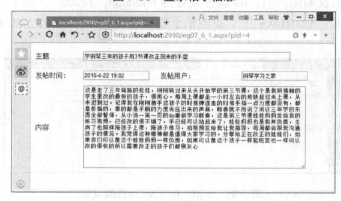

图 7-37　详细信息页面

3. 全选效果

在某些情况下，需要对表格中的数据进行批量处理，如电子邮件中需要删除多条信息，或者将多条邮件标记为已读等，这就需要能在 GridView 的表格中执行全选或全不选操作。本小节将介绍 GridView 控件的全选或反选功能，此功能同样适用 DataList 等数据显示控件。这里继续在 eg07_6.aspx 页面上设计，具体操作步骤如下。

(1) 打开 eg07_6.aspx 页面，选择 GridView 控件，在 GridView 控件的任务栏中单击【编辑列】按钮，在弹出的【字段】对话框中添加 TemplateField(模板列)，然后将该列的 HeaderText 属性设置为【选择】，并将该字段移至第一位，如图 7-38 所示。

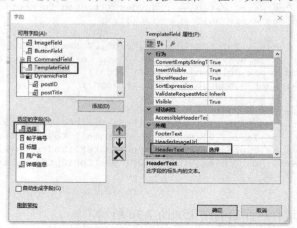

图 7-38　模板列设置

（2）　设置好模板列后，单击【确定】按钮，添加该列，然后在 GridView 控件的任务栏中单击【编辑模板】按钮，在 ItemTemplate(项模板)中添加一个 CheckBox 控件，ID 属性设置为 cbItem，如图 7-39 所示。

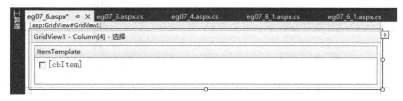

图 7-39　添加复选框

（3）　设计好 GridView 控件后，单击【结束模板编辑】按钮，然后在 GridView 控件下方添加一个 CheckBox 控件，ID 属性设置为 cbAll，Text 属性设置为【全选】，autoPostBack 属性设置为 true，如图 7-40 所示。

选择	帖子编号	标题	用户名	详细信息
☐	0	abc	abc	查看
☐	1	abc	abc	查看
☐	2	abc	abc	查看
☐	3	abc	abc	查看
☐	4	abc	abc	查看

☐全选

SqlDataSource - SqlDataSource1

图 7-40　全选界面设置

（4）　选中【全选】复选框，打开该按钮的 CheckedChanged 事件，添加如下代码。

```
protected void cbAll_CheckedChanged(object sender, EventArgs e)
    {
        foreach(GridViewRow gr in GridView1.Rows)
        {
            CheckBox cb = (CheckBox)gr.FindControl("cbItem");
            if (cbAll.Checked)
            {
                cb.Checked = true;
            }
            else
            {
                cb.Checked = false;
            }
        }
    }
```

代码说明如下。

在代码中，foreach 语句用来遍历 GridView 控件中的每一行，FindControl()方法表示在该 GridView 控件的数据行 GridViewRow 中查找 cbItem 控件。

（5）　保存所有文件，运行程序，结果如图 7-41 所示。选中【全选】复选框，可以看到 GridView 控件中的所有行都被选中了，取消选中【全选】复选框，则取消全选。

ASP.NET 实践教程(第 3 版)(微课版)

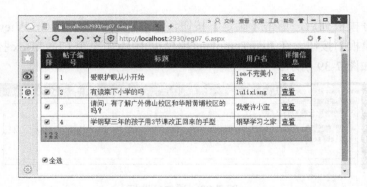

图 7-41　全选效果

4. 鼠标指针滑过颜色变换效果

GridView 控件用表格显示数据表中的数据，为了使表格中出现一些美化效果，如当鼠标滑过每行时，改变亮度显示该行，这些可通过一些脚本来实现。具体步骤如下。

(1) 打开 eg07_6.aspx 页面，打开 GridView 控件的 RowDataBound 事件，添加如下代码。

```
protected void GridView1_RowDataBound(object sender, GridViewRowEventArgs e)
    {
        if (e.Row.RowType == DataControlRowType.DataRow)
        {
            e.Row.Attributes.Add("onMouseOver", "currentcolor=this.style.backgroundColor;
                this.style.backgroundColor='yellow';");
            e.Row.Attributes.Add("onMouseOut", "this.style.backgroundColor=currentcolor;");
        }
    }
```

代码说明如下。

代码中 DataControlRowType.DataRow 表示数据行，onMouseOver 属性表示在鼠标指针移动到数据行上时触发，此时用 currentcolor 来记住原背景色，并修改当前背景色为 yellow；而 onMouseOut 事件表示在鼠标指针移出指定数据行时发生，设置背景色为 currentcolor，即原背景色。

(2) 保存所有文件，运行程序，效果如图 7-42 所示。

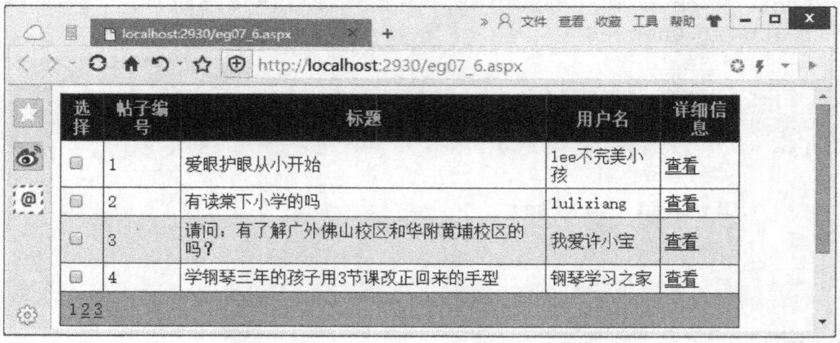

图 7-42　鼠标指针滑过效果

7.9.3　DetailsView 控件

在数据工具箱中，DetailsView 控件也用于数据的显示，它与 GridView 控件的用法类似，

178

不同的是，该控件每次只显示一条记录。

使用 DetailsView 控件设计页面的具体步骤如下。

(1) 打开站点 ch07，右击解决方案资源管理器中的站点文件，在弹出的快捷菜单中选择【添加】|【Web 窗体】命令，添加一个新页面 eg07_7.aspx。

(2) 在页面中添加一个 SqlDataSource 控件，并将数据源设置为数据库中的 student 表。

(3) 在页面中添加一个 DetailsView 控件，单击右上角的 ▶ 按钮，在下拉菜单中选择【自动套用格式】命令来设置 DetailsView 控件的外观样式，将数据源设置为 SqlDataSource1，单击【编辑字段】按钮，打开如图 7-43 所示的对话框，设置各字段的 HeaderText 属性，如设置为【学号】、【姓名】等。

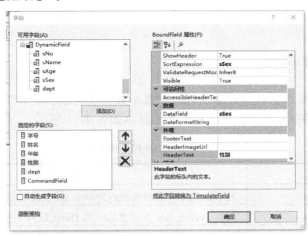

图 7-43　设置字段

(4) 单击【确定】按钮，在 DetailsView 的任务窗格中启用分页、插入、编辑、删除等功能。注意执行插入、编辑、删除操作的前提是 SqlDataSource 控件中必须设置高级选项，并允许执行 SQL 命令，如 Insert、Update、Delete。

保存文件，运行程序，结果如图 7-44 所示。

图 7-44　显示学生信息

(5) 单击【新建】按钮，进入编辑插入数据的状态，如图 7-45 所示，输入学号、姓名、年龄等信息，单击【插入】按钮后的效果如图 7-46 所示。

图 7-45　插入记录页面　　　　　　　　图 7-46　记录插入成功后的页面

7.9.4　DataList 控件

DataList 控件主要用于在一个重复列表中显示数据项,支持选择和编辑数据项。DataList 控件通过模板对各列的内容和布局进行定义,具体如表 7-11 所示。

表 7-11　DataList 控件中的模板

模　板	说　明
ItemTemplate	为 DataList 中的项提供内容和布局所要求的模板
AlternatingItemTemplate	与 ItemTemplate 元素类似,为 DataList 中的交替项提供内容和布局
SelectedItemTemplate	为用户选择 DataList 中的项提供内容和布局。典型的用法是使用背景色或字体颜色可视地标记该行,还可以通过显示数据源中的其他字段来展开该项
EditItemTemplate	为 DataList 中的当前编辑项提供内容和布局。此模板通常包含编辑控件
HeaderTemplate 和 FooterTemplate	为 DataList 的页眉和脚注部分提供内容和布局
SeparatorTemplate	为 DataList 中各项之间的分隔符提供内容和布局

1. 使用 DataList 控件绑定数据

使用 DataList 控件绑定数据,实现 7.9.2 小节中 GridView 同样的功能。具体步骤如下。

(1) 打开站点 ch07,添加一个新页面 eg07_8.aspx,在页面中添加一个 DataList 控件,单击右上角的 ▷ 按钮,打开【DataList 任务】窗格,如图 7-47 所示。

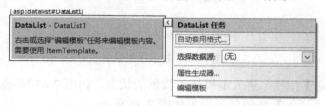

图 7-47　【DataList 任务】窗格

（2）选择【自动套用格式】命令来设置 DataList 控件的外观。选择【编辑模板】命令，选择模板列中的 HeaderTemplate 选项来添加页眉，如图 7-48 所示。

图 7-48　添加页眉

（3）在 HeaderTemplate 中添加一个 1 行 4 列的表格，并在单元格中输入文本，如图 7-49 所示。

图 7-49　添加表格标题

（4）单击 DataList 控件右上角的▣按钮，在【DataList 任务】窗格中将模板编辑模式改为【项模板】中的 ItemTemplate 项，添加一个 1 行 4 列的表格，在第 1 个单元格中添加一个 Label 控件。单击 Label 右上角的▣按钮，打开 Label1 DataBindings 对话框，如图 7-50 所示，为 Label1 控件的 Text 属性绑定数据，输入表达式 Eval("postID")，表示绑定数据表中的 postID 字段。

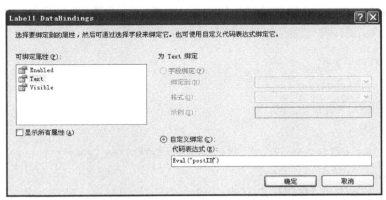

图 7-50　Label1 DataBindings 对话框

（5）也可以在源码中直接写代码。单击左下角的【源】按钮，打开 HTML 编辑模式，在 DataList 控件 ItemTemplate 项的表格中，添加数据绑定的方法，DataList 控件的 HTML 编码如下。

```
<asp:DataList ID="DataList1" runat="server" BackColor="White" BorderColor="#3366CC"
BorderStyle="None" BorderWidth="1px" CellPadding="4" GridLines="Both" Width="650px">
```

ASP.NET 实践教程(第 3 版)(微课版)

```
<FooterStyle BackColor="#99CCCC" ForeColor="#003399" />
<HeaderStyle BackColor="#003399" Font-Bold="True" ForeColor="#CCCCFF" />
<HeaderTemplate>
   <table class="auto-style1">
      <tr>
         <td  style="width :80px">编号</td>
         <td style="width :400px">标题</td>
         <td style="width :140px">用户</td>
         <td style="width :80px">详细信息</td>
      </tr>
   </table>
</HeaderTemplate>
<ItemStyle BackColor="White" ForeColor="#003399" />
<ItemTemplate>
   <table class="auto-style1">
      <tr>
         <td style="width :80px">
            <asp:Label ID="Label1" runat="server" Text=
               '<%# Eval("postID") %>'></asp:Label>
         </td>
      <td style="width :400px"><%# Eval("postTitle") %></td>
      <td style="width :140px"><%# Eval("userName") %></td>
      <td style="width :80px"><a href='eg07_8_1.aspx?pid=<%# Eval("postID") %>'>
         查看</a></td>
      </tr>
   </table>
</ItemTemplate>
<SelectedItemStyle BackColor="#009999" Font-Bold="True" ForeColor="#CCFF99" />
</asp:DataList>
```

最后一个单元格中添加的是一个<a>标签，用来超链接到其他页面，并传递参数 pid。

(6) 页面eg07_8_1.aspx 中的 GridView 控件的设计与前面 GridView 控件中的设计一样，用来接收传递过来的参数，并根据参数查找详细信息。

(7) 在 eg07_8.aspx 页面中，添加一个绑定数据的方法 ListBd()，用来绑定 DataList 控件，并在 Page 对象的 Load 事件处理代码中调用此方法，具体代码如下。

```
protected void Page_Load(object sender, EventArgs e)
{
   if (!IsPostBack)
   {
      this.ListBd();
   }
}
void ListBd()
{
   string str = "server=.;database=DBStudent;Trusted_Connection=true;";
   SqlConnection con = new SqlConnection(str);
   con.Open();
   string sqlStr = "select * from tbpost ";
   SqlCommand cmd = new SqlCommand(sqlStr, con);
   SqlDataAdapter dapt = new SqlDataAdapter(cmd);
   DataSet ds = new DataSet();
   dapt.Fill(ds);
   DataList1.DataSource = ds;
   DataList1.DataBind();
   con.Close();
}
```

(8) 保存文件，运行程序，结果如图 7-51 所示。

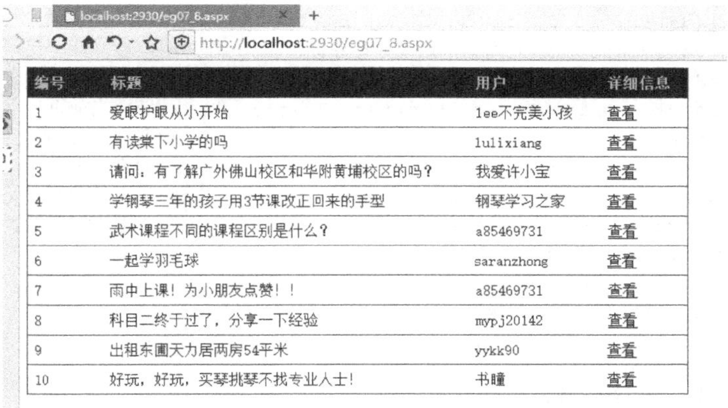

图 7-51　DataList 控件显示的数据

2. 分页显示 DataList 控件中的数据

DataList 控件没有像 GridView 控件那样内置了分页功能，若要 DataList 分页显示数据，则需要通过 PagedDataSource 对象来实现。PagedDataSource 类封装了数据绑定控件与分页相关的属性，下面将介绍 DataList 控件的分页功能。具体步骤如下。

(1) 打开站点 ch07，在页面 eg07_8.aspx 中添加一个 1 行 6 列的表格，在前 4 个单元格中分别添加 4 个 LinkButton 控件，Text 属性分别改为【首页】、【上一页】、【下一页】、【尾页】，在第 5 个单元格中输入【当前【】页】，并在括号中添加一个 Label 控件，ID 属性改为 lbCurrent，Text 属性设置为 1，在第 6 个单元格中输入文本【总页数【】】，并在括号中添加一个 Label 控件，ID 属性改为 lbCount，两个 Label 控件分别用来表示当前页和总页数，设计效果如图 7-52 所示。

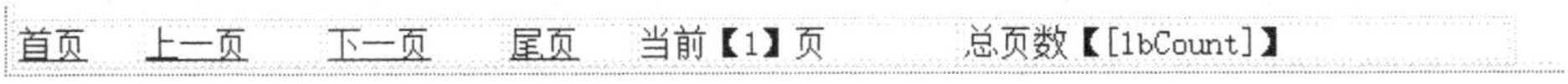

首页	上一页	下一页	尾页	当前【1】页	总页数【[lbCount]】

图 7-52　分页设置

(2) 修改 ListBd()方法，用来绑定 DataList 控件，并在 Page 对象的 Load 事件处理代码中调用此方法，具体代码如下。

```
protected void Page_Load(object sender, EventArgs e)
{
    if (!IsPostBack)
    {
        this.ListBd();
    }
}
void ListBd()
{
    //将数据库表 tbpost 中的数据填充到数据集 ds 中
    string str = "server=.;database=DBStudent;Trusted_Connection=true;";
    SqlConnection con = new SqlConnection(str);
    con.Open();
    string sqlStr = "select * from tbpost ";
    SqlCommand cmd = new SqlCommand(sqlStr, con);
    SqlDataAdapter dapt = new SqlDataAdapter(cmd);
    DataSet ds = new DataSet();
```

```
        dapt.Fill(ds);
        //创建一个 PagedDataSource 对象，用来处理分页
        PagedDataSource pds = new PagedDataSource();
        int currentPage = int.Parse(lbCurrent.Text);       //获取当前页
        pds.DataSource = ds.Tables[0].DefaultView;          //获取 pds 对象的数据源
        pds.AllowPaging = true;                             //允许分页
        pds.PageSize = 3;                                   //每页显示 3 条记录
        pds.CurrentPageIndex = currentPage - 1;             //设置当前页的索引值
        //设置 4 个 LinkButton 控件的初始值
        LinkButton1.Enabled = true;
        LinkButton2.Enabled = true;
        LinkButton3.Enabled = true;
        LinkButton4.Enabled = true;
        //当前页为第一页，首页和上一页将不可用
        if (currentPage == 1)
        {
            LinkButton1.Enabled = false;
            LinkButton2.Enabled = false;
        }
        //当前页为尾页，尾页和下一页将不可用
        if (currentPage == pds.PageCount)           {
            LinkButton3.Enabled = false;
            LinkButton4.Enabled = false;
        }
        lbCount.Text = Convert.ToString(pds.PageCount);
        DataList1.DataSource = pds;
        //绑定 DataList 控件，数据源为 PagedDataSource 对象
        DataList1.DataBind();
        con.Close();
}
```

(3) 回到设计页面，添加【首页】、【上一页】、【下一页】、【尾页】的 Click 事件处理代码。

```
protected void LinkButton1_Click(object sender, EventArgs e)
{
lbCurrent.Text = "1";
    this.ListBd();
}
protected void LinkButton2_Click(object sender, EventArgs e)
{
    lbCurrent.Text = Convert.ToString(Convert.ToInt32(lbCurrent.Text) - 1);
    this.ListBd();
}
protected void LinkButton3_Click(object sender, EventArgs e)
{
    lbCurrent.Text = Convert.ToString(Convert.ToInt32(lbCurrent.Text) + 1);
    this.ListBd();
}
protected void LinkButton4_Click(object sender, EventArgs e)
{
    lbCurrent.Text = lbCount.Text;
    this.ListBd();
}
```

(4) 保存文件，运行程序，结果如图 7-53 所示。

图 7-53　使用 DataList 控件实现分页功能

7.9.5　Repeater 控件

Repeater 控件是一个基本模板数据显示控件，该控件没有预先设置好的显示方式，即没有内置的布局或样式，必须通过控件的模板指定其布局或样式。喜欢使用 HTML 标记编写代码的用户尤其钟爱 Repeater 控件。它的模板与 DataList 类似，具体如表 7-12 所示。

表 7-12　Repeater 控件模板

模　板	说　明
ItemTemplate	定义列表中项的内容和布局，此模板必选
AlternatingItemTemplate	决定交替项的内容和布局
HeaderTemplate 和 FooterTemplate	决定列表的开始和结束处呈现的内容和布局
SeparatorTemplate	在每行之间呈现的元素，如换行符号
、行横线<HR>等

下面将通过实例讲解如何使用 Repeater 控件来显示数据源中的项。

(1)　打开站点 ch07，新建 Web 页面 eg07_9.aspx，添加一个 Repeater 控件。

(2)　因为 Repeater 控件没有可视化编辑模板，所以要切换到【源】代码，即 HTML 标记设计页面，添加各模板项。具体代码如下。

```
<HTML xmlns="http://www.w3.org/1999/xHTML" >
<head runat="server">
    <title>无标题页</title>
</head>
<body>
    <form id="form1" runat="server">
    <div>
        <asp:Repeater ID="Repeater1" runat="server">
        <HeaderTemplate >
        <table >
        <tr>
         <td >学号</td><td>姓名</td><td>年龄</td><td>性别</td><td>系别</td>
        </tr>
         </table>
        </HeaderTemplate>
        <ItemTemplate >
         <table >
        <tr ><td ><%# Eval ("sNo") %></td>
        <td><%# Eval ("sName") %></td>
        <td><%# Eval ("sAge") %></td>
        <td><%# Eval ("sSex") %></td>
        <td><%# Eval ("dept") %></td></tr>
        </table>
        </ItemTemplate>
```

```
        <SeparatorTemplate >
        <hr/>
        </SeparaterTemplate>
    <AlternatingItemTemplate >
    <table >
    <tr bgcolor="teal">
    <td ><%# Eval ("sNo") %></td>
    <td><%# Eval ("sName") %></td>
    <td><%# Eval ("sAge") %></td>
    <td><%# Eval ("sSex") %></td>
    <td><%# Eval ("dept") %></td>
    </tr>
    </table>
    </AlternatingItemTemplate>
    </asp:Repeater>
    </div>
    </form>
</body>
</HTML>
```

代码说明如下。

在 HTML 代码中，通过 HeaderTemplate 指定表格的列标题，通过 SeparaterTemplate 指定表中各行数据间的分隔符，其中<hr>标记表示水平线，通过 ItemTemplate 设置每行数据，通过 AlternatingItemTemplate 设置奇数项的数据，为了格式化数据，在各模板之间放了一个 <table>标记。

(3) 打开 eg07_9.aspx.cs 文件，为 Page 对象的 Load 事件添加处理代码。

```
protected void Page_Load(object sender, EventArgs e)
{
    Repeater1.DataSource = this.DataTb();
    Repeater1.DataBind();
}
public DataView DataTb()
{
    string str = "server=.;database=StudentDB;Trusted_Connection=true;";
    SqlConnection con = new SqlConnection(str);
    con.Open();
    SqlCommand cmd = new SqlCommand("select * from student", con);
    SqlDataAdapter dapt = new SqlDataAdapter(cmd);
    DataSet ds = new DataSet();
    dapt.Fill(ds, "student");
    DataView dv = ds.Tables["student"].DefaultView;
    return dv;
}
```

(4) 将 eg07_9.aspx 设置为起始页，运行程序，结果如图 7-54 所示。

在 HTML 标记中，使用 AlternatingItemTemplate 模板和 ItemTemplate 模板没有本质区别，在实际应用中，如果没有 AlternatingItemTemplate，则 ItemTemplate 显示所有数据，如果定义了 AlternatingItemTemplate，则 ItemTemplate 只显示偶数记录，而 AlternatingItemTemplate 显示奇数记录。注意，记录从 0 开始。

图 7-54　Repeater 控件运行效果

7.10　配置文件 Web.config

Web.config 文件是可选的，用来储存 ASP.NET Web 应用程序的配置信息，如设置 ASP.NET Web 应用程序的身份验证方式。它是一个 XML 文件，由标记和属性组成。一般情况下，创建一个网站，会自动添加 Web.config 文件，该文件位于根目录之下。若没有，可以在解决方案资源管理器中，右击站点文件，在弹出的快捷菜单中选择【添加】|【新建项】命令，在弹出的对话框中选择【Web 配置文件】选项，即可添加配置文件。

在解决方案资源管理器中，双击打开 Web.config 配置文件，其基本结构和内容如图 7-55 所示。

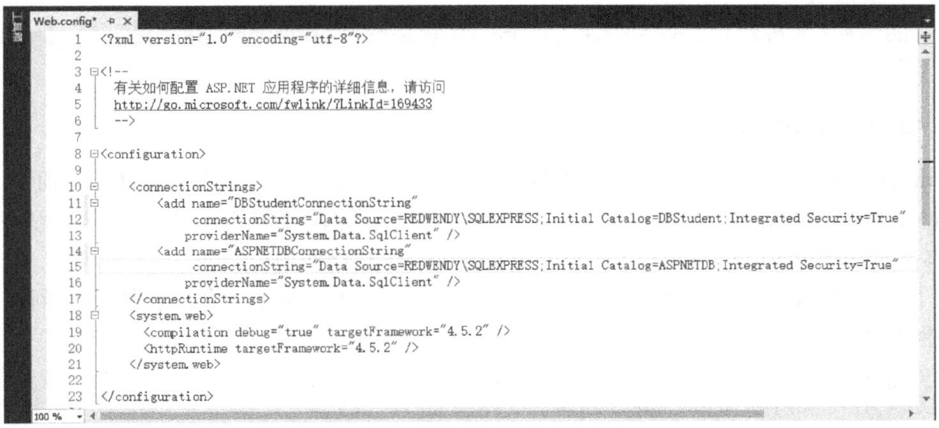

图 7-55　配置文件的基本结构

在该配置文件中，第 10～17 行是 7.9.1 和 7.9.2 小节中配置 SqlDataSource 控件时自动添加的节 connectionString。

Web.config 配置文件(默认的配置设置)以下所有的代码都应该位于节\<configuration\>和\</configuration\>之间，即 configuration 为根元素，其他的节都包含在它的内部。

ASP.NET 定义了一些标准节，这些标准节是系统已经定义好的节，可以直接使用。下面将详细介绍 Web.config 文件中常用的几个节。

1. < connectionString>节

\<connectionString\>节用来配置数据库的连接字符串，它有一个 add 标记，这个标记可以使用代码进行访问。在本章中，几乎大部分的例子都需要连接数据库，所以每个页面几乎都用到了连接字符串，代码如下所示。

```
string str = "server=.;database=StudentDB;Trusted_Connection=true;";
```

如果数据库的服务器、数据库名称或登录方式发生了改变，则该站点中所有连接字符串的属性都需要改变，因此可将连接字符串写在 Web.config 配置文件中。

图 7-55 所示的 Web.config 文件中配置了如下内容。

```
<connectionStrings>
    <add name="DBStudentConnectionString"
```

```
        connectionString="Data Source=REDWENDY\SQLEXPRESS;
            Initial Catalog=DBStudent;Integrated Security=True"
        providerName="System.Data.SqlClient" />
    <add name="ASPNETDBConnectionString"
        connectionString="Data Source=REDWENDY\SQLEXPRESS;
            Initial Catalog=ASPNETDB;Integrated Security=True"
        providerName="System.Data.SqlClient" />
</connectionStrings>
```

在上面的节中配置了数据库连接字符串，如果应用程序的数据库连接有所改变，只需改变此配置即可，具有很大的灵活性。

在程序中，若要访问此节中的各 name 属性，则需要通过 ConfigurationManager. ConnectionStrings 静态字符串集合来访问，以下代码可用来获取上面例子中建立的连接字符串。

```
string str = ConfigurationManager.ConnectionStrings["DBStudentConnectionString"].
ConnectionString;
```

2. <authentication>节

<authentication>节用来配置 ASP.NET 身份验证支持，其属性 mode 的值可设置为 Windows、Forms、PassPort 和 None 中的一种。该节只能在计算机、站点或应用程序的级别中声明。<authentication>节必须与<authorization> 节配合使用。

以下代码表示基于窗体 Forms 的身份验证配置站点，当没有登录的用户访问需要身份验证的网页时，网页将自动跳转到登录网页。

```
<authentication mode="Forms" >
<forms loginUrl="logon.aspx" name=".FormsAuthCookie"/>
</authentication>
```

其中元素 loginUrl 表示登录网页的名称，name 表示 Cookie 名称。

3. <authorization>节

<authorization>节用来控制对 URL 资源的客户端访问，如允许匿名用户访问。此节可以在任何级别(例如，计算机、站点、应用程序、子目录或页)上声明。此节必须与<authentication> 节配合使用。

以下代码可以禁止匿名用户的访问。

```
<authorization> <deny users="?"/>
</authorization>
```

可以使用 User.Identity.Name 来获取已经通过验证的当前的用户名，使用 Web.Security.FormsAuthentication.RedirectFromLoginPage 方法将已验证的用户重定向到用户刚才请求的页面。

4. <sessionState>节

<sessionState>节用来设置当前应用程序配置会话状态，如设置是否启用会话状态，以及会话状态保存位置。具体代码如下所示。

```
<sessionState mode="InProc" cookieless="true" timeout="20"/>
</sessionState>
```

mode="InProc"表示在本地储存会话状态。用户也可以选择储存在远程服务器或 SAL 服务器中或不启用会话状态。

cookieless="true"表示如果用户浏览器不支持 Cookie 时就会启用会话状态，默认为 false。

timeout="20"表示会话可以处于空闲状态的分钟数。

5. <customErrors>节

<customErrors>节用来为 ASP.NET 应用程序提供有关自定义错误信息的信息。它不适用于 XML Web Services 中发生的错误。

当发生错误时，将网页跳转到自定义的错误页面的示例代码如下。

```
<customErrors defaultRedirect="ErrorPage.aspx" mode="RemoteOnly"></customErrors>
```

其中，元素 defaultRedirect 表示自定义的处理错误的网页名称，mode 元素表示对不在本地 Web 服务器上运行的用户显示自定义(友好的)信息。

6. <httpRuntime>节

<httpRuntime>节用来配置 ASP.NET HTTP 运行库设置。该节可以在计算机、站点、应用程序和子目录级别中声明。

以下代码用来控制用户上传文件最大为 4MB，最长时间为 60 秒，最多请求数为 100。

```
<httpRuntime maxRequestLength="4096" executionTimeout="60" appRequestQueueLimit="100"/>
```

7.11　程　序　调　试

在编写程序时，有些错误，如语法错误，Visual Studio 开发工具能直观地帮助我们找出错误的位置和信息。但是有些逻辑错误在编译期间是正确的，在运行时则又出现了错误，或者是程序能正常运行，但跟预期的结果不一样。这些问题对初学者来说是不易发现的，这就需要我们对程序进行调试。要调试一个应用程序，应先设置断点，程序中任意一个可执行的代码行都能设置为有效的断点。

1. 设置断点

在.cs 文件代码行中，双击行号左边的灰色边框，可以为该行设置断点，如图 7-56 所示。再次双击，或单击鼠标右键，在弹出的快捷菜单中选择【删除断点】命令，均可取消该断点。设置好的断点以红色小圆点标识，且该行以红色为背景高亮度显示，如图 7-56 所示的第 75 行设置的断点。

```
71          int sAge = int.Parse(TXTAge.Text.Trim());
72          string dept = txtDept.Text;
73          //要执行的SQL语句
74   //     string sqlStr = "insert into student(sNo, sName, sSex, sAge, dept) values
75          string sqlStr = string.Format("insert into student(sNo, sName, sAge, sSex
76          //调用自定义方法Excute()执行插入命令
77          if (this.Excute(sqlStr))
78          {
79              Response.Write("<script>alert('插入成功')</script>");
80              this.DataBd("");
81          }
82          else
83          {
84              Response.Write("<script>alert('数据出错！')</script>");
85          }
```

图 7-56　设置断点

2. 启动调试

直接运行程序，或按功能键 F5，当程序运行到设置了断点的代码行时，则自动进入调试状态。此时，程序首先执行断点处的代码，并且小圆点内多了一个黄色的向右箭头，代码行以黄色背景高亮度显示，表示程序调试到这里了，如图 7-57 所示。如果程序中有多个断点，继续按功能键 F5 将执行下一个断点，注意不管中间是否有代码，功能键 F5 都会顺序执行到下一个断点，如果没有断点了，按功能键 F5 将跳转到正常运行状态。

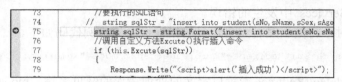

图 7-57　调试断点

同时，在工具栏中多了一组用于调试的按钮，这些按钮可逐语句或逐过程执行代码，如图 7-58 所示。此外，可直接按功能键进行调试，如按功能键 F11 表示逐语句调试，即一条语句一条语句执行，行号前的小箭头和高亮度的黄色背景显示了被执行的代码行，如图 7-59 所示。若碰到方法，如第 77 行的 Excute()方法，则跟踪到该方法的内部继续执行。而功能键 F10 表示逐过程调试，代码中若无方法，则执行过程与功能键 F11 相同，区别是当执行到第 77 行的 Excute()方法时，功能键 F10 直接执行该方法的返回结果，不跟踪内部代码。

图 7-58　调试按钮

```
72          string dept = txtDept.Text;
73          //要执行的SQL语句
74     //    string sqlStr = "insert into student(sNo, sName, sSex, sAge
75          string sqlStr = string.Format("insert into student(sNo, sNa
76          //调用自定义方法Excute()执行插入命令
77          if (this.Excute(sqlStr))  已用时间 <=2ms
78          {
79              Response.Write("<script>alert('插入成功')</script>");
80              this.DataBd("");
81          }
82          else
```

图 7-59　调试断点

3. 变量窗口

Visual Studio 有多种方法查看调试过程中变量值的变化，在调试程序时，观察这些变量的变化有助于发现程序中出现的逻辑错误，并进行相应的修改。

(1)　【局部变量】窗口：默认情况下，只要程序处于调试状态，在左下角就会打开【局部变量】窗口，如图 7-60 所示。

(2)　【监视】窗口：若想单独查看或监视某个变量值的变化，可打开左下角的【监视】窗口，输入要监视的变量进行查看，如图 7-61 所示。

若想即时查看变量的变化，还可以选择该变量，单击鼠标右键，在弹出的快捷菜单中选择【快速监视】命令，打开【快速监视】对话框，如图 7-62 所示。

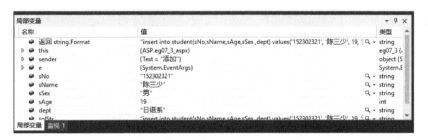

图 7-60　【局部变量】窗口

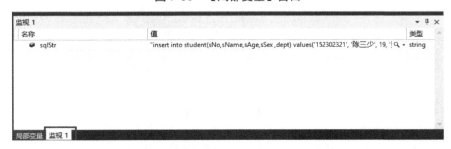

图 7-61　【监视】窗口

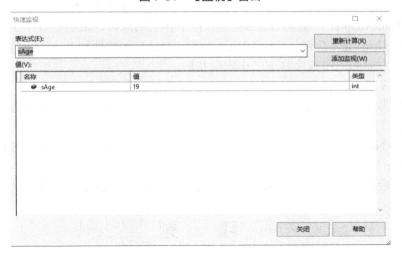

图 7-62　【快速监视】对话框

（3）Visual Studio 提示：在调试过程中，若某行代码已被执行，可将鼠标指针移至变量处，Visual Studio 则会提示该变量的值，如图 7-63 所示。鼠标指针移至提示处，单击 ![] 按钮，打开如图 7-64 所示的【文本可视化工具】对话框，可看清楚该变量的值。

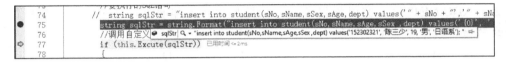

图 7-63　Visual Studio 提示

图 7-64　【文本可视化工具】对话框

小　结

本章详细介绍了 Web 数据库应用程序的开发流程。从 Connection 对象入手，介绍了 ADO.NET 访问数据库的方式，主要以 SQL Server 服务器为例，对 Command 对象、DataReader 对象，以及 DataAdapter 对象和 DataSet 对象作了详细的探讨。最后，介绍了 4 种数据显示控件，分别是 GridView 控件、DetailsView 控件、DataList 控件和 Repeater 控件，为用户今后开发数据库方面的应用程序打下了牢固的基础。

本章重点及难点：

(1)　SQL 数据库的基础知识，使用 SQL Server 创建数据库、数据表的方法。

(2)　ADO.NET 的基本概念和 ADO.NET 数据库应用程序的开发流程。

(3)　ADO.NET 数据提供程序及其核心对象 SqlConnection、SqlCommand、SqlDataAdapter 等的使用方法。

(4)　基本数据控件 DetailsView、GridView、DataList、Repeater 的使用方法。

习　题

一、选择题

1.　指出下列 ADO.NET 对象中连接数据库的对象是(　　)。

　　A. Connection 对象　　　　　　　　　B. Command 对象

　　C. DataSet 对象　　　　　　　　　　　D. DataReader 对象

2.　ADO.NET 命名空间提供了多个数据库访问操作的类，其中(　　)提供了 SQL Server 数据库设计的数据存取类。

　　A. System.Data　　　　　　　　　　　B. System.Data.SqlClient

　　C. System.Data.Sql　　　　　　　　　D. System.Web

3.　Command 对象中的 CommandText 属性表示(　　)。

　　A. 获取或设置对数据源执行的 SQL 命令

　　B. 获取或设置 Command 对象连接的数据库

C. 取消对 Command 对象的执行

D. 以上说法都不对

4. 若要使得 GridView 控件具有排序功能，需设置其(　　　)属性。

A. ID   B. PageSize

C. AllowSorting   D. AllowPaging

二、填空题

1. DataGrid Web 服务器控件以_____形式的布局显示数据，功能非常强大，提供了分页、排序、编辑等功能，大大简化了 Web 应用程序的开发过程。

2. ADO.NET 访问数据源的方式有两种，其中一种是通过_____对象，它是读取数据的最简单的方式，只能进行读取，且只能是按顺序从头到尾依次读取数据流。

3. ADO.NET 的两个核心组件分别是.NET 数据提供者和_____。

4. 进行数据访问时，DataSet 可以独立于任何数据源，它采用的是_____的模式。

5. 数据读取器 DataReader 对象是一个简单的数据集，用于从数据源中检索_____、_____的数据流。

6. 在 SqlConnection 对象中可以使用_____属性来获取或设置打开 SQL 数据库的连接字符串。

三、问答题

1. 简要说明使用 DataReader 对象访问数据库的优缺点。

2. 举例说明数据显示控件 GridView、DataList、Repeater 三种控件的作用和适用场合。

3. ASP.NET 应用程序中通过 ADO.NET 访问数据需要引入哪些命名空间？

4. 简述 DataSet 对象的功能。

四、上机操作题

仿照本章例子，设计一个 ASP.NET Web 页面，使用 GridView 控件显示数据，且通过各种数据库对象(如 Connection 对象、Command 对象、DataAdapter 对象、DataSet 对象)进行数据库的访问，实现增加、删除、修改、查询等操作(本章 7.9.2 小节的例子是通过控件进行数据库操作的)。

 微课视频

扫一扫，获取本章相关微课视频。

7-1 ADO.NET 概述.wmv　　　　7-2 Connection 对象(一).wmv　　　　7-3 Connection 对象(二).wmv

7-4 DataReader 对象.wmv

7-5 Command 对象-insert.wmv

7-6 Command 对象-Update.wmv

7-7 Command 对象-Delete.wmv

7-8 Command 对象-总结.wmv

7-9 DataSource 数据源控件.wmv

7-10 GridView 数据控件.wmv

7-11 DetailView 数据控件.wmv

7-12 DataSet 对象(一).wmv

7-13 DataSet 对象(二).wmv

7-14 GridView 控件-选择.wmv

7-15 GridView 控件-删除.wmv

7-16 GridView 控件-全选功能.wmv

7-17 DataList 控件-介绍.wmv

7-18 DataList 控件-数据绑定.wmv

7-19 DataList 控件-超级链接.wmv

7-20 Repeater 控件.wmv

7-21 总结与调试.wmv

第 8 章　注册和登录模块

本章将为读者介绍 Web 应用程序中常用的模块：带有验证信息功能的注册和登录模块。用户登录和注册是浏览网站时经常遇到的，其主要功能是进行用户的身份验证，确认用户是否有权限访问网站。在这些页面中，常会碰到一些验证信息，除了验证控件外，还可以通过设置验证码来保证系统的安全性。本章将详细介绍登录和注册模块的设计过程。

本章学习目标：

◎　熟练掌握 ASP.NET 中的 GDI+绘图功能，掌握 Graphics 类的使用。

◎　了解验证码的产生和处理过程。

◎　熟练掌握 ADO.NET 数据库的基本操作。

◎　熟练掌握各验证控件的使用方法。

8.1　设　计　思　想

开发人员在开发网站过程中经常需要用到注册和登录模块。注册和登录模块一般由 3 个主要的功能页面组成：登录页面、注册页面和修改密码页面。在登录页面中，用户可以输入账号、密码和验证码，提交给系统作为身份验证，如果通过验证，就登录系统；否则，进行出错处理；注册页面主要提供新增用户的功能，在该页面中，用户填写必要的信息，如用户名、密码、QQ 信息、E-mail 等，提交给系统，如提交成功，则在数据库中添加此用户，以后该用户就可以使用该用户名和密码登录此系统；修改密码页面主要提供让用户进行修改密码的功能，用户可以在此页面修改以前的密码。

设计这些模块时，为了保证它的安全性和合理性，可以通过验证控件来验证用户输入信息的有效性和合法性，还可以通过设置一些验证码来保证其安全性。这些验证码是通过对预定的文字或字母进行随机组合而产生的，当用户输入正确的验证码时，将登录成功，反之则登录失败。本章将在登录页面中添加验证码图片。

在本程序中，将建立 10 个文件和 5 个页面，主要的难点是 ADO.NET 数据库编程和验证码的产生。注册和登录模块的文件结构图如图 8-1 所示。

(1) Login.aspx 文件：登录页面，输入验证码等信息。

(2) Login.aspx.cs 文件：用于执行后台程序，当输入的验证码等信息都正确时，显示登录成功界面，执行相应的操作。

(3) ValidateCode.aspx 文件：验证输入信息是否是与验证码相匹配的页面。

图 8-1　文件结构图

(4) ValidateCode.aspx.cs 文件：用于执行后台程序，完成验证码的产生和图片的生成。

(5) Success.aspx 文件：登录成功页面。

(6) Success.aspx.cs 文件：执行后台程序，在此程序中基本没有代码。

(7) Regedit.aspx 文件：用户注册页面，用于输入用户的基本信息。

(8) Regedit.aspx.cs 文件：执行用户注册的后台程序，当输入用户基本信息时，将数据添加到数据库中。

(9) changePswd.aspx 文件：修改密码页面，主要用于输入用户的新旧密码。

(10) changePswd.aspx.cs 文件：用于执行后台程序，修改用户的旧密码。

8.2 ASP.NET 的图像处理

在使用 ASP 的时候，时常要借助第三方控件来实现一些图像功能。而现在，随着 ASP.NET 的推出，已经没有必要再使用第三方控件，因为 ASP.NET 已经具有强大的功能来实现一些图像处理。本节将简单介绍 ASP.NET 中的图像处理功能，为验证码图片的产生作准备。

在 ASP.NET 中，System.Drawing 命名空间提供了对 GDI+ 基本图形功能的访问。利用 GDI+绘制图形的时候，使用的是 System.Drawing 名称空间下的重要类：Graphics 类。可以用 Graphics 类绘制曲线、线条、矩形、椭圆、文本等。System.Drawing 名称空间下还有一个重要的类：Bitmap 类。Bitmap 类封装了 GDI+ 位图，此位图由图形图像及其属性的像素数据组成，用于处理由像素数据定义的图像的对象。

定义 Bitmap 对象的格式如下。

```
Bitmap image = new Bitmap(宽度,高度);
```

例如：

```
Bitmap image = new Bitmap(150,50);
```

表示定义一个 150×50 的位对象，即图像的画布大小。

定义了画布大小后，就可以在此画布上创建图像了，如：

```
Graphics g = Graphics.FromImage(image);
```

表示在 image 画布上创建图像 g。还可以为图像 g 设置背景色，如：

```
g.Clear(Color.yellow);
```

表示设置图像的背景色为黄色，其中，Clear 方法表示清除原来的颜色，并用 Color.yellow 颜色进行填充。

Graphics 对象的 DrawString 方法表示用指定的格式在指定的矩形上绘制指定的文本字符串。如：

```
Font f=new Font ("宋体",15,FontStyle.Bold);
Brush b=new SolidBrush(Color.Blue );
Point p = new Point(3,5);
g.DrawString("C#.NET Web 编程", f, b, p);
```

其中，Font 类用来绘制文本，它封装了字体的 3 个主要特性：字体系列、字体大小和字体样式。Font 类在 System.Drawing 名称空间中，其构造方法如下。

```
public Font(FontFamily family, float emSize, FontStyle style);
```

Brush 类用来绘制图形，如矩形、椭圆、饼形图和多边形。Brush 类是一个抽象的基类，要实例化一个 Brush 对象，应使用派生于 Brush 的类，如 SolidBrush 类，用一种单色填充图形。除此之外，还可以用 TextureBrush 类和 LinearGradientBrush 类。TextureBrush 类表示用位图填充图形，而 LinearGradientBrush 类封装了一个画笔，该画笔可以绘制两种颜色渐变的图形。其中，SolidBrush 类在 System.Drawing 名称空间中，而 TextureBrush 类和 LinearGradientBrush 类在 System.Drawing.Drawing2D 名称空间中。SolidBrush 类的构造方法如下。

```
public SolidBrush( Color color);
```

其中，Color 表示画笔的颜色。

Point 类用来绘制一个点，其构造方法如下。

```
public Point(int x, int y);
```

其中，参数 x 表示横坐标，参数 y 表示纵坐标。

新建站点 ch08，新建 Web 页面 GraphicsTest.aspx，在 Page_Load 方法中添加如下代码，表示在 Web 页面绘制一个矩形图形，且显示文字 "ASP.NET Web 编程"。

```
protected void Page_Load(object sender, EventArgs e)
{
    Bitmap image = new Bitmap(200,50);
    Graphics g = Graphics.FromImage(image);
    g.Clear(Color.Yellow);
    Font f=new Font ("宋体",15,FontStyle.Bold);
    Brush b=new SolidBrush(Color.Blue );
    Point p = new Point(3,5);
    g.DrawString("ASP.NET Web 编程", f, b, p);
    MemoryStream ms = new MemoryStream();
    //将图形以 Jpeg 格式保存到 ms 流中
    image.Save(ms, System.Drawing.Imaging.ImageFormat.Jpeg);
    Response.ClearContent();//清除缓冲区的所有输出
    Response.ContentType = "image/Jpeg";//获取输出流的类型为 Jpeg 图片
    Response.BinaryWrite(ms.ToArray());
    image.Dispose();
    g.Dispose();
}
```

代码说明如下。

程序中的 MemoryStream 类用来创建其支持存储区内存的流；image 对象的 Save 方法用来将该图像保存到指定的流中；Response 对象的 ClearContent 方法用来清除缓冲区的所有输出；ContentType 属性用来获取或设置输出流的类型；BinaryWrite 方法用来将一个二进制字符串写入 HTTP 输出流。

注意，在程序的最后，Graphics 对象总是要调用 Dispose() 方法来释放资源，否则应用程序就可能耗尽 Windows 资源，致使 Windows 运行非常缓慢。

运行界面如图 8-2 所示。

图 8-2　图像运行界面

在 GDI+ 绘图操作中，还会经常绘制线条。在 ASP.NET 中，使用 Pen 类来绘制线条，该类定义了代码绘图时的颜色、线宽和线条的样式。Pen 类在 System.Drawing 命名空间中。

```
Pen pe = new Pen(Color .Black,4);
g.DrawLine(pe,new Point (0,0),new Point (200,50));
```

以上代码段定义了一个 Pen 的对象 pe，即定义了一条黑色 4 像素粗的线条。而 Graphics 对象的 DrawLine 方法表示绘制一条连接两个点的直线，如上例中就是连接点(0, 0)和(200, 50)的直线。

将以上两条代码加在 Graphics.aspx 页面的 Page_Load 方法中，运行程序，会得到图 8-3 所示的界面。

图 8-3　线条运行界面

8.3　注册和登录模块的实现过程

注册和登录模块包括用户登录模块、用户注册模块和修改密码模块三部分，下面将通过一个例子详细介绍这三部分的设计。

8.3.1　用户登录模块设计

首先设计用户登录的界面，此界面中包含验证码。

在用户登录页面中，在生成的图片上随机显示几位数字或字母，供用户输入。当用户输入正确的信息且验证码也正确时，显示登录成功的页面。否则验证失败，弹出信息出错的提示对话框。

具体步骤如下。

(1) 在企业管理器中创建数据库 DBstudent，创建表 userTable，表中包含 4 个字段，如表 8-1 所示(读者可以再增加几个字段)。

表 8-1　userTable 表的字段

字　段	数据类型	约　束	说　明
userID	varchar	主键	用户名
userPsd	varchar		密码
QQ	varchar		QQ 信息
E-mail	varchar		电子邮件

输入几组数据，如图 8-4 所示。

(2) 新建站点 ch08，新建 Web 页面 Login.aspx，在设计页面中选择【表】|【插入表格】命令，在弹出的【插入表格】对话框中设置表格的行数和列数，如图 8-5 所示。(登录界面也可采用第 2 章第 2.4.2 节中的布局，这里为简单起见，直接通过添加表格实现。)

(3) 设置完成后，单击【确定】按钮，在表格的单元格中输入合适的文字，在各单元格内添加 3 个 TextBox 控件、1 个非空验证控件、1 个 ImageButton 控件、1 个 Label 控件、

2 个 Button 控件，调整各控件的大小和位置，如图 8-6 所示。

	userID	userPsd	QQ	E-mail
▶	redwendy	123456	123454321	redwe@126.com
	王源	122	222112344	wang@126.com
	杨洋	444	3214532233	yang@sina.com
	张华	333	3454223434	zhang@126.com
*	NULL	NULL	NULL	NULL

REDWENDY\SQLEXP... - dbo.userTable REDWENDY\SQLEXP... - dbo.userTable

图 8-4　用户表数据

图 8-5　插入表

图 8-6　登录界面设置

(4) 打开源码设计界面，即 HTML 代码界面，在第 7 行的第 2 个单元格中添加两个 <a>标记，表示当单击【注册新用户】超链接时链接到 Regedit.aspx 页面，当单击【修改密码】超链接时链接到 changePswd.aspx 页面(这两个页面将在后面陆续介绍)。登录页面的源代码如下。

```html
<html xmlns="http://www.w3.org/1999/xhtml">
<head runat="server">
<meta http-equiv="Content-Type" content="text/html; charset=utf-8"/>
   <title>用户登录</title>
</head>
<body style="text-align :center">
   <form id="form1" runat="server">
   <div style=" border: 2px groove #0000FF; margin: auto; width :400px;">
    <table style="width: 100%; height: 320px">
     <tr>
      <td style="text-align: center; font-size: xx-large;background-color: #C0C0C0;
         height: 92px;" colspan="2">
              用户登录</td>
    </tr>
    <tr>
    <td style="text-align: right;   height: 30px; width: 141px;" >
            用户名: </td>
     <td style="width: 300px; height: 21px; text-align: left;">
      <asp:TextBox ID="txtName" runat="server" Width="152px"></asp:TextBox>
```

```
        <asp:RequiredFieldValidator ID="rfvNull" runat="server" ControlToValidate=
            "txtName" ErrorMessage="用户名不能为空" Font-Size="Small">
            </asp:RequiredFieldValidator></td>
    </tr>
    <tr style="font-size: 12pt; color: #000000">
    <td style="text-align: right;  height: 30px; width: 141px;" >
               密  码: </td>
      <td style="width: 300px; height: 18px; text-align: left;">
      <asp:TextBox ID="txtPasswd" runat="server" TextMode="Password" Width="151px">
          </asp:TextBox></td>
     </tr>
      <tr  style="font-size: 12pt">
      <td rowspan="2" style="text-align: right;width: 141px;height: 30px;" >
               验证码: </td>
      <td style="width: 300px; height: 43px">
      <asp:ImageButton ID="IbtnCode" runat="server"
           ImageUrl="~/ValidateCode.aspx"
           OnClick="ImageButton1_Click" />
       <asp:Label ID="Label1" runat="server" Font-Size="Small" ForeColor="Blue"
            Text="看不清? 点击换一张"></asp:Label></td>
     </tr>
      <tr style="font-size: 12pt">
      <td style="width: 300px; height: 43px; text-align: left;">
      <asp:TextBox ID="txtCode" runat="server" Width="139px"></asp:TextBox></td>
     </tr>
      <tr style="font-size: 12pt">
      <td style=" height: 27px;">
      </td>
      <td style="width: 300px; height: 27px;">
      <asp:Button ID="btnOK" runat="server" Text="登录" OnClick="Button1_Click" />
      <asp:Button ID="btnClear" runat="server" Text="重置" OnClick="btnClear_Click" />
      </td>
      </tr>
       <tr style="font-size: 12pt" >
       <td colspan="2" style="background-color: #CCCCCC" >
        <a href="Regedit.aspx" style="font-size:12px">注册新用户</a>
         <a href="changePswd.aspx" style="font-size:12px">修改密码</a>
        </td>
      </tr>
    </table>
   </div>
   </form>
</body>
</html>
```

各控件的属性设置如表 8-2 所示。

表 8-2　各控件的属性设置

控件类型	控件名称	属　　性	设置结果
TextBox	TextBox1	ID	txtName
	TextBox2	ID	txtPasswd
		TextMode	Password
	TextBox3	ID	txtCode
Button	Button1	ID	btnOK
		Text	登录

控件类型	控件名称	属　性	设置结果
Button	Button2	ID	btnClear
		Text	重置
RequireFieldValidator	RequireFieldValidator1	ID	rfvNull
		ControlToValidate	txtName
ImageButton	ImageButton1	ID	IbtnCode
Label	Label1	Text	看不清？点击换一张

(5) 在解决方案资源管理器中右击 ch08 站点，新建 Web 页面 ValidateCode.aspx，打开 ValidateCode.aspx.cs 文件。首先要在 ValidateCode.aspx.cs 中产生一个随机码，这个随机码由 4 个字符串组成，而这些字符串来自预先定义好的字符串数组。通过产生一些随机数值得到每个字符串在字符数组中的下标值，然后将这些字符串组合在一起组成随机码。

产生随机码的函数为 createRandomCode(int codeCount)，代码如下。

```
private string createRandomCode(int codeCount)
{
string str = "我,是,没,高,天,地,聊,材,盆,浊,小,涯,尖,欠,猪,左,腿,刀,吃,渴,棍,皮,影,歇,
草,营,救,税,说,坏,通,病,二,世,期,春,季,弄,刑,事,警,强,窝,菜,干,什,前,都,哭,拉,面,鱼,文,
鬼,或,热,狗,蛋,毛,笔,网,件,构,试,社,帮,耐,烧,粘,苹,鞋,板,裳,花,海,题,
A,E,f,r,9,0,K,2,4,7,1,3,q,W,y,u,v,x,P,s,a,D,8,5,T";
    string[] codeChar = str.Split(',');
    string randomCode = "";
    int temp = -1;
    Random r = new Random();
    for (int i = 0; i < codeCount; i++)
    {
        if (temp != -1)
        {
            r = new Random(i * temp * ((int)DateTime.Now.Ticks));
        }
        int t = r.Next(101);
        if (temp == t)
        {
            return createRandomCode(codeCount);
        }
        temp = t;
        randomCode += codeChar[t];
    }
Session["checkCode"] = randomCode;
return randomCode;
}
```

代码说明如下。

在程序中，字符串 str 是预定义的字符串，字符串变量的 Split 方法表示以某字符作为分隔符分离字符串，以上的例子就是采用 "," 作为分隔符，将每个字符串分离出来，并赋给字符串数组 codeChar。

随机数类 System.Random 提供以下方法用于产生各种随机数以满足不同的要求，如表 8-3 所示。

使用随机数类 System.Random 前必须先声明。使用 Nextbytes(byte())方法前也必须声明字节数组。

表 8-3　System.Random 类的各种方法

序　号	方法名称	功能描述
1	Next()	返回一个 0~2 147 483 647 之间的整数
2	Next(i)	返回一个 0~i 之间的整数
3	Next(i,j)	返回一个 i~j 之间的整数
4	Nextdouble()	返回一个 0~1 之间的随机小数
5	Nextdouble(byte())	用 0~255 之间的随机整数作为字节数组中各元素的值

例如，要生成一个 100 以内(包括 100)的随机数，可以使用如下语句。

```
Random  r=new Random();
int  randomnum=r.Next(101);
```

在程序中，codeCount 变量表示要产生随机数的个数，DateTime.Now.Ticks 属性表示当前时间的刻度数，整个语句表示根据当前时间的刻度数产生一个随机数种子，然后通过变量 t 获取 100 以内(包括 100)的随机整数，作为字符串数组 codeChar 的下标值。

randomCode 字符串将随机获取的 codeCount 位字符串组合起来，作为最后的随机码。

(6) 要想在 ValidateCode.aspx 页面中产生一个放置随机码的图片，就要在 ValidateCode.aspx.cs 文件中添加一个产生带有随机码图片的方法：createImage(string)，其代码如下。

```
private void createImage(string randomCode)
{
    //创建一个图形，也可以直接定义图片的高和宽
    int imageWidth = (int)(randomCode.Length * 25);
    Bitmap image = new Bitmap(imageWidth, 40);
    Graphics g = Graphics.FromImage(image);
    Random rand = new Random();
    //定义颜色
    Color[] c = { Color.Black, Color.Red, Color.DarkBlue, Color.Green, Color.Orange,
        Color.Brown, Color.DarkCyan, Color.Purple };
    //定义字体
    string[] font = { "Times New Roman", "隶书", "幼圆", "Arial", "宋体" };
    //输出不同字体和颜色的验证码字符
    g.Clear(Color.White);  //清除原来颜色
    for (int i = 0; i < randomCode.Length; i++)
    {
        int cindex = rand.Next(8);
        int findex = rand.Next(5);
        int sindex = rand.Next(10, 20);
        Font f = new Font(font[findex], sindex, FontStyle.Bold);
        Brush b = new SolidBrush(c[cindex]);
        //指定每一个字符的格式
        int ii = 4;
        if ((i + 1) % 2 == 0)
        {
            ii = 2;
        }
        g.DrawString(randomCode.Substring(i, 1), f, b, i * 22, ii);
        //第 1 个参数表示显示的字符，第 2、3 个参数分别表示字体和颜色
        //第 4 个参数表示离原点的距离(x 坐标)，第 5 个参数表示纵坐标(y 坐标)
    }
    //画图片的背景噪音线
```

```
for (int i = 0; i < 4; i++)
{
    int x1 = rand.Next(image.Width);
    int x2 = rand.Next(image.Width);
    int y1 = rand.Next(image.Height);
    int y2 = rand.Next(image.Height);
    g.DrawLine(new Pen(Color.Silver), x1, y1, x2, y2);
}
//画图片的前景噪音点
for (int i = 0; i < 100; i++)
{
    int x = rand.Next(image.Width);
    int y = rand.Next(image.Height);
    image.SetPixel(x, y, Color.FromArgb(rand.Next()));
}
//画图片的边框线
g.DrawRectangle(new Pen(Color.Silver), 0, 0, image.Width - 1, image.Height - 1);
MemoryStream ms = new MemoryStream();
//将图形以 Jpeg 格式保存到 ms 流中
image.Save(ms, System.Drawing.Imaging.ImageFormat.Jpeg);
Response.ClearContent();//清除缓冲区的所有输出
Response.ContentType = "image/Jpeg";//获取输出流的类型为 Jpeg 图片
Response.BinaryWrite(ms.ToArray());
g.Dispose();
image.Dispose();
}
```

代码说明如下。

程序首先声明画布 image，画布的大小为(randomCode.Length * 25) px × 40 px，即画布的高度为 40px，宽度根据随机码的长度而定。

接着声明了一个 Graphics 对象 g，指定其画布为 image。图像 g 中，字体系列通过 font 数组设置，在程序中随机产生每个字符串的字体系列和字体大小，字体样式为加粗。用户也可以随机获取字体样式，文本的字体颜色通过颜色数组 c 确定。

g.Clear(Color.White)语句设置画布的背景色为白色。语句 if ((i + 1) % 2 == 0){   ii = 2; }指定了每个字符串在图像中的纵坐标，即如果是偶数位的字符串，则纵坐标为 2px，如果是奇数位的字符串，则纵坐标为 4px。

Graphics 对象的 DrawLine 方法表示绘制一条连接两个点的直线，其构造方法为：

```
public void DrawLine(Pen pen, Point pt1, Point pt2);
```

或者

```
public void DrawLine(Pen pen, int x1, int y1, int x2, int y2);
```

前面的 DrawLine 方法绘制的是连接两个 Point 对象的直线，有 3 个参数，而后面的 DrawLine 方法有 5 个参数，其中后 4 个参数表示两个坐标对，两个点的横坐标和纵坐标根据画布大小随机产生。

image 对象的 SetPixel 方法用于绘制点并设置点的颜色，其构造方法如下。

```
public void SetPixel(int x, int y, Color color);
```

其中，x 参数表示要设置像素的横坐标，y 参数表示要设置像素的纵坐标，color 表示要分配给指定像素的颜色。语句 Color.FromArgb(rand.Next())中的 Color.FromArgb 方法表示从指定的 8 位颜色值(红、绿和蓝)中创建 System.Drawing.Color 的结构，其构造方法如下。

```
public static Color FromArgb(int argb);
```

8 位颜色值 ARGB 值的字节顺序为 AARRGGBB。由 AA 表示的最高有效字节(MSB)是 Alpha 分量值。由 RR、GG 和 BB 表示的第二、第三和第四个字节分别为红色、绿色和蓝色颜色分量。

Graphics 对象的 DrawRectangle 方法表示由坐标对、宽度和高度指定的矩形,其构造方法如下。

```
public void DrawRectangle (Pen pen,int x, int y, int width,int height);
```

Pen 类表示绘制的线条,x 和 y 表示坐标对,width 表示矩形的宽度,height 表示矩形的高度。在程序中以原点(0,0)为起点,矩形的宽度和高度分别是画布 image 的长和宽,画一个 Silver 色的边框线。

程序的最后将图形以 JPEG 格式保存到支持存储区为内存的流对象 ms 中,并通过 Response 对象将图像输出在 HTTP 流中,并显示在页面上。

(7) 打开 ValidateCode.aspx.cs 文件,为 Page 对象的 Load 事件添加处理代码,调用产生随机码的函数和产生带有随机码的图片的函数,代码如下。

```
protected void Page_Load(object sender, EventArgs e)
{
    string checkCode = createRandomCode(4);
    Session["checkCode"] = checkCode;
    this.createImage(checkCode);
}
```

代码说明如下。

程序中调用 createRandomCode(4)函数产生 4 位随机码,并将随机码保存在 Session 对象中,在 Login.aspx 页面中判断此 Session 对象值的正确性。最后创建含有随机码的图片。

(8) 打开 web.config 配置文件,在 configuration 节点的<connectionStrings>标记中添加数据库链接,代码如下。

```
<connectionStrings>
    <add name="conStr" connectionString="server=.;database=DBStudent;Trusted_Connection=True;"
    />
</connectionStrings>
```

(9) 打开 Login.aspx 页面,导入数据库操作的命名空间 System.Data.SqlClient 和 System.Configuration,双击【登录】按钮,添加 Button1 按钮的 Click 事件处理代码,代码如下。

```
protected void Button1_Click(object sender, EventArgs e)
{
    string name = txtName.Text.Trim();
    string pswd = txtPasswd.Text.Trim();
    string code = txtCode.Text.Trim();
    string str = ConfigurationManager.ConnectionStrings["conStr"].ConnectionString;
    SqlConnection con = new SqlConnection(str);
    con.Open();
    str = "select count(*) from userTable where userID='" + name + "' and userPsd
        ='" + pswd + "'";
    SqlCommand cmd = new SqlCommand(str, con);
    int count = Convert.ToInt32(cmd.ExecuteScalar());
    if (count > 0 && ((Session["checkCode"].ToString() == code)))
```

```
    {
        Response.Redirect("Success.aspx");
    }
    else if (Session["checkCode"].ToString() != code)
    {
        Response.Write("<script>alert('验证码不正确, 请检查输入信息');</script>");
    }
    else
    {
        Response.Write("<script>alert('登录不成功, 请检查输入信息');</script>");
    }
}
```

代码说明如下。

程序中通过 Connection 对象连接数据库, 通过 Command 对象执行 SQL 命令, 获取用户名和密码相匹配的记录个数, 如果存在这样的用户且在 Session 对象中保存的随机码与用户输入的验证码符合, 则打开 Success.aspx 页面, 否则, 弹出一个错误提示对话框。语句"Response.Write("<script>alert('登录不成功, 请检查输入信息');</script>");"表示输出一个脚本语言。

(10) 新建页面 Success.aspx, 输入文字"恭喜你, 登录成功!", 并添加一个<a>标记用来返回登录页面。登录成功界面如图 8-7 所示。

图 8-7　登录成功界面

(11) 打开 Login.aspx 页面, 设置 imageButton1 控件的 ImageUrl 属性为 ValidateCode.aspx, 双击 ImageButton1 按钮, 添加其 Click 事件的处理代码如下。

```
protected void ImageButton1_Click(object sender, ImageClickEventArgs e)
{
    IbtnCode.ImageUrl = "~/ValidateCode.aspx";
}
```

(12) 双击【重置】按钮, 为 btnClear 按钮的 Click 事件添加处理代码如下。

```
protected void btnClear_Click(object sender, EventArgs e)
{
    txtName.Text = "";
    txtPasswd.Text = "";
    txtCode.Text = "";
}
```

至此, 用户登录模块部分已设计完成。设置 Login.aspx 页面为起始页, 运行程序, 得到图 8-8 所示的界面。

当用户名为空时, 单击【登录】按钮, 得到图 8-9 所示的界面。

当验证码看不清时, 还可以单击图片重新生成带有验证码的图片, 输入正确的用户名、密码以及验证码, 单击【登录】按钮, 将弹出图 8-10 所示的界面。

单击【返回】按钮可以重新返回登录页面。当输入的密码或者验证码不正确时, 将弹出图 8-11 所示的对话框。

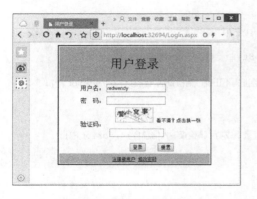

图 8-8　登录运行界面(1)

图 8-9　登录运行界面(2)

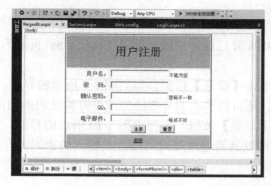

图 8-10　登录成功

图 8-11　登录不成功

8.3.2　用户注册模块设计

用户在登录界面中单击【注册新用户】超链接，将进入注册页面。当填入各项数据后，单击【注册】按钮，将在数据库中添加此用户。设计步骤如下。

(1)　在站点 ch08 中，新建页面 Regedit.aspx，添加一个 8 行 2 列的表格(方法与 8.3.1 小节中的 Login.aspx 页面的表格相同)，在单元格中输入合适的文字，在各单元格内添加 5 个 TextBox 控件，3 个验证控件，1 个 Button 控件，1 个<a>标记，href 属性设置为 Login.aspx 页面，调整各控件的大小和位置，如图 8-12 所示。

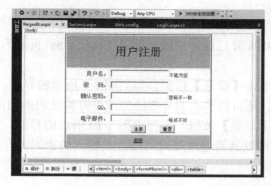

图 8-12　注册界面设计

各控件的属性设置如表 8-4 所示。

表 8-4　各控件的属性设置

控件类型	控件名称	属　　性	设置结果
TextBox	TextBox1	ID	txtName
	TextBox2	ID	txtPswd
		TextMode	Password
	TextBox3	ID	txtPswd2
		TextMode	Password
	TextBox4	ID	txtQQ
	TextBox5	ID	txtEmail
RequireFieldValidator	RequireFieldValidator1	ID	RfvName
		ControlToValidate	txtName
CompareValidator	CompareValidator1	ID	cvPswd
		ControlToValidate	txtPswd2
		ControlToCompare	txtPswd
RegularExpressionValidator	RegularExpressionValidator1	ID	RevEmail
		ControlToValidate	txtEmail
		ValidateExpression	设置为邮件格式

(2) 打开【源】代码页面，设置各控件和表格的样式，HTML 代码如下。

```html
<html xmlns="http://www.w3.org/1999/xhtml">
<head runat="server">
<meta http-equiv="Content-Type" content="text/html; charset=utf-8"/>
  <title>用户注册</title>

</head>
<body style="text-align :center">
  <form id="form1" runat="server">
  <div style=" border: 2px groove #0000FF; margin: auto; width :400px;">
  <table style="width: 100%; height: 320px">
  <tr>
  <td style="text-align: center; font-size: xx-large;background-color: #C0C0C0;
      height: 92px;" colspan="2">
          用户注册</td>
  </tr>
  <tr>
   <td style="text-align: right;  height: 30px; width: 141px;" >
          用户名: </td>
  <td style="width: 300px; height: 21px; text-align: left;">
  <asp:TextBox ID="txtName" runat="server" Width="152px"></asp:TextBox>
  <asp:RequiredFieldValidator ID="rfvNull" runat="server" ControlToValidate=
      "txtName"  ErrorMessage="不能为空" Font-Size="Small" ForeColor="Red">
      </asp:RequiredFieldValidator></td>
  </tr>
  <tr style="font-size: 12pt; color: #000000">
  <td style="text-align: right;  height: 30px; width: 141px;" >
          密  码: </td>
  <td style="width: 300px; height: 18px; text-align: left;">
```

```
            <asp:TextBox ID="txtPasswd" runat="server" TextMode="Password" Width="151px">
                </asp:TextBox></td>
        </tr>
        <tr style="font-size: 12pt; color: #000000">
         <td style="text-align: right;  height: 30px; width: 141px;" >
                    确认密码: </td>
         <td style="width: 300px; height: 18px; text-align: left;">
          <asp:TextBox ID="txtPswd2" runat="server" TextMode="Password" Width="151px">
                </asp:TextBox>
          <asp:CompareValidator ID="CompareValidator1" runat="server" ControlToCompare=
                "txtPswd" ControlToValidate="txtPswd2" ErrorMessage="密码不一致" Font-Size=
                "10pt" ForeColor="Red"></asp:CompareValidator>
         </td>
          </tr>
          <tr style="font-size: 12pt; color: #000000">
         <td style="text-align: right;  height: 30px; width: 141px;" >
                    QQ: </td>
         <td style="width: 300px; height: 18px; text-align: left;">
          <asp:TextBox ID="txtQQ" runat="server" Width="151px" ></asp:TextBox></td>
          </tr>
          <tr style="font-size: 12pt; color: #000000">
         <td style="text-align: right;  height: 30px; width: 141px;" >
                    电子邮件: </td>
         <td style="width: 300px; height: 18px; text-align: left;">
          <asp:TextBox ID="txtEmail" runat="server" Width="151px" ></asp:TextBox>
          <asp:RegularExpressionValidator ID="RegularExpressionValidator1" runat= "server"
                ControlToValidate="txtEmail" ErrorMessage="格式不对" Font-Size="10pt"
                ValidationExpression="\w+([-+.']\w+)*@\w+([-.]\w+)*\.\w+([-.]\w+)*"
                ForeColor="Red"></asp:RegularExpressionValidator>
          </td>
          </tr>
          <tr style="font-size: 12pt">
          <td style=" height: 27px;">
          </td>
          <td style="width: 300px; height: 27px;">
          <asp:Button ID="btnOK" runat="server" Text="注册" OnClick="Button1_Click" />
                   
         <asp:Button ID="btnClear" runat="server" Text="重置" OnClick="btnClear_Click" />
                   
         </td>
         </tr>
         <tr style="font-size: 12pt" >
         <td colspan="2" style="background-color: #CCCCCC ;font-size: small;" >
         <a href ="Login.aspx">返回</a></td>
          </tr>
            </table>
    </div>
    </form>
</body>
</html>
```

(3) 双击【注册】按钮，打开 Regedit.aspx.cs 页面。添加导入数据库操作的命名空间 System.Data.SqlClient，添加 Button1 按钮的 Click 事件处理代码如下。

```
protected void Button1_Click(object sender, EventArgs e)
{
    string name = txtName.Text.Trim();
    string pswd = txtPswd.Text.Trim();
    string pswd2 = txtPswd2.Text.Trim();
    string qq = txtQQ.Text.Trim();
    string email = txtEmail.Text.Trim();
```

```
try
{
    //连接数据库
    string str = ConfigurationManager.ConnectionStrings["conStr"].ConnectionString;
    SqlConnection con = new SqlConnection(str);
    con.Open();
    //执行数据库操作
    str = "insert into Usertable values('" + name + "','" + pswd + "','" + qq + "',
        '" + email + "')";
    SqlCommand cmd = new SqlCommand(str, con);
    cmd.ExecuteNonQuery();
    Response.Write("<script>
        alert('注册成功');window.open('Login.aspx'); </script>");
}
catch
{
    Response.Write("<script>alert('注册不成功，请检查输入信息');</script>");
}
}
```

(4) 保存所有文件，运行程序，在登录页面中单击【注册新用户】超链接，打开图 8-13 所示的【用户注册】界面。

图 8-13　【用户注册】界面

当用户名为空，密码不一致或电子邮件格式不正确时，验证控件将弹出错误信息，如图 8-14 所示。

图 8-14　注册信息错误时的界面

当信息都输入正确时，单击【注册】按钮，此用户的信息将会被加入到数据库中，且弹出提示注册成功的对话框，如图 8-15 所示。

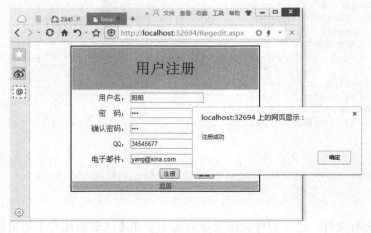

图 8-15　注册成功界面

8.3.3　修改密码模块设计

用户在登录界面单击【修改密码】超链接，进入修改密码页面。当填入各项数据后，单击【修改】按钮，将在数据库中修改用户的密码。设计步骤如下。

(1) 在站点 ch08 中，新建页面 changePswd.aspx，添加一个 7 行 2 列的表格，在单元格中输入合适的文字，在各单元格内添加 4 个 TextBox 控件，2 个 Button 控件，2 个验证控件，1 个<a>标记，href 属性设置为 Login.aspx 页面，调整各控件的大小和位置，如图 8-16 所示。

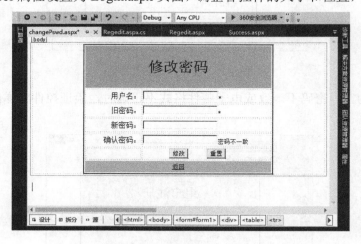

图 8-16　修改密码设计界面

各控件的属性设置如表 8-5 所示。

表 8-5 各控件的属性设置

控件类型	控件名称	属 性	设置结果
TextBox	TextBox1	ID	txtName
	TextBox2	ID	txtOldPswd
		TextMode	Password
	TextBox3	ID	txtNewPswd
		TextMode	Password
	TextBox4	ID	txtPswd2
		TextMode	Password
RequireFieldValidator	RequireFieldValidator1	ID	RfvName
		ControlToValidate	txtName
	RequireFieldValidator2	ID	RfvPswd
		ControlToValidate	txtOldPswd
CompareValidator	CompareValidator1	ID	cvPswd
		ControlToValidate	txtOldPswd
		ControlToCompare	txtPswd2

(2) 双击【修改】按钮，打开 changePswd.aspx.cs 文件，添加导入数据库操作的命名空间 System.Data.SqlClient，为 Button1 按钮的 Click 事件添加处理代码如下。

```
protected void Button1_Click(object sender, EventArgs e)
{
    string name = txtName.Text.Trim();
    string oldpswd = txtOldPswd.Text.Trim();
    string newpswd = txtNewPswd.Text.Trim();
    string pswd = txtPswd2.Text.Trim();
    try
    {
        //连接数据库
        string str = ConfigurationManager.ConnectionStrings["conStr"].ConnectionString;
        SqlConnection con = new SqlConnection(str);
        con.Open();
        //执行数据库操作，检查用户名和密码是否匹配
        str = "select count(*) from usertable where userID='" + name + "' ";
        SqlCommand cmd = new SqlCommand();
        cmd.Connection = con;
        cmd.CommandText =str;
        int count =Convert .ToInt32 ( cmd.ExecuteScalar());
        //当存在此用户，且密码和用户名正确时
        if (count > 0)
        {
            //更新数据库表中的密码
            str = "update usertable set userPsd='" + newpswd + "'where userID='" + name
                + "' and userPsd='" + oldpswd + "'";
            cmd.CommandText = str;
            cmd.ExecuteNonQuery();
            Response.Write("<script>alert('修改密码成功');</script>");
        }
        else
        {
```

```
            Response.Write("<script>alert('没有此用户或用户密码不匹配,请重新输入');</script>");
            txtName.Text = "";
            txtName.Focus();  // 鼠标指针定位在 txtName 控件
        }
    }
    catch
    {
        Response.Write("<script>alert('修改密码不成功, 请检查输入信息');</script>");
    }
}
```

(3) 保存所有文件,运行程序,在登录页面中单击【修改密码】超链接,打开如图 8-17
所示的【修改密码】界面。

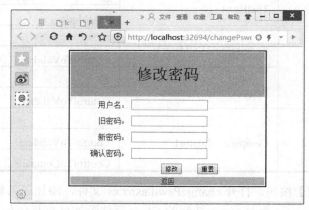

图 8-17　【修改密码】界面

当输入错误的用户名或者错误的旧密码时,将弹出图 8-18 所示的对话框。

在页面上输入正确的用户名和密码,单击【确定】按钮,即修改了对应用户的密码信
息并弹出提示修改成功的对话框。

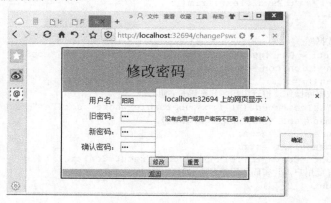

图 8-18　输入信息错误界面

至此,一个完整的登录和注册模块设计完成。读者可以在此模块的基础上进一步完善
功能,如增加用户管理、修改和删除不同权限用户等。

小　结

本章介绍了网站开发中常用的模块：注册和登录模块。首先介绍了产生验证码所涉及的 Graphics 类，并简要介绍了 ASP.NET 的图像处理过程，使读者对图像有个大概了解。在本章的 8.3 节，全面地讲解了注册和登录模块的实现过程，以及产生验证码的过程和 SQL Server 数据库存储数据的方法。本章还回顾了各验证控件的用法，以及 Session 会话对象的使用。

本章重点和难点：

(1) ASP.NET 的图像处理过程。

(2) 验证码的产生和图片的生成过程。

(3) 用户登录模块、用户注册模块、修改密码模块的实现过程。

(4) ADO.NET 数据库编程的基本操作。

习　题

一、选择题

1. 在 ASP.NET 中，(　　　)命名空间提供了对 GDI+ 基本图形功能的访问。

    A. System.Data   B. System.IO

    C. System.Drawing   D. System.From

2. (　　　)用来绘制一条线条。

    A. Pen 类   B. Point 类   C. Color 类   D. Graphics 类

3. (　　　)是用来定义位图的。

    A. Bitmap 类   B. Brush 类   C. Color 类   D. Graphics 类

4. 下面 Graphics 对象的(　　　)方法用来设置图像的边框。

    A. DrawString   B. DrawLine

    C. DrawRectangle   D. Clear

二、填空题

1. 如果要随机产生一个 100 以内的整数，其语句为_____。

2. 声明图像的画布大小应该使用_____命名空间下的_____类，如要声明一个 600×800 的图像，其定义语句为_____。

三、问答题

1. 描述随机数的产生过程。

2. 实现验证码需要使用哪些类？这些类有哪些主要的方法和属性？

四、上机操作题

实现一个注册页面，在页面中包括用户名、密码，以及用户基本信息的设置，要求用到各种验证控件，参考本章例子添加一个验证码的使用。

微课视频

扫一扫，获取本章相关微课视频。

8-1 绘制图形.mp4

8-2 生成随机码.mp4

8-3 登录验证.mp4

第 9 章　在线投票模块

本章将主要介绍 Web 编程中常用的模块：在线投票模块。随着信息时代的发展，"在线投票系统"在网络上日益流行起来。本章将以浙江卫视专业音乐评论节目《中国好声音》为例编写一个在线投票模块，实现让观众投票选出自己最喜爱的导师的功能。在线投票模块中主要的难题就是候选选项和投票结果，可以通过数据库存储候选选项和投票结果，也可以通过 XML 文档来存储，本章将采用两种方式来实现在线投票系统。

本章学习目标：

◎　熟练掌握 ADO.NET 数据库编程，掌握 Connection 对象和 Command 对象的使用。

◎　理解 XML 的定义，熟悉 XML 的基本结构和格式。

◎　理解 XML 文档的读取和写入过程。

◎　理解 DataSet 对象读取 XML 数据文件的过程。

9.1　XML 文 档

在线投票系统可以采用数据库来存储数据，也可以通过 XML 文档来存储数据，故接下来先介绍 XML 文档的相关知识。

XML(eXtensible Markup Language，可扩展标记语言)是一种可以用来创建自己的标记的标记语言。它由万维网协会(W3C)创建，用来克服 HTML(Hypertext Markup Language，超文本标记语言)的局限性。和 HTML 一样，XML 来源于 SGML(Standard Generalized Markup Language，标准通用标记语言)。XML 是为 Web 设计的。

9.1.1　XML 的特点

XML 继承了 SGML 的许多特性，首先是可扩展性。XML 允许使用者创建和使用自己的标记而不是 HTML 的有限词汇表。企业可以用 XML 为电子商务和供应链集成等应用定义自己的标记语言，甚至与特定行业一起来定义该领域的特殊标记语言，作为该领域信息共享与数据交换的基础。

其次是灵活性。HTML 很难进一步发展，就是因为它是格式、超文本和图形用户界面语义的混合，要同时发展这些混合在一起的功能是很困难的，而 XML 提供了一种结构化的数据表示方式，使得用户界面分离于结构化数据，所以，Web 用户所追求的许多先进功能在 XML 环境下更容易实现。

再次是自描述性。XML 文档通常包含一个文档类型声明，因而 XML 文档是自描述的。不仅人类能读懂 XML 文档，计算机也能处理 XML 文档。XML 表示数据的方式真正做到了独立于应用系统，并且数据能够重用。XML 文档被看作是文档的数据库化和数据的文档化。

关于 XML 的使用，需要注意以下几点。

(1) XML 并不是标记语言，它只是用来创造标记语言(如 HTML)的元语言。

(2) XML 不是 HTML 的替代品，也不是 HTML 的升级，它只是 HTML 的补充，它扩展了很多功能。

(3) 不能用 XML 直接编写网页，即便文档中包含了 XML 数据，也要将其转换成 HTML 格式才能在浏览器上显示。

【例 9-1】下面是一个简单的 XML 文档的内容。

```xml
<?xml version="1.0" encoding="utf-8" ?>
<myXML>
  <bookinfo id="1">
    <!-- 图书信息-->
    <作者>魏薇薇</作者>
    <图书名称>ASP.NET 实践教程</图书名称>
    <出版日期>2015 年 6 月</出版日期>
  </bookinfo>
  <bookinfo id="2">
    <作者>李小红</作者>
    <图书名称>C# 基础与实例教程</图书名称>
    <出版日期>2014 年 3 月</出版日期>
  </bookinfo>
</myXML>
```

这段代码中充分体现了用户自己创建的标记，如<myXML>、<bookinfo>、<作者>、<图书名称>、<出版日期>，它和 HTML 类似，有开始标记和结束标记，如<myXML></myXML>就是一对标记。但是这段代码并不能实现具体的功能，如果在浏览器中显示该 XML 文档，效果如图 9-1 所示。

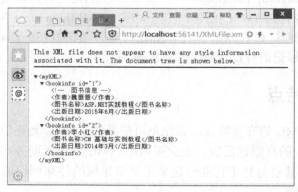

图 9-1 显示 XML 文档

9.1.2　XML 文档的基本结构

一个 XML 文档包括两部分：文档声明和文档主体。

如例 9-1 代码所示，第 1 行<?xml version="1.0" encoding="utf-8" ?>就是文档的声明部分，version 属性表示遵循的 XML 标准版本为 1.0，encoding 属性表示使用的编码类型是 utf-8 字符集。

代码的其他部分为文档主体。文档的主体为开始标记<myXML>和结束标记</myXML>

之间的部分。元素称为 XML 的"根元素"。接下来的是"子元素",它有一个属性为 id。作者、图书名称、出版日期是 bookinfo 的子元素。

<!--图书信息-->是注释部分。

XML 文档的基本结构非常容易学习和使用,它与 HTML 一样,也是由一系列的标记组成。不过,XML 文档中的标记是自定义的,具有明确的含义,如<bookinfo>表示图书信息。当然,标记中的内容也可以理解为其他含义。

XML 应遵循的语法规则如下。

(1)　XML 文档必须有一个结束标记,即 XML 标记必须成对出现。注意,文档的声明部分可以没有结束标记。

(2)　所有的 XML 文档必须有一个根元素,XML 文档中的第一个元素<myXML>就是一个根元素。所有 XML 文档都必须包含一个单独的标记来定义根元素,其他的元素都必须成对出现在根元素内。

(3)　所有的 XML 元素都必须合理嵌套,如下所示。

```
< b>< i>sample< /b>< /i>          //错误
< b>< i>sample< /i>< /b>          //正确
```

(4)　所有 XML 标记都区分大小写,如下所示。

```
< td>sample< /TD>          //错误
< td>sample< /td>          //正确
```

(5)　所有标记的属性值都必须使用引号"",如下所示。

```
< font color=red>samplar< /font>     //错误
< font color="red">samplar< /font>   //正确
```

虽然 XML 元素是可以扩展的,但 XML 标记必须遵循下面的命名规则。

(1)　元素的名字中可以包含字母、数字及其他字符。

(2)　元素的名字不能以数字或标点符号开头。

(3)　名字不能以字母 xml(或 XML、Xml 等)开头。

(4)　名字中不能包含空格和":"。

除此之外,任何名字都可以使用,但元素的名字应该具有可读性,尽量避免使用"."。非英文字符或字符串也可以作为 XML 元素的名字,如<作者>、<图书名称>都是合法的元素名字。

9.1.3　创建 XML 文档

可以直接用记事本编写 XML 文档,以.xml 为后缀名保存即可,也可以通过.NET 的开发工具创建 XML 文档。在 Visual Studio 中创建 XML 文档非常容易,具体创建步骤如下。

(1)　打开 Visual Studio 开发环境,新建网站 ch09,右击站点文件,在弹出的快捷菜单中选择【添加】|【新建项】命令,打开 Visual Studio 文件模板,新建一个 XML 文件。此时.NET 工具已自动添加了 XML 文档的说明部分。

```
<?xml version="1.0" encoding="utf-8"?>
```

(2) 当输入开始标记时，Visual Studio 将自动置入结束标记，如图 9-2 所示。

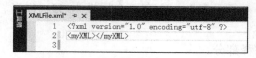

图 9-2　自动置入结束标记

(3) 添加各子元素，代码如下。

```xml
<?xml version="1.0" encoding=" utf-8" ?>
<myXML>
  <bookinfo id="1">
   <!-- 图书信息-->
    <作者>魏薇薇</作者>
    <图书名称>ASP.net 实践教程</图书名称>
    <出版日期>2015 年 6 月</出版日期>
</bookinfo>
<bookinfo id="2">
    <作者>李小红</作者>
    <图书名称>C# 基础与实例教程</图书名称>
    <出版日期>2014 年 3 月</出版日期>
  </bookinfo>
</myXML>
```

9.1.4　XML 的应用

在实际应用中，各种数据库的数据格式大多不兼容，软件开发人员面临的一个主要问题就是如何在互联网上进行系统之间的数据交换，XML 及相关技术打开了人和机器之间实现电子通信的新途径，XML 允许人-机和机-机通信。将数据转换为 XML 文档结构可大大降低数据交换的复杂性。

在 ASP.NET 中处理 XML 格式的文档，主要是 XML 文件的导入和导出，即将数据库中的数据导出为 XML 文档和读取 XML 文档。这些操作主要通过使用 DataSet 对象中的 WriteXML、ReadXML 方法来完成。

ASP.NET 提供了多种操作 XML 文档的方法，如 XmlTextReader 对象、XmlTextWrite 对象、FileStream 对象和 DataSet 对象。

(1) XmlTextReader 对象：包含在 System.Xml 命名空间下，实现 XML 文档的读取、解析操作。定义一个 XmlTextReader 类的对象，其一般格式如下。

```
XmlTextReader 对象名＝new  XmlTextReader(XML 文档路径);
```

XmlTextReader 对象通过 Reader()方法逐行读取 XML 文档中的数据。

(2) XmlTextWrite 对象：包含在 System.Xml 命名空间下，用于编写 XML 文档。定义一个 XmlTextWrite 类的对象，其一般格式如下。

```
XmlTextWrite 对象名＝new  XmlTextWrite(XML 文档名,编码格式);
```

(3) FileStream 对象：包含在 System.IO 命名空间下。FileStream 对象为文件的读写操作提供了通道，其一般格式如下。

```
FileStream  对象名=new FileStream(XML 文档名,文件存取模式,参数);
```

(4) DataSet 对象：从 XML 文档中读取数据，或将 XML 文档中的数据存入 DataSet 对象中，主要方法有以下几种。

◎ GetXml 方法：返回存储在 DataSet 对象中的数据的 XML 表示形式。

◎ WriteXml 方法：把 XML 数据写入 DataSet 对象中，可指定参数为流(Stream)、TextWrite 对象或 XMLWrite 对象。

◎ WriteXmlSchema 方法：把包含 XML 信息的字符串写入流或者文件中。

◎ ReadXml 方法：利用从流或者文件中读取的指定数据填充 DataSet 对象。

◎ ReadXmlSchema 方法：把指定的 XML 模式信息加载到当前的 DataSet 对象中。

下面的例子介绍了如何读取 XML 文档的数据。

【例 9-2】通过数据控件将 XML 文档的数据显示在 Web 页面中，假设 XML 文档即为例 9-1 中的 XML 文档，现要编写程序访问其中的数据，具体步骤如下。

(1) 打开站点 ch09，添加一个 Web 窗体，并重命名为 XmlTest.aspx，在工具箱中添加控件 GridView，单击右上角的 ▶ 按钮，在打开的下拉菜单中选择【自动套用格式】命令，在选择方案中选择一种格式。

(2) 单击控件 GridView 右上角的 ▶ 按钮，在打开的下拉菜单中选择【编辑列】命令，取消选中【自动生成字段】复选框，添加 3 个绑定列(BoundField)。设置它们的 DataField 属性和 HeadText 属性，图 9-3 所示为设置"出版日期"绑定列。注意 DataField 属性应与 XML 文档中各子元素相对应。

(3) 单击【确定】按钮，完成对界面的设计。打开 XmlTest.aspx.cs 页面，添加命名空间 System.IO，代码如下。

```
using System.IO;
using System.Data;
```

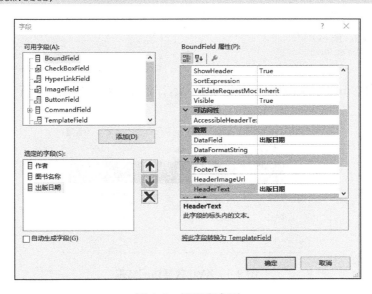

图 9-3 设置绑定列

(4) 定义全局变量数据集对象和数据流对象，添加访问 XML 文档中数据的方法 dataFill()，代码如下。

```
DataSet ds;
FileStream fs;
private DataView dataFill()
{
    ds = new DataSet();
    fs = new FileStream(Server.MapPath("XMLFile.xml"), FileMode.Open,
        FileAccess.Read, FileShare.ReadWrite);
    ds.ReadXml(fs);
    fs.Close();
    return ds.Tables[0].DefaultView;
}
```

代码说明如下。

此方法将返回一个数据集对象的表格。代码中，FileStream 类的构造方法中参数的含义分别为：Server.MapPath("XMLFile.xml")表示封装 XML 文档的相对路径；FileMode.Open 表示打开指定的 XML 文件，本程序打开的是 XMLFile.xml 文件；FileAccess.Read 表示对 XML 文档进行读取访问；FileShare.ReadWrite 表示允许随后打开文件并进行读取或写入操作。

DataSet 对象的 ReadXML 方法将 XML 架构和数据读入 DataSet 数据集对象 ds 中。

(5) 添加数据绑定的方法 DataBg()，将读取的数据绑定到数据显示控件 GridView 上，代码段如下。

```
private void DataBg()
{
    GridView1.DataSource = this.dataFill();
    GridView1.DataBind();
}
```

(6) 显示数据。在 Page_Load 方法中调用绑定数据的方法，代码如下。

```
protected void Page_Load(object sender, EventArgs e)
{
    if (!IsPostBack)
        this.DataBg();
}
```

(7) 将页面 XmlTest.aspx 设置为起始页，运行程序，得到如图 9-4 所示的 XML 数据访问结果。

图 9-4　XML 数据访问结果

也可以对 XML 文档中的数据进行增、删、改的操作，以下操作演示了如何向 XML 文档中添加一条记录。

(8) 设计界面。在 XMLTest.aspx 页面中，添加一个 4 行 2 列的表格，边框宽度为 1px，边框颜色为蓝色。

在第 1 行的第 1 个单元格中输入文字"作者："，在第 2 个单元格中添加 1 个 TextBox 控件，ID 属性为 txtAuthor。

在第 2 行的第 1 个单元格中输入文字"图书名称："，在第 2 个单元格中添加 1 个 TextBox 控件，ID 属性为 txtBook。

在第 3 行的第 1 个单元格中输入文字"出版日期："，在第 2 个单元格中添加 1 个 TextBox 控件，ID 属性为 txtDate。

在第 4 行的第 2 个单元格中添加 1 个 Button 控件，Text 属性为"添加"。调整各控件的大小和位置，如图 9-5 所示。

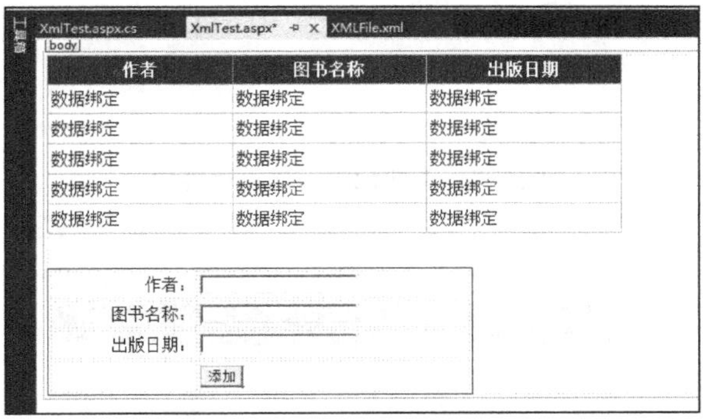

图 9-5　设计界面

(9) 添加方法 InsertData()，表示向 XML 文档中插入一条记录。代码如下。

```
private void InsertData()
{
  this.DataBg();
  DataRow dr = ds.Tables[0].NewRow();
  dr["作者"] = txtAuthor.Text.Trim();
  dr["图书名称"] = txtBook.Text.Trim();
  dr["出版日期"] = txtDate.Text.Trim();
  ds.Tables[0].Rows.Add(dr);
  fs = new FileStream(Server.MapPath("XMLFile.xml"), FileMode.Open,
      FileAccess.Write, FileShare.ReadWrite);
  ds.WriteXml(fs,XmlWriteMode.WriteSchema);
  fs.Close();
}
```

代码说明如下。

代码中 ds 对象的 WriteXml 方法表示以 XML 数据形式将数据集对象 ds 中的数据写入指定的 XML 文档中。

(10) 在设计界面中双击【添加】按钮，为 Button1 的 Click 事件添加处理代码如下。

```
protected void Button1_Click(object sender, EventArgs e)
{
    this.InsertData();
    this.DataBg();
}
```

代码说明如下。

调用插入数据的方法 InsertData()，并重新绑定数据。

(11) 将页面 XmlTest.aspx 设置为起始页，重新运行程序，运行界面如图 9-6 所示。输入

221

合适的数据，单击【添加】按钮，运行结果如图 9-7 所示。

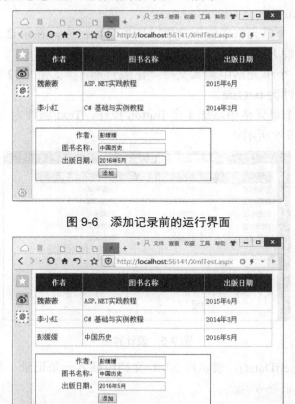

图 9-6　添加记录前的运行界面

图 9-7　添加记录后的运行界面

此时，关闭运行界面，回到 Visual Studio 开发工具，就会打开如图 9-8 所示的对话框，询问是否保存修改后的 XML 文档。

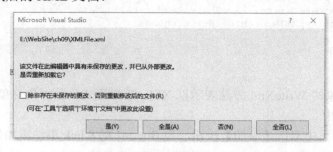

图 9-8　询问是否保存修改后的 XML 文档

如果要保存修改后的 XML 文档，则单击【是】按钮，这时，可以看到 XML 文档的数据已经被修改了，如图 9-9 所示。更新后的 XML 文档增加了许多 XML 的格式。在 XML 文档最后的子元素中，增加了作者为"彭媛媛"的这条记录。要想了解更多信息，读者可以参考 XML 的相关书籍和资料。

```
XmlTest.aspx.cs    XmlTest.aspx    XMLFile.xml  ⊕ ×
13                  <xs:attribute name="id" type="xs:string" />
14                </xs:complexType>
15              </xs:element>
16            </xs:choice>
17          </xs:complexType>
18        </xs:element>
19      </xs:schema>
20  ⊟  <bookinfo id="1">
21        <作者>魏薇薇</作者>
22        <图书名称>ASP.NET实践教程</图书名称>
23        <出版日期>2015年6月</出版日期>
24      </bookinfo>
25  ⊟  <bookinfo id="2">
26        <作者>李小红</作者>
27        <图书名称>C# 基础与实例教程</图书名称>
28        <出版日期>2014年3月</出版日期>
29      </bookinfo>
30  ⊟  <bookinfo>
31        <作者>彭媛媛</作者>
32        <图书名称>中国历史</图书名称>
33        <出版日期>2016年5月</出版日期>
34      </bookinfo>
35  </myXML>
```

图 9-9　更新后的 XML 文档

9.2　在线投票模块设计思想

本节将以浙江卫视的《中国好声音》为例编写一个在线投票模块，实现让观众投票选出最喜爱的导师。

在线投票模块包括 5 个文件和 2 个页面。其主要的难点是以图形形式显示投票结果。在线投票模块的文件结构如图 9-10 所示。

(1) Vote.aspx 文件：主要用于显示投票界面，放置主持人的头像供选择。

(2) Vote.aspx.cs 文件：用于执行后台程序，当选择某个主持人后，其票数增加。

(3) VoteResult.aspx 文件：用于显示投票结果的界面，以图形形式显示投票结果。

(4) VoteResult.aspx.cs 文件：用于执行后台程序。

(5) VoteXml.xml 文件：存储候选项和投票的结果。

(6) images 文件夹：用来存放投票选项的图片素材。

图 9-10　文件结构图

9.3　在线投票模块的实现

在线投票模块的主要页面有投票页面和投票结果显示页面。投票页面主要供用户进行投票，而投票结果显示页面供用户查看各个选项的投票数，以图形形式来显示投票结果。下面将通过上述例子来详细介绍以图形模式显示投票结果，以 XML 文档存储数据的在线投票模块的实现过程。

9.3.1 投票页面的设计

【例 9-3】在投票界面中,用户可以选中 4 个主持人中最喜爱的一个,单击【投票】按钮,成功投票后提示用户投票成功,并累加投票数。具体操作步骤如下。

(1) 打开 Visual Studio 开发工具,从文件列表中选择新建站点 ch09,添加一个新的 Web页面并重命名为 Vote.aspx。

(2) 在解决方案资源管理器中,右击站点,添加新文件夹 images,用于存放各导师的头像,右击 images 文件夹,在弹出的快捷菜单中选择【添加现有项】命令以添加头像文件,如图 9-11 所示。

图 9-11 添加头像文件

(3) 从菜单栏中选择【表】|【插入表格】命令,插入一个 4 行 4 列的表格,边框宽度为 1px,边框颜色为蓝色。

用鼠标选中第 1 行的 4 个单元格,选择【修改】|【合并单元格】命令,合并第 1 行,输入文本"在线投票系统"。

用同样的操作方法合并第 2 行的 4 个单元格,输入文本 "《中国好声音》的导师你最喜欢哪一个?",设置文本的大小和字体颜色,如图 9-12 所示。

图 9-12 设计界面

在第 3 行的每个单元格中各添加 1 个 Image 控件和 RadioButton 控件,Image 控件显示头像,RadioButton 控件用于选择项,其 id 属性分别为 rbtnNY、rbtnWF、rbtnYCQ、rbtnZJL,Text 属性分别为每个主持人的名字,将 4 个 RadioButton 控件设置为同一组,即它们的GroupName 属性设置为同一个名字,如 v,并设置"那英"为默认选项,即 Checked 属性为 true。设置每个 Image 控件的 ImageUrl 为第 2 步中所添加的相应图片。

(4) 在表格的第 4 行第 2 个单元格和第 3 个单元格中,各添加 1 个 Button 控件,其 Text属性分别为"投票"和"查看投票结果"。设计好的界面如图 9-12 所示。

(5) 添加 XML 文档。在解决方案资源管理器中添加一个新的 XML 文档 VoteXml.xml,添加各元素,代码如下。

```xml
<?xml version="1.0" encoding="utf-8"?>
  <myXml>
```

```
    <Vote id="1">
      <Name>那英</Name>
      <Count>0</Count>
    </Vote>
    <Vote id="2">
      <Name>汪峰</Name>
      <Count>0</Count>
    </Vote>
    <Vote id="3">
      <Name>庾澄庆</Name>
      <Count>0</Count>
    </Vote>
    <Vote id="4">
      <Name>周杰伦</Name>
      <Count>0</Count>
    </Vote>
  </myXml>
```

(6)　添加投票的方法 VoteAdd()，当在投票页面中选中某一项并单击【投票】按钮后，相应投票数将加 1。VoteAdd()方法的代码如下。

```
private void VoteAdd()
{
    try
    {
        DataSet voteds = new DataSet();
        voteds.ReadXml(Server .MapPath ("VoteXml.xml"));
        if (rbtnLxy.Checked)
        voteds.Tables[0].Rows[0][1] = Convert.ToInt32(voteds.Tables[0].Rows [0][1])+1;
        if (rbtnHx.Checked )
          voteds.Tables[0].Rows[1][1] = Convert.ToInt32(voteds.Tables[0].Rows[1][1]) + 1;
        if (rbtnKh .Checked )
          voteds.Tables[0].Rows[2][1] = Convert.ToInt32(voteds.Tables[0].Rows[2][1]) + 1;
        if (rbtnGzj .Checked )
          voteds.Tables[0].Rows[3][1] = Convert.ToInt32(voteds.Tables[0].Rows[3][1]) + 1;
        voteds.WriteXml(Server .MapPath ("VoteXml.xml"));
        Response.Write("<script>alert('投票成功！ ')</script>");
    }
catch
{
    Response.Write("<script>alert('投票失败！ ')</script>");
}
}
```

代码说明如下。

上段代码中，首先定义了数据集对象 voteds，将 VoteXml 文档中的数据读入 voteds，用 if 语句判断某个候选项是否被选中，如果被选中，则对应的投票数加 1。其中，voteds.Tables[0].Rows[0][1]中的 Tables[0]表示数据集中的第 1 个表，Rows[0][1]表示第 1 行第 2 列，即 VoteXml 文档中的 Count 子元素。

(7)　回到设计界面，双击【投票】按钮，添加 Button1 的 Click 事件处理代码，调用投票方法 VoteAdd()，代码如下。

```
protected void Button1_Click(object sender, EventArgs e)
{
    this.VoteAdd();
}
```

至此，投票页面已基本完成，运行程序，测试投票，选择一个导师，单击【投票】按钮，得到如图 9-13 所示的投票成功界面。当关闭网页时，Visual Studio 工具会弹出提示投票成功的页面，单击【确定】按钮。

图 9-13　投票成功界面

9.3.2　投票结果显示页面的设计

【例 9-4】在主页面中单击【查看投票结果】按钮，可以看到以图形显示的各个导师的投票结果。具体实现步骤如下。

(1) 在解决方案资源管理器中右击站点文件，在弹出的快捷菜单中选择【添加】|【添加 Web 窗体】命令，新建一个 Web 页面 VoteResult.aspx，添加一个 7 行 4 列的表格，表格的边框(即 Border 属性)设置为 1px。设置各单元格文本，添加各控件，调整各单元格文本的颜色和字体大小，调整各控件的位置和大小，如图 9-14 所示。

其中，投票数这一列中 Label 控件的 ID 为 lbVote1～lbVote4，百分比这一列中 Label 控件的 ID 为 lbBFB1～lbBFB4，比例这一列中 Label 控件的 ID 为 lbBL1～lbBL4，背景颜色(即 BackColor 属性)设置为不同的颜色，边框颜色(即 BorderColor 属性)设置为黑色，边框宽度(即 BorderWidth 属性)设置为 1px。总票数 Label 控件的 ID 为 lbCount。

图 9-14　界面设计

(2) 打开 VoteResult.aspx 页面，添加 Vote()方法，并为 Page 对象的 Load 事件添加处理代码如下。

```
protected void Page_Load(object sender, EventArgs e)
{
        this.Vote();
}
void Vote()
{
        DataSet ds = new DataSet();
```

```
//读取 VoteXml 文档
ds.ReadXml(Server.MapPath("VoteXml.xml"));
int count, countNY, countWF, countYCQ, countZJL;
//从 VoteXml 文档中读取各导师的投票总数
countNY = Convert.ToInt32(ds.Tables[0].Rows[0][1]);
countWF = Convert.ToInt32(ds.Tables[0].Rows[1][1]);
countYCQ = Convert.ToInt32(ds.Tables[0].Rows[2][1]);
countZJL = Convert.ToInt32(ds.Tables[0].Rows[3][1]);
count = countNY + countWF + countYCQ + countZJL;
//显示各导师的总票数
lbVote1.Text = countNY.ToString();
lbVote2.Text = countWF.ToString();
lbVote3.Text = countYCQ.ToString();
lbVote4.Text = countZJL.ToString();
lbCount.Text = count.ToString();
//显示各导师的百分比
float fZJL = (countZJL * 100) / count;
float fWF = (countWF * 100) / count;
float fYCQ = (countYCQ * 100) / count;
float fNY = (countNY * 100) / count;
lbBFB1.Text = fNY.ToString();
lbBFB2.Text = fWF.ToString();
lbBFB3.Text = fYCQ.ToString();
lbBFB4.Text = fZJL.ToString();
//显示各导师的百分比图形
lbBL1.Width = Convert.ToInt32(fNY); ;
lbBL2.Width = Convert.ToInt32(fWF); ;
lbBL3.Width = Convert.ToInt32(fYCQ); ;
lbBL4.Width = Convert.ToInt32(fZJL); ;
}
```

代码说明如下。

在上段代码中,通过数据集读取 VoteXml 文档中的数据,ds.Tables[0].Rows[0][1]表示 VoteXml 文档中子元素<count>中的数据内容。通过设置 Label 控件的宽度来显示某位导师的投票数占投票总数的百分比。

(3) 打开 Vote.aspx 页面,双击【查看投票结果】按钮,添加 Button2 按钮的 Click 事件处理代码如下。

```
protected void Button2_Click(object sender, EventArgs e)
{
    Response.Redirect("VoteResult.aspx");
}
```

(4) 设置 Vote.aspx 页面为起始页,运行程序,单击【查看投票结果】按钮,投票结果显示界面如图 9-15 所示。

图 9-15 投票结果显示界面

9.3.3 用数据库存储投票结果

除了上述通过 XML 文档存储候选项和投票数的方法外，也可以将数据存储在 SQL Server 数据库中。此时须建数据库 VoteDB 和表 votetable，其字段为 VoteNo 和 VoteNum，分别表示候选项和投票数。修改部分代码的具体操作如下。

(1) 打开 Vote.aspx.cs 文件，添加投票方法 VoteDb()，实现和 VoteAdd()相同的功能，代码如下。

```
private void VoteDb()
{
    try
    {
        string strCon = @"DataSource = REDWENDY\SQLEXPRESS; database=VoteDB;
            Trusted_Connection=true;";
        SqlConnection con = new SqlConnection(strCon);
        con.Open();
        SqlCommand cmd = new SqlCommand();
        string sqlstr = "update votetable set VoteNum=VoteNum+1 where voteno='";
        if (rbtnZJL.Checked)
            sqlstr = sqlstr + rbtnZJL.Text.Trim() + "'";
        if (rbtnWF.Checked)
            sqlstr = sqlstr + rbtnWF.Text.Trim() + "'";
        if (rbtnYCQ.Checked)
            sqlstr = sqlstr + rbtnYCQ.Text.Trim() + "'";
        if (rbtnNY.Checked)
            sqlstr = sqlstr + rbtnNY.Text.Trim() + "'";
        cmd.CommandText = sqlstr;
        cmd.Connection = con;
        cmd.ExecuteNonQuery();
        Response.Write("<script>alert('投票成功！')</script>");
    }
    catch
    {
        Response.Write("<script>alert('投票失败！')</script>");
    }
}
```

(2) 将【投票】按钮的 Click 事件处理代码中对 VoteAdd()的调用改为对 VoteDb()的调用即可实现同样功能的投票。

```
protected void Button1_Click(object sender, EventArgs e)
{
    // this.VoteAdd();
    VoteDb();
}
```

(3) 打开 VoteResult.aspx.cs 文件，添加方法 ShowDb()读取数据库中的数据，部分代码如下。

```
private void ShowDb()
{
    string strCon = @"DataSource = REDWENDY\SQLEXPRESS; database=VoteDB;
        Trusted_Connection=true;";
    SqlConnection con = new SqlConnection(strCon);
    con.Open();
    SqlCommand cmd = new SqlCommand("select * from Votetable", con);
```

```
SqlDataAdapter dapt = new SqlDataAdapter(cmd);
DataSet ds = new DataSet();
dapt.Fill(ds);
int countZJL = Convert.ToInt32(ds.Tables[0].Rows[0][1]);
int countWF = Convert.ToInt32(ds.Tables[0].Rows[1][1]);
int countYCQ = Convert.ToInt32(ds.Tables[0].Rows[2][1]);
int countNY = Convert.ToInt32(ds.Tables[0].Rows[3][1]);
int count = countNY + countWF + countYCQ + countZJL;
//...与前面访问 Xml 文档的代码类似
}
```

(4) 修改 VoteResult.aspx.cs 文件中 Page 对象的 Load 事件,改为调用 ShowDb()方法,代码如下。

```
protected void Page_Load(object sender, EventArgs e)
{
    // this.Vote();
    this.ShowDb();
}
```

小　　结

本章介绍了网站开发中常用的模块:在线投票模块。首先介绍了 XML 的特点、XML 文档的基本结构,以及如何创建一个 XML 文档,使读者对 XML 文档有个大概了解。事实上,XML 文档是很复杂的,在本章中只是简单介绍了它的一些基本结构,如果需要进一步了解 XML,读者可以参阅 XML 的相关书籍。在本章的 9.3 节中,全面地讲解了在线投票模块的实现过程,以及如何通过 XML 文档和 SQL Server 数据库存储数据。

必须指出的是,本章仅仅是抛砖引玉,所介绍的在线投票模块的功能比较简单,还有待进一步完善。如本章中同一个用户可以多次重复投票,在实际应用中,往往是一个用户只能投票一次,可以用 Session 对象记录用户的 ID,当投票成功以后,禁止用户重复投票。也可以增加管理员模块,管理员可以进行投票主题的增、删、改等。

本章重点和难点:

(1) XML 文档的基本结构。

(2) 如何创建 XML 文档。

(3) 如何通过 XML 文档存储数据。

(4) 在线投票模块的实现过程。

(5) 各选项所占百分比在页面中的显示方式。

习　　题

一、选择题

1. 在 ASP.NET 中,(　　)命名空间提供了对 XML 文档操作的方法的访问。

　　A. System.Data　　　　　　　　　　B. System.IO

　　C. System.Xml　　　　　　　　　　 D. System.Form

2. 下列关于 XML 语法规则的说法中正确的是(　　)。

A. 所有的 XML 标志必须成对出现

B. 标志< td>sample< /TD>是合理的

C. < b>< i>sample< /b>< /i>是正确的 XML 标志定义

D. 属性值不必使用引号括起来

3. 下列不正确的 XML 标记命名是( )。

A. int   B. main

C. using   D. 3dm

二、填空题

1. 一个 XML 文档包括两部分，即_____和_____。

2. 所有的 XML 文档都必须有一个_____元素。

3. XML 文档必须有一个结束标记，即 XML 的标记必须成对出现。但是，_____部分可以没有结束标志。

三、问答题

1. XML 有哪些特性?

2. XML 标记的命名需要注意些什么?

3. 简述在线投票模块的实现过程。

4. 如何读取 XML 文档中的数据?

四、上机操作题

完善本章的在线投票系统，增加如下功能。

(1) 一个用户只能投票一次。

(2) 增加管理员登录页面，管理员进入系统后可以进行投票主题的添加、删除、修改候选项。

第 10 章　留言板模块

本章将主要介绍 Web 编程中常用的模块：留言板模块。经常网购的用户会发现，淘宝网上就有"买家留言，卖家回复"这样的模块。在卖家不在线的情况下，买家可以通过留言板给卖家留言，询问所买物品的规格或运送方式等。本章将通过一个具体的实例来介绍此类留言板模块的实现过程。

本章学习目标：

◎　熟练掌握 ASP.NET 数据库的编程，掌握几个基本对象的使用。

◎　熟练掌握 GridView 控件的属性和用法。

10.1　留言板模块设计思想

留言板模块的主要功能是发表留言、回复留言和删除留言等。其中，普通用户可以发表留言，而管理员则可以对普通用户发表的留言进行回复，还可以删除发表的留言。

一般来说，留言板主要有文本留言板、XML 留言板和数据库留言板 3 种。文本留言板主要采用文本文件作为资料的存储载体，故不能有效地管理数据，随着信息量的增大，访问速度将会急剧下降。现在 XML 文档日益成为网络资料的标准格式，在没有数据库的情况下，采用 XML 文档存储数据是一个不错的选择。当数据量庞大时，采用关系数据库是最佳的选择。本章将采用数据库来存储留言信息。

在本程序中，将建立 16 个文件、6 个页面、1 个 Web 用户控件、1 个母版页和 1 个文件夹，主要难点是 ADO.NET 数据库编程和数据显示控件 DataList 的使用方法。留言板模块的文件结构如图 10-1 所示。

各文件的具体说明如下。

(1) index.aspx 文件：留言板首页，显示需要发表留言用户的基本信息，并显示其近期发表的留言。

(2) index.aspx.cs 文件：用于执行后台程序，当用户输入基本信息、发表留言并提交成功后，将留言信息保存在数据库中。

(3) Login.aspx 文件：主要用于显示管理员登录界面，当管理员登录成功时显示所有的留言信息。

图 10-1　文件结构

(4) Login.aspx.cs 文件：用于执行后台程序，当用户名和密码都正确时，进入 allContent.aspx 页面。

(5) ValidateCode.aspx 文件：用于产生验证码的页面。

(6) Reply.aspx 文件：用于回复留言的页面，页面中显示发表的留言，由管理员回复留言。

(7) Reply.aspx.cs 文件：用于执行后台程序，完成提交管理员回复的留言。

(8) allContent.aspx 文件：用于显示所有的留言信息。

(9) allContent.aspx.cs 文件：用于执行后台程序。

(10) GLContent.aspx 文件：用于管理员进行删除和回复留言的页面。

(11) GLContent.aspx.cs 文件：用于执行后台程序。

(12) images 文件夹：用于存放模块中设计界面上的图片。

(13) Header.ascx 文件：用来设计网站中的 Logo 和导航窗格。

(14) Header.ascx.cs 文件：用于执行 Header 的后台程序。

(15) MasterPage.master 文件：设计网站的统一风格。

(16) MasterPage.master.cs 文件：用于执行后台程序。

(17) Web.Config 文件：配置文件，创建站点时自动添加，用于设置网站中的配置信息。

10.2 数据库设计

留言板模块包括两张表——用户表和留言信息表。其中，用户表用来存储卖家(即管理员)的信息，管理员可以删除和回复所有留言；留言信息表用来存储买家的留言信息，包括留言时间、买家用户名、QQ 信息、E-mail 地址等。

打开 SQL Server 企业管理器，创建数据库 ContentDB，再创建两张表：用户表和留言信息表。

(1) 用户表(UserTable)的设计如表 10-1 所示。

表 10-1　用户表

字段名称	数据类型	约　束	说　明
AdminID	Int	主键	自动编号
AdminName	Char	非空	管理员名称
Password	Char		密码

在用户表中设置一条记录，用户名为 Redwendy，密码为 1234。

(2) 留言信息表(ContentText)的设计如表 10-2 所示。

表 10-2　留言信息表

字段名称	数据类型	约　束	说　明
ID	Int	主键	自动编号
UserName	Char	非空	用户名
AddTime	DateTime	默认值系统时间	留言时间
Email	Char		用户电子邮件
QQ	Char		QQ 信息
Content	Nvarchar		留言内容
Reply	Nvarchar		回复内容

10.3　留言板模块的实现

留言板的主要功能有：发表留言、回复留言和删除留言。下面将通过具体的例子详细讲解留言板的制作过程。

10.3.1　母版页的设计

在留言板模块中，很多页面都采用统一的风格，因此可以采用母版页来设计，具体操作步骤如下。

(1)　新建站点 ch10，在解决方案资源管理器中右击站点 ch10，在弹出的快捷菜单中选择【添加】|【Web 用户控件】命令，添加用户控件 Header.ascx。

(2)　在该站点中添加一个 images 文件，添加该网站需要的所有素材。

(3)　采用 DIV+CSS 的形式设计 Header.ascx 控件，该控件的源代码如下。

```
<%@  Control  Language="C#"  AutoEventWireup="true"  CodeFile="Header.ascx.cs"
Inherits="Header" %>

<style type="text/css">
    .bg {
        width: 797px;
        height: 142px;
        position: relative;
        background-image: url('images/index_03.gif');
        text-align:center;
    }
    .logo{
        text-align:left;
        background-image: url('images/logo.gif');
        background-repeat: no-repeat;
        position: absolute;
        width:200px;
        height:80px;
        left: 46px;
        top: 19px;
        right: 551px;
    }

    .auto-style1 {
        position: absolute;
        width: 223px;
        height: 30px;
        left: 52px;
        top: 97px;
        right: 522px;
    }

    .auto-style2 {
        position: absolute;
        width: 223px;
        height: 30px;
        left: 287px;
        top: 96px;
        right: 287px;
    }
```

```css
    .auto-style3 {
        position: absolute;
        width: 223px;
        height: 30px;
        top: 95px;
        right: 54px;
    }
</style>


<div class="bg" >
<div class="logo" ></div>
 <div class="auto-style1" >
    <asp:ImageButton ID="ImageButton1" runat="server" CausesValidation="False"
        ImageUrl="~/images/shouye.gif" OnClick="ImageButton1_Click" /></div>
  <div class="auto-style2" >
     <asp:ImageButton ID="ImageButton2" runat="server" CausesValidation="False"
         ImageUrl="~/images/all.gif" OnClick="ImageButton2_Click" /></div>
  <div class="auto-style3" >
     <asp:ImageButton ID="ImageButton3" runat="server" CausesValidation="False"
         ImageUrl="~/images/glly.gif" OnClick="ImageButton3_Click" /></div>
</div>
```

(4) 设计好的 Header.ascx 控件如图 10-2 所示。

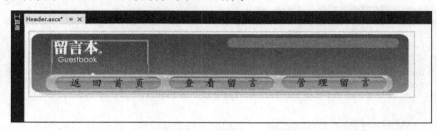

图 10-2　Header 控件

(5) 分别双击【返回首页】按钮、【查看留言】按钮和【管理留言】按钮，为这些控件添加 Click 事件，代码如下。

```csharp
protected void ImageButton1_Click(object sender, ImageClickEventArgs e)
   {
      Response.Redirect("index.aspx");
   }

   protected void ImageButton2_Click(object sender, ImageClickEventArgs e)
   {
      Response.Redirect("allContent.aspx");
   }

   protected void ImageButton3_Click(object sender, ImageClickEventArgs e)
   {
      Response.Redirect("GLContent.aspx");
   }
```

(6) 在解决方案资源管理器中右击站点 ch10，在弹出的快捷菜单中选择【添加】|【新建项】命令，在弹出的对话框中选择母版文件，添加母版页 MasterPage.master。在该页面中添加两个 DIV，第一个用来控制网站的首部，故在该 DIV 内直接拖动添加刚设计的 Header 控件；第二个 DIV 用来设置网站中的主要内容。

10.3.2 index.aspx 页面的设计

在 index.aspx 页面中应完成发表留言的功能，且能显示近期留言，具体操作步骤如下。

(1) 在解决方案资源管理器中，右击站点 ch10，在弹出的快捷菜单中选择【添加】|【Web 窗体】命令，添加 Web 页面 index.aspx，并选择母版页 MasterPage.master。

(2) 在 index.aspx 页面中添加一个 6 行 2 列的表格(也可以不添加表格进行设计，要想使得版面美观大方，可以设计 CSS 样式)。在表格的单元格中输入文本，添加 4 个 TextBox 控件，用来输入用户的基本信息；2 个 Button 控件，用来提交发表的留言；1 个 DataList 控件，用来显示近期发表的留言。调整各控件的位置和大小，如图 10-3 所示。

图 10-3 首页设计界面

(3) 在留言板模块中，因为要进行数据库的增、删操作，故在站点中添加一个操作类 Operator 和实体类 ContentText。其中，Operator 类用来实现数据库的操作，ContentText 类用来描述留言信息。在解决方案资源管理器中右击站点 ch10，在弹出的快捷菜单中选择【添加】|【新建项】命令，在弹出的对话框中添加类文件，并命名为 ContentText.cs。第一次添加类文件时，会提示是否将该类文件放置在 App_Code 文件夹中，如果单击"是"按钮，则该网站中以后添加的其他类文件将自动放入该文件夹，从而可以进行很好的管理。在 ContentText.cs 类文件中添加的代码如下。

```
public class ContentText
{
    string userName;
    string email;
    string qq;
    string content;
    string reply;

    public string UserName { get; set; }
```

```
public string Email { get; set; }
public string QQ { get; set; }
public string Content { get; set; }
public string Reply { get; set; }
public ContentText()
{
    //TODO：在此处添加构造函数逻辑
}
}
```

(4) 打开 Web.config 文件,在该文件中添加数据库连接字符串的节点 connectionStrings,
代码如下。

```
<connectionStrings>
  <add name="conStr"
      connectionString="Data Source=.;database= ContentDB;Trusted_Connection=True;"  />
</connectionStrings>
```

此节点的作用是设置连接数据库的字符串,其中,DataSource 属性表示服务器的名称,
"."表示本地服务器,database 属性表示数据库的名称,Trusted_Connection 属性表示是否
为信任连接。

(5) 添加操作类 Operator.cs,导入命名空间 System.Data.SqlClient 和 System.Data,在操
作类中添加连接数据库的方法 ConnectionDB()、增加留言的方法 AddContent()和访问前 5 条
留言的方法 getData()。和数据库相关的操作都可以放在该类中,方法定义为 static,以便其
他页面直接通过类名访问。如要访问 ConnectionDB() 方法,则可通过调用
Operator.ConnectionDB()访问。代码如下。

```
public Operator()
    {
        //TODO：在此处添加构造函数逻辑
    }
    //连接数据库
    public static SqlConnection ConnectionDB()
    {
        string str = ConfigurationManager.ConnectionStrings["conStr"].ConnectionString;
        SqlConnection con = new SqlConnection(str);
        return con;
    }
    //增加一条记录，方法参数为一个 ContentText 对象
    public static bool AddContent(ContentText ct)
    {
        try
        {
            SqlConnection con = Operator.ConnectionDB();
            con.Open();
            //设置执行 SQL 命令的语句
            string str = "insert into ContentText(userName,Email,qq,Content,addTime)
                values(@userName,@Email,@qq,@Content,@addTime)";
            SqlCommand cmd = new SqlCommand(str, con);
            SqlParameter param = new SqlParameter("@userName", SqlDbType.Char, 10);
            param.Value = ct.UserName;
            cmd.Parameters.Add(param);
            param = new SqlParameter("@Email", SqlDbType.Char, 20);
            param.Value = ct.Email;
            cmd.Parameters.Add(param);
            param = new SqlParameter("@qq", SqlDbType.Char, 10);
            param.Value = ct.QQ;
```

```
            cmd.Parameters.Add(param);
            param = new SqlParameter("@Content", SqlDbType.NVarChar);
            param.Value = ct.Content;
            cmd.Parameters.Add(param);
            param = new SqlParameter("@addTime", SqlDbType.VarChar);
            param.Value = ct.AddTime;
            cmd.Parameters.Add(param);
            //执行数据库操作
            cmd.ExecuteNonQuery();
            return true;
        }
        catch
        {
            return false;
        }
    }
    //求前 5 条留言信息
    public static DataSet getData()
    {
        SqlConnection con = Operator.ConnectionDB();
        string str = "select top 5 * from ContentText order by  id desc";
        SqlCommand cmd = new SqlCommand(str, con);
        SqlDataAdapter dapt = new SqlDataAdapter(cmd);
        DataSet ds = new DataSet();
        dapt.Fill(ds, "ContentText");
        return ds;
    }
```

代码说明如下。

在 Operator 类中，首先定义了一个 ConnectionDB()方法，该方法返回一个 SqlConnection
对象。

在 AddContent()方法中，返回值为布尔型数据，即如果添加成功，返回 true 值，否则返
回 false 值。该方法带有一个参数，该参数为 ContentText 对象，主要用来接收首页 index.aspx
文件中的数据，如用户名等。在方法体中，首先调用 ConnectionDB()方法连接数据库，字符
串 str 设置了要执行的 SQL 语句为插入(insert)语句，字符串@userName,@Email,@qq,
@Content 表示一些存储参数。userName 的值来自以下代码段的设置。

```
SqlParameter param = new SqlParameter("@userName", SqlDbType.Char, 10);
param.Value = ct.userName;
cmd.Parameters.Add(param);
```

SqlParameter 类表示 SqlCommand 的参数。

事实上，str 字符串也可以直接设置如下。

```
string str=" insert into ContentText(userName,Email,qq,Content)
values('"+ct.userName+"','"+ct.Email+"','"+ct.qq+"','"+ct.Content+"')";
```

但是此字符串包含多种字符，如单引号“'”和逗号“,”，这样很容易出错，故采用
了 SqlParameter 对象作为 SqlCommand 的参数。

(6) 打开 index.aspx 页面，在文件中添加绑定数据控件的方法 dataBd()，代码如下。

```
public void dataBd()
    {
        DataSet ds = Operator.getData();
        int count = ds.Tables["ContentText"].Rows.Count; //留言信息条数
        //设置所有回复信息为空的留言
        for (int i = 0; i < count; i++)
```

```
        {
            if (ds.Tables["ContentText"].Rows[i][6].ToString() == "")
            {
                ds.Tables["ContentText"].Rows[i][6] = "还没有回复，请耐心等待…";
            }
        }
        DataList1.DataSource = ds.Tables["ContentText"].DefaultView;
        DataList1.DataBind();
    }
```

代码说明如下。

在 dataBd()方法中，先调用 Operator 类中的 getData()方法，选出数据库表 ContentText 中的前 5 条信息，然后用 for 循环语句设置没有回复的留言，再用两条语句将 ds 对象中的数据绑定在 DataList1 控件上。

(7) 打开 index.aspx 页面，对 DataList1 控件进行模板编辑，分别设置其 HeaderTemplate 项和 ItemTemplate 项，部分 HTML 标记如下。

```
<asp:DataList ID="DataList1" runat="server">
    <HeaderTemplate>
      <table style="width: 100%; color: #0000ff"><tr>
<td bgcolor="#9ad3ff" style="width: 800px; height: 38px; text-align: left;">
        <strong><span style="font-family: 楷体_GB2312">留言板内容</span></strong></td>
        </tr></table>
    </HeaderTemplate>
    <ItemTemplate>
        <table bordercolor="#00ccff" bordercolordark="#0099ff"bordercolorlight="#0099ff"
style="width: 800px; height: 78px" cellpadding="0" cellspacing="0">
        <tr><td style="width: 800px; height: 50px">
        <table style="width: 800px; height: 17px" cellpadding="0" cellspacing="0">
        <tr><td style="width: 200px; text-align: right; height: 27px;">
        <span style="font-size: 10pt; color: #ff0000">
          <%# DataBinder.Eval(Container.DataItem, "userName")%> </td>
<td style="width: 400px; text-align: left; height: 27px;">
        <span style="font-size: 10pt; color: #00bcd7">留言于    
<%# DataBinder .Eval (Container .DataItem ,"addtime") %></span>
        </td> </tr> </table>
<hr color ="blue" size ="1" width ="750" /> </td></tr> <tr>
<td style="width: 800px; height: 102px; text-align: left;">
        <div style="text-align: left">
        <table  style="width: 800px; height: 100px" cellpadding="0" cellspacing="0">
        <tr><td style="width: 800px; height: 34px">
<span style="font-size: 10pt; color: #000000">    
<%# DataBinder .Eval(Container .DataItem ,"Content" )%>
        </span></td></tr><tr>
    <td style="width: 800px; height: 26px">
    <span style="font-size: 10pt; color: #2c80ff">     回复:
    <%# DataBinder .Eval(Container .DataItem ,"reply" )%> </span>
</td></tr></table> </div></td></tr></table> </ItemTemplate>
```

代码说明如下。

以上 HTML 标记大部分通过控件设置，无须手写代码，需要添加的代码是<% %>标记中的数据绑定。

(8) 打开 index.aspx 页面，为【提交】按钮添加 Click 事件的处理代码。

```
protected void Button2_Click(object sender, EventArgs e)
{
    ContentText ct = new ContentText();
        ct.UserName = txtName.Text.Trim();
        ct.Email = txtEmail.Text.Trim();
        ct.QQ = txtQQ.Text.Trim();
        ct.Content = txtContent.Text.Trim();
        ct.AddTime = DateTime.Now.ToShortDateString();
        if (ct.Content == "")
        {
            Response.Write("<script>alert('请留言! ')</script>");
        }
        else if (Operator.AddContent(ct))
        {
            Response.Write("<script>alert('留言成功, 欢迎多留言! ')</script>");
            this.dataBd();
        }
        else
        {
            Response.Write("<script>alert('操作错误! ')</script>");
        }
}
```

代码说明如下。

在上段代码中, 首先定义了一个 ContentText 对象 ct, 其次设置 ct 对象的各个字段为用户输入的数据, 其中用户名和留言不能为空。对用户名和邮件格式的检测通过验证控件来实现, 而对于留言是否为空则通过 if 语句判断。当留言不为空时, 调用 Operator 类的 AddContent()方法, 将输入的用户信息存入数据库中。

为【重置】按钮添加 Click 事件的处理代码。

```
protected void Button1_Click(object sender, EventArgs e)
{
    txtName.Text = "";
    txtEmail.Text = "";
    txtQQ.Text = "";
    txtContent.Text = "";
}
```

(9) 为 Page 对象的 Load 事件添加处理代码, 绑定 DataList 控件, 并显示部分留言信息, 代码如下。

```
protected void Page_Load(object sender, EventArgs e)
{
    if (!Page.IsPostBack)
    {
        this.dataBd();
    }
}
```

至此, 首页设计完成。将 index.aspx 设置为起始页, 运行程序, 输入用户的信息和留言, 如图 10-4 所示。

单击【提交】按钮, 将弹出提交成功的对话框, 在该对话框中单击【确定】按钮, 将留言信息提交给数据库, 此时的页面如图 10-5 所示。

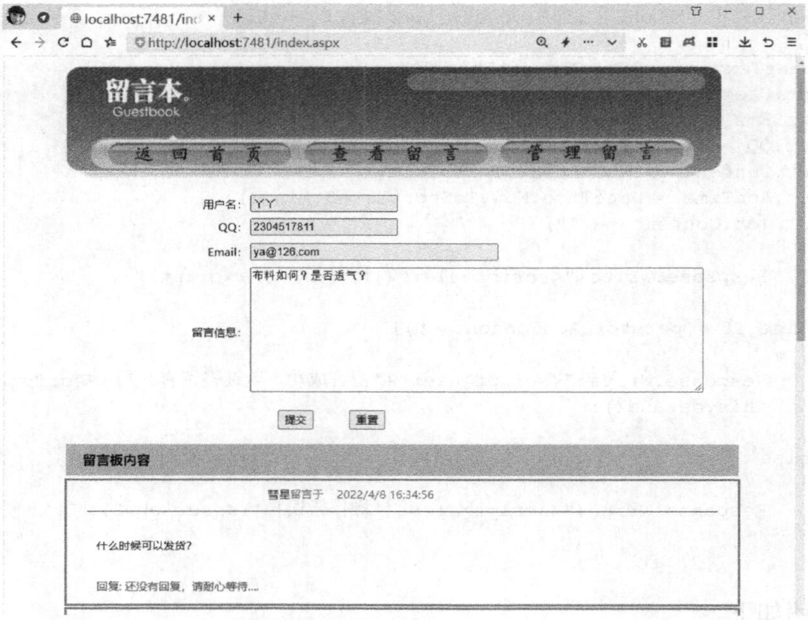

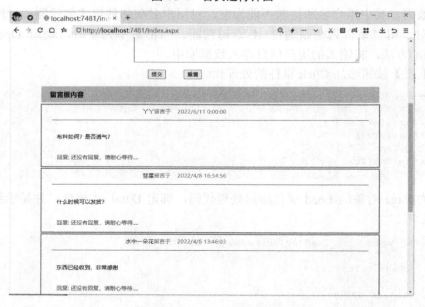

图 10-4　首页运行界面

图 10-5　提交成功页面

10.3.3　查看留言页面的设计

在首页中单击【查看留言】按钮，将打开查看留言页面 allContent.aspx，在此页面中通过 DataList 控件显示所有的留言信息。用户在此页面中可以查看留言是否被回复以及回复的内容。具体操作步骤如下。

(1) 打开站点 ch10，在解决方案资源管理器中右击站点文件，在弹出的快捷菜单中选

择【添加】|【Web 窗体】命令，添加新的 Web 页面 allContent.aspx，注意选择母版页。allContent.aspx 页面与首页中的留言内容相似，故本节只描述两者不同的地方。在 allContent.aspx 页面中，添加表格并设置表格中单元格的文本内容，添加 DataList 控件并设置 DataList 控件的模板列，如图 10-6 所示。

图 10-6　设计页面

(2)　因为 DataList 控件没有内置的分页功能，所以需通过写代码来实现分页。在表格的最后一行添加两个 LinkButton 控件，分别表示【上一页】按钮和【下一页】按钮，将它们的 ID 分别设置为 lbtnNext 和 lbtnPre，CommandName 属性设置为 next 和 pre。添加 3 个 Label 控件，分别用来显示留言总数、总页数和当前页。清空 Label 控件的 Text 属性，它们的 ID 分别设置为 lbCount、lblCurrentPage 和 lblPageCount。调整控件的位置和大小，如图 10-7 所示。

图 10-7　分页设置

(3)　设计页面已完成，接下来添加一些属性和操作方法。打开 Operator.cs 类文件，在该类中添加计算留言总数的方法 Counts()和获取所有留言信息的方法 DataFill()，代码如下。

```
public int Counts()
{
    int Count;
    SqlConnection con = Operator.ConnectionDB();
    con.Open();
    string str = "select count(*)  from ContentText";
    SqlCommand cmd = new SqlCommand(str, con);
    Count = Convert.ToInt32(cmd.ExecuteScalar());
    return Count;
```

```
}
public static DataView DataFill(int CurrentPage,int pageSize)
{
     SqlConnection con = Operator.ConnectionDB();
     con.Open();
     int startIndex;
     startIndex = CurrentPage * pageSize; //设定导入的起始地址
     string str = "select * from ContentText order by id desc";
     SqlCommand cmd = new SqlCommand(str, con);
     SqlDataAdapter dapt = new SqlDataAdapter(cmd);
     DataSet ds = new DataSet();
     //填充数据集
     dapt.Fill(ds, startIndex, pageSize, "ContentText");
     int count = ds.Tables["ContentText"].Rows.Count;
     for (int i = 0; i < count; i++)
     {
        if (ds.Tables["ContentText"].Rows[i][6].ToString() == "")
        {
            ds.Tables["ContentText"].Rows[i][6] = "还没有回复，请耐心等待....";
        }
     }
     return ds.Tables["ContentText"].DefaultView;
}
```

代码说明如下。

上述代码段中，SQL 语句用来计算留言信息表中所有留言记录的条数，而 SqlCommand 对象的 ExecuteScalar()方法表示返回结果集中第一行第一列的值。

在 DataFill()方法中，语句 dapt.Fill(ds, startIndex, pageSize, "ContentText");表示从设定的记录开始填充数据集，startIndex 表示导入的起始地址，pageSize 表示每页显示的记录数。此方法最后返回一个 DataView 对象。

(4) 打开 allContent.aspx.cs 文件，在该类文件中添加 DataBg()方法，用来绑定 DataList 数据控件，代码如下。

```
public void DataBg()
{
     DataList1.DataSource =Operator.DataFill(CurrentPage,pageSize);
     DataList1.DataBind();
     lbtnPre.Enabled = true;
     lbtnNext.Enabled = true;
     if (CurrentPage == (PageCount - 1))
        lbtnNext.Enabled = false;
     if (CurrentPage == 0)
        lbtnPre.Enabled = false;
     lblCurrentPage.Text = (CurrentPage + 1).ToString();
}
```

代码说明如下。

此方法用来绑定 DataList 控件的数据，并设置【上一页】按钮和【下一页】按钮是否可用，且设置 Label 控件(即"当前页"文本)的 Text 属性。

(5) 打开 allContent.aspx.cs 文件，添加几个全局变量，分别表示每页显示的记录数、总记录数、当前页、总页数，并在 Page_Load 事件中添加以下代码。

```
int pageSize, RecordCount, PageCount, CurrentPage;
protected void Page_Load(object sender, EventArgs e)
{
     pageSize = 3; //每页显示的记录数
```

```
        if (!Page.IsPostBack)
        {
            this.DataBg();
            CurrentPage = 0;
            ViewState["PageIndex"] = 0;
            RecordCount = Operator.Counts();
            lbCount.Text = RecordCount.ToString();
            if (RecordCount % pageSize == 0)
            {
                PageCount = RecordCount / pageSize;
            }
            else
            {
                PageCount = RecordCount / pageSize + 1;
            }

            lblPageCount.Text = PageCount.ToString();
            ViewState["PageCount"] = PageCount;
        }

}
```

代码说明如下。

在代码中，首先调用 DataBg()方法绑定 DataList 控件，并设置 CurrentPage 的初始值为 0，通过 ViewState 对象存储 PageIndex 和 PageCount 的值。

（6）　在 allContent.aspx 页面中，选择"上一页"LinkButton 控件，在属性窗口中，找到 Command 事件并双击，编写事件的处理代码如下。

```
protected void lbtnPre_Command(object sender, CommandEventArgs e)
{
    CurrentPage = (int)ViewState["PageIndex"];
    PageCount = (int)ViewState["PageCount"];
    string cmd = e.CommandName;
    switch (cmd)
    {
        case "next":
        {
            if (CurrentPage < (PageCount - 1))
                CurrentPage++;
            break;
        }
        case "pre":
        {
            if (CurrentPage > 0)
                CurrentPage--;
            break;
        }
    }
    ViewState["PageIndex"] = CurrentPage;
    this.DataBg();
}
```

代码说明如下。

上述代码中，首先获取 ViewState 对象中存储的项 PageIndex 和 PageCount 的值，通过 LinkButton 控件的 CommandName 属性判断选择的是 pre 还是 next。如果是 next，表示【下一页】，故当前页应加 1；如果是 pre，表示【上一页】，故当前页应减 1。

💡 **注意：** 【下一页】LinkButton 控件的 Command 事件名应与【上一页】LinkButton 控件相同。具体做法是选择【下一页】控件，在属性窗口中，找到【下一页】的 Command 事件，在下拉列表中选择 lbtnPre_Command 事件。

至此，查看留言页面设计完成。运行程序，单击【查看留言】按钮，界面如图 10-8 所示。

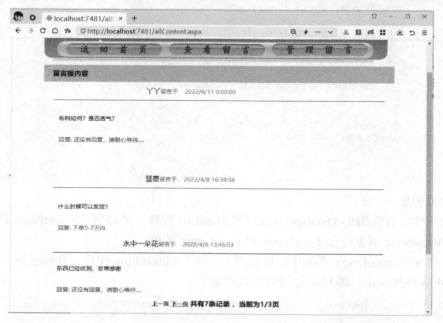

图 10-8　查看留言

单击【下一页】按钮，运行结果如图 10-9 所示。

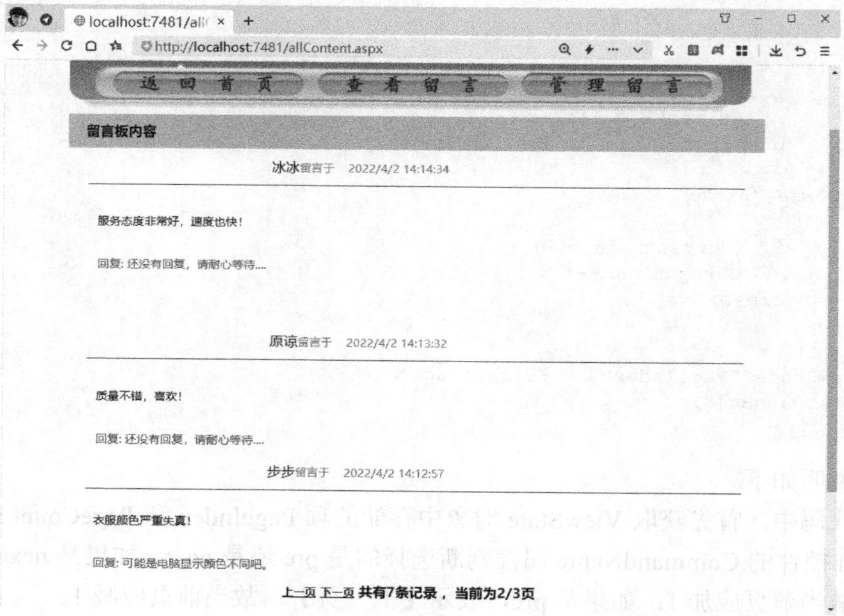

图 10-9　下一页显示界面

10.3.4 管理留言

管理留言页面只有管理员才有操作权限，其他用户无权操作，故先设计 Login.aspx 登录页面，登录页面与第 8 章中的登录界面类似，在此不再详细介绍。登录页面的最终效果如图 10-10 所示。

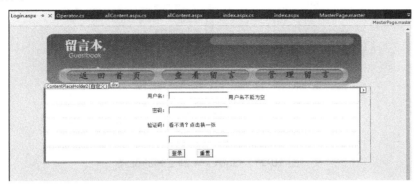

图 10-10 登录页面设计

【登录】按钮的 Click 事件代码如下所示。

```
protected void Button1_Click(object sender, EventArgs e)
    {
        string name = txtName.Text.Trim();
        string pswd = txtPasswd.Text.Trim();
        string code = txtCode.Text.Trim();

        SqlConnection con = Operator.ConnectionDB();
        con.Open();
        string str = "select count(*) from userTable";
        SqlCommand cmd = new SqlCommand(str, con);
        int count = Convert.ToInt32(cmd.ExecuteScalar());

        if (count > 0 && ((Session["checkCode"].ToString() == code)))
        {
            Session["name"] = name;
            Response.Redirect("GLContent.aspx");
        }

        else
            Response.Write("<script>alert('登录不成功，请检查输入信息');</script>");
    }
```

当管理员登录成功后，就可以管理所有留言了，包括回复留言和删除已过期的留言。具体设计步骤如下。

(1) 设计管理留言页面。在站点 ch10 中添加一个新页面 GLContent.aspx，选择母版页，在该页面中添加表格，在表格的单元格内添加一个 GridView 控件，为 GridView 控件添加各绑定列，如图 10-11 所示。设置各绑定列的 DataField 属性和 HeaderText 属性，其中 DataField 属性为数据库表 ContentText 中的各个字段名。

(2) 为 GridView 控件添加两个 CommandField 按钮列，其中一个用来删除选定行的数据，设置其 ButtonType 属性为 Button，表示显示形式为按钮；另外一个用来链接回复页面，设置其 ButtonType 属性为 Link，表示显示形式为链接，如图 10-12 所示。

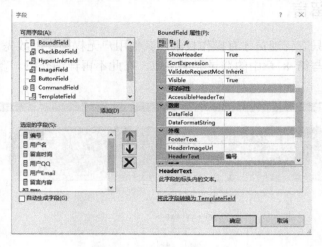

图 10-11　GridView 绑定列的设置

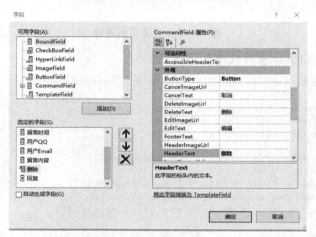

图 10-12　GridView 控件按钮列的设置

对 GridView 控件的具体设置请参考第 7 章相关的内容。最终的设计界面如图 10-13 所示。

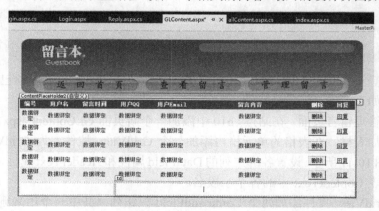

图 10-13　管理留言页面的设计

（3）打开操作类 Operator，在操作类中添加删除留言的方法 DelContent()，代码如下。

```
public static bool  DelContent(int id)
{
   try
   {
      SqlConnection con = Operator.ConnectionDB();
      con.Open();
      string str = "delete from ContentText where id=" + id;
      SqlCommand cmd = new SqlCommand(str, con);
      cmd.ExecuteNonQuery();
      return true ;
   }
   catch
   {
      return false ;
   }
}
```

代码说明如下。

在 DelContent()方法中有一个参数 id，此参数是数据库表 ContentText 的主键。

（4）打开 Operator 类文件，在其中添加绑定所有留言信息的方法 DataFill()，在 10.3.3 小节中 Operator 类中已包含了一个 DataFill()方法，用来实现分页功能，带有 2 个参数。而此方法为同名方法，不带有参数，代码如下。

```
public DataView DataFill()
{
   SqlConnection con = Operator.ConnectionDB();
   con.Open();
   string str = "select * from ContentText order by id desc";
   SqlCommand cmd = new SqlCommand(str,con);
   SqlDataAdapter dapt = new SqlDataAdapter(cmd);
   DataSet ds = new DataSet();
   dapt.Fill(ds,"ContentText");
   return ds.Tables["ContentText"].DefaultView;
}
```

（5）打开 GLContent.aspx.cs 文件，首先在此类中添加数据绑定方法 DataBg()，将数据库表 ContentText 中的数据绑定到 GridView 控件上，代码如下。

```
protected void Page_Load(object sender, EventArgs e)
{
   if (Session["name"] != null)
   {
      if (!Page.IsPostBack)
      {
         this.DataBg();
      }
   }
   else
   {
      Response.Redirect("Login.aspx");
   }
}
   public void DataBg()
   {
      GridView1.DataSource = Operator.DataFill();
      GridView1.DataBind();
   }
```

(6) 添加【删除】按钮的事件处理代码。在 GridView 控件的属性窗口上单击 按钮，添加 RowDeleting 事件，代码如下。

```
protected void GridView1_RowDeleting(object sender, GridViewDeleteEventArgs e)
{
    int id = Convert.ToInt32(GridView1.Rows[e.RowIndex].Cells[0].Text.ToString());
    if (Operator.DelContent(id))
    {
        Response.Write("<script>alert('删除成功')</script>");
        this.DataBg();
    }
    else
    {
        Response.Write("<script>alert('删除不成功')</script>");
    }
}
```

代码说明如下。

第一行代码表示获取当前行的第一个单元格的数据，其中 Rows 属性表示 GridView 控件的数据行，e.RowIndex 表示当前行的索引，Cells[0]属性表示第一个单元格。

(7) 添加【回复】按钮的事件处理代码。在 GridView 控件的属性窗口上单击 按钮，添加 SelectedIndexChanging 事件的处理代码如下。

```
protected void GridView1_SelectedIndexChanging(object sender, GridViewSelectEventArgs e)
{
    int id = Convert.ToInt32(GridView1.Rows[e.NewSelectedIndex].Cells[0].Text.ToString());
    string username = GridView1.Rows[e.NewSelectedIndex].Cells[1].Text.ToString();
    string content = GridView1.Rows[e.NewSelectedIndex].Cells[5].Text.ToString();
    Session["id"] = id;
    Session["name"] = username;
    Session["content"] = content;
    Response.Redirect("Reply.aspx");
}
```

代码说明如下。

在代码中，e.NewSelectedIndex 表示选中行的索引，通过 Session 对象存储用户的 id、用户名和留言内容。

(8) 在站点 ch10 中，新建一个页面 Reply.aspx，添加各控件，将留言信息和回复内容两个 TextBox 控件的 TextMode 属性设置为 MultiLine，表示多行显示，其 id 属性分别为 txtContent 和 txtReply，最终界面设计如图 10-14 所示。

(9) 打开 Reply.aspx.cs 文件，添加 Page 对象的 Load 事件处理代码如下。

```
protected void Page_Load(object sender, EventArgs e)
{
    if (!Page.IsPostBack)
    {
        if (Session["name"] != null) {
        txtName.Text = Session["name"].ToString();
        txtContent.Text = Session["content"].ToString();
        }
        else
        {
            Response.Redirect("Login.aspx");
        }
    }
}
```

代码说明如下。

在 Page_Load 事件处理代码中，通过 Session 对象获取属性 name 和 content 的值，并在页面相应的控件中显示数据。

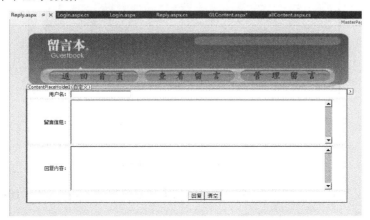

图 10-14　回复留言界面设计

(10) 双击【回复】按钮，添加 Button1 控件的 Click 事件处理代码如下。

```
protected void Button1_Click(object sender, EventArgs e)
{
    try
        {
            SqlConnection con = Operator.ConnectionDB();
            con.Open();
            string str = "update contentText set Reply='" + txtReply.Text + "' where
                id=" + Session["id"].ToString();
            SqlCommand cmd = new SqlCommand(str, con);
            cmd.ExecuteNonQuery();
            Response.Write("<script>alert('回复成功')</script>");
            Response.Redirect("allContent.aspx");
            con.Close();
        }
    catch
        {
            Response.Write("<script>alert('数据操作错误')</script>");
        }
}
```

代码说明如下。

在程序中，字符串 str 中的 Update 语句表示更新数据库的数据，将回复内容添加到数据表 ContentText 中，更新成功后，弹出提示回复成功的对话框，并链接到 allContent.aspx 页面。

(11) 双击【清空】按钮，添加 Button2 控件的 Click 事件处理代码如下。

```
protected void Button2_Click(object sender, EventArgs e)
{
    txtReply.Text = "";
}
```

(12) 保存所有文件，将 index.aspx 设置为起始页，运行程序，单击【管理留言】按钮，打开如图 10-15 所示的管理员登录界面。

图 10-15　管理员登录界面

输入用户名、密码和正确的验证码后，单击【登录】按钮，打开如图 10-16 所示的界面。

图 10-16　管理留言界面

选择第一行数据，单击【删除】按钮，将弹出提示删除成功的对话框，如图 10-17 所示。

图 10-17　删除留言界面

选择编号为 6 的数据行，单击【回复】按钮，打开回复留言界面，如图 10-18 所示。

图 10-18 回复留言界面(1)

输入回复内容，单击【回复】按钮，如图 10-19 所示。

图 10-19 回复留言界面(2)

小　　结

本章介绍了网站建设中的常用模块：留言板模块。通过模仿淘宝网中"买家留言，卖家回复"的功能，详细介绍了留言板的制作过程。可以看到，其中主要的操作是数据库操作，包括数据库的连接，数据库数据的增加、删除、修改等。本章还详细介绍了 DataList

控件和 GridView 控件的使用方法，因为 DataList 没有内置的分页功能，在本章 10.3.3 小节中详细介绍了实现 DataList 分页的方法。

本章重点及难点：

(1) SqlConnection 类、SqlCommand 类、SqlDataAdapter 类和 DataSet 类的使用方法。

(2) DataList 控件和 GridView 控件的使用方法。

(3) 使用 DataList 控件实现分页的方法。

(4) 数据库的编程操作，包括增、删、改操作。

习　　题

一、选择题

1. SqlConnection 类位于(　　)命名空间中。

　　A. System.Data.OleDb　　　　　　　　B. System.Data.SqlClient

　　C. System.Data.Odbc　　　　　　　　　D. System.Data.OracleCliNET

2. SQL 语句中，insert into 的功能是(　　)。

　　A. 修改数据　　　　　　　　　　　　B. 删除数据

　　C. 查询数据　　　　　　　　　　　　D. 插入数据

3. 填充数据集的方法是(　　)。

　　A. Fill()　　　　　　　　　　　　　　B. Add()

　　C. Clear()　　　　　　　　　　　　　D. Close()

二、填空题

1. 打开和关闭数据库连接的方法分别为_____和_____。

2. _____是 DataSet 和 SQL Server 之间的桥接器，用于检索和保存数据。

3. 在 Visual Studio 中，使用_____控件代替 DataGrid 控件并添加了新的功能；但是也可选择保留 DataGrid 控件以备向后兼容和将来使用。

三、问答题

1. 简述 DataList 控件绑定数据的方法。

2. 一个用户的用户名为"多多"，QQ 号为 1475895，E-mail 为 duo@sohu.com，请写出将该用户记录插入 ContentText 表的 SQL 语句。

四、上机操作题

1. 上机实现本章介绍的实例。

2. 给本章实例中的留言管理页面添加分页功能。

第 11 章　文件上传下载模块

文件的上传和下载是 Web 应用程序开发中的一项重要功能。随着信息时代的发展，越来越多的网站开始使用网络来存储图片，这就需要网站本身具有上传文件的功能。在 ASP.NET 2.0 以上的版本中，实现文件的上传和下载非常容易，本章将通过一个具体的实例来介绍文件上传和下载的实现过程。

本章学习目标：

◎　了解文件上传和下载的流程。

◎　掌握 FileUpLoad 控件的使用方法。

◎　掌握将图片或文件上传到服务器的实现过程。

◎　掌握将图片或文件保存到数据库的实现过程。

11.1　文件上传下载的设计思想

本章要实现的功能包括文件上传和文件下载。其中，文件上传功能主要通过控件来实现，应用程序中允许用户把文件上传到 Web 服务器。尽管在 ASP.NET 1.X 中也可以完成该功能，但在 ASP.NET 2.0 中使用 FileUpload 控件会更简单。使用它可以很方便地上传文件，它不仅可以上传图片，上传其他的文档(如*.doc 文档)也适用。FileUpload 服务器控件的 HTML 标记如下。

```
<asp:FileUpload ID="FileUpload1" runat="server" />
```

本章主要介绍两种上传文件的方法，一种是通过 FileUpLoad 控件来实现将文件或图片上传至服务器的指定文件夹中，另一种是将文件或图片保存在数据库的数据表中。

在本程序中，将建立两个文件夹、14 个文件和 7 个页面，主要的难点是将图片的二进制码保存至数据库，并取出图片数据进行显示。上传文件和下载模块的文件结构图如图 11-1 所示。

关于各文件的说明如下。

(1) upFile.aspx 页面：上传文件的页面，文件上传成功将显示文件的基本信息。用户选择上传文件，并填写另存文件名称，单击【上传】按钮，将实现把文件上传至服务器 upLoad 文件夹中的功能。

(2) DownFile.aspx 页面：下载文件的页面，通过 ListBox 控件显示可以下载的文件。用户选择要下载的文件，单击【下载】按钮，将实现把文件保存至本地计算机的功能。

(3) upPicture.aspx 页面：上传图片的页面，将图

图 11-1　文件结构图

片保存至数据库。用户填写图片的基本信息，单击【添加图片】按钮，将实现把图片的路径保存至数据库的功能。

(4) showPicture.aspx 页面：显示数据库中图片的页面，读取数据库中图片的路径并绑定在 DataList 控件中，显示图片。

(5) upImage.aspx 页面：上传图片的页面，将图片保存至数据库。与 upPicture.aspx 页面不同的是，该页面在数据库中保存的是图片的二进制码数据。

(6) showImage.aspx 页面：显示图片基本信息的页面，通过 GridView 控件显示图片的基本信息，并设置超链接列，用于显示图片。

(7) showImage_1.aspx 页面：显示图片的页面，与 showPicture.aspx 页面的超链接列相关联。

(8) upload 文件夹：保存上传文件的文件夹。

(9) images 文件夹：保存上传图片的文件夹。也可以不建立 images 文件夹，直接使用 upload 文件夹保存图片。

11.2 设计前的准备

在实现具体功能之前，先了解文件上传和下载所需要用到的一些关键技术。

11.2.1 FileUpLoad 服务器控件

FileUpLoad 服务器控件是.NET 提供的一个专门用来处理文件上传的控件，该控件让用户更容易浏览和选择上传的文件，它包含一个浏览按钮和用于输入文件名的文本框。只要用户在文本框中输入了完全限定的文件名，无论是直接输入或通过浏览按钮选择，都可以调用 FileUpLoad 的 SaveAs()方法保存到磁盘上。

除了从 WebControl 类继承的标准成员，FileUpLoad 控件还包括表 11-1 中所列的属性。

表 11-1 FileUpLoad 控件的属性

名 称	类 型	说 明
FileContent	stream	返回一个指向上传文件的流对象
FileName	string	返回要上传文件的文件名称，不包含路径信息
HasFile	boolean	如果是 true，则表示该控件有文件要上传
PostedFile	httpPostedFile	返回已经上传文件的引用

其中，PostedFile 的属性如表 11-2 所示。

如果上传的是图片，且上传后要显示，则需设置 ContentType 属性为客户端发送文件的 MIME 类型。MIME 类型用于指定客户端 Web 浏览器和邮件应用程序处理二进制数据的方式。MIME 属性采用 application/type 的形式，其中 application 表示应用程序或应用程序的类，而 type 表示唯一的 MIME 类型。简单地讲，MIME 类型就是文件的后缀名，如.gif、.jpg、.txt 等。若文件的后缀名为.gif，则 ContentType 的属性值为 image/gif。在实际应用中，如果不设置 ContentType 属性，那么系统会提示保存该文件，而不是在浏览器上显示。

表 11-2 PostedFile 的属性

名　　称	类　型	说　明
ContentLength	integer	返回上传文件的按字节表示的文件大小
ContentType	string	返回上传文件的 MIME 内容类型
FileName	string	返回文件在客户端的完全限定名
InputStream	stream	返回一个指向上传文件的流对象

11.2.2　System.IO 命名空间

在 System.IO 命名空间中主要是帮助程序与文件系统对象和流进行交互的类。主要包括以下几个常用类。

(1) Directory 类：提供关于目录的各种操作。其中，获取当前目录下的所有文件的方法为 Directory.GetFiles()。该方法声明如下。

```
public static string[] GetFiles(string path);
```

其中，参数 path 表示文件的路径。

(2) File 类：提供有关文件的各种操作。其中，判断文件是否存在的方法为 Exist()方法。该方法声明如下。

```
public static bool  Exist(string path);
```

(3) FileInfo 类：提供有关文件的各种操作。其中，判断文件是否存在的属性为 Exist。

11.2.3　Response 对象

Response 对象在第 3 章已经详细介绍过，本小节将主要介绍 Response 对象在下载文件时所使用的方法和属性。

(1) AddHeader()方法：用来设置输出流 HTTP 标题的名称和值。该方法的具体用法如下。

```
Response.AddHeader("属性","值");
```

以下语句设置了 HTTP 标题显示的文件名和文件大小。

```
Response.AddHeader("Content-Disposition", "attachment;filename=" + fi.Name);
Response.AddHeader("Content-Length", fi.Length.ToString());
```

(2) ContentType 属性：用来获取或设置输出流 HTTP 的 MIME 类型。

(3) WriteFile()方法：用来将指定的文件直接写入 HTTP 响应输出流，即将所有缓冲的输出发送到客户端。

(4) BinaryWrite()方法：用来将一个二进制字符串写入 HTTP 输出流。

11.3 上传文件至服务器

本节主要介绍如何将文件上传至服务器的文件夹，并显示文件的相关信息。具体操作步骤如下。

(1) 打开 Visual Studio 开发工具，新建站点 ch11，右击 ch11 站点，在弹出的快捷菜单中选择【添加】|【Web 窗体】命令，添加新页面并命名为 upFile.aspx。

(2) 在站点 ch11 中添加文件夹 upload，用来保存上传的文件。

(3) 在 upFile.aspx 页面中，选择【表】|【插入表格】命令，添加一个 6 行 2 列的表格，在各单元格中输入文本内容，在第 2 行的第 2 个单元格中添加一个 FileUpLoad 控件，用来上传文件，添加其余各控件并调整各控件的位置和大小，如图 11-2 所示。

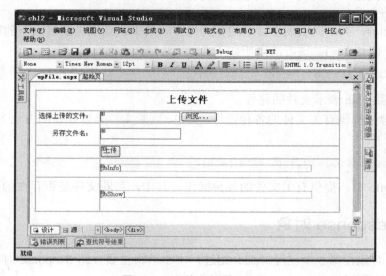

图 11-2 上传文件界面设计

其中，FileUpLoad 控件的 ID 属性设置为 fileUp，TextBox 控件的属性设置为 txtName，用来输入上传文件的另存文件名，两个 Label 控件的 ID 属性分别设置为 lbInfo 和 lbShow，用来描述上传文件是否成功，以及上传文件的基本信息。

(4) 双击【上传】按钮，为 Button1 控件的 Click 事件添加处理代码如下。

```csharp
protected void Button1_Click(object sender, EventArgs e)
    {
        string fileName;
        string[] str;
        if (fileUp.PostedFile.ContentLength != 0) //(fileUp.HasFile)
        {
            //指定上传文件在服务器上的保存路径
            string savePath = Server.MapPath("~/upload/");
            //检查服务器上是否存在这个物理路径，如果不存在则创建
            if (!System.IO.Directory.Exists(savePath))
            {
                System.IO.Directory.CreateDirectory(savePath);
            }
```

```
            fileName = fileUp.PostedFile.FileName.ToString();
            str = fileName.Split('\\');
            if (txtName.Text.Trim() != "")
            {
                savePath = savePath + "\\" + txtName.Text.Trim();
            }
            else
            {
                savePath = savePath + "\\" + str[str.Length - 1];
            }
            fileUp.PostedFile.SaveAs(savePath);

            lbInfo.Text = "文件上传成功! ";
            lbShow.Text = "上传的文件为: " + fileName + "<br>文件大小为: " +
                (fileUp.PostedFile.ContentLength / 1024) + "KB";
        }
        else
        {
            lbInfo.Text = "文件上传失败或指定的文件不存在! ";
            lbShow.Text = "";
        }

    }
```

代码说明如下。

上面的代码首先通过 fileUp.PostedFile.ContentLength 属性判断上传文件的大小，如果不为零，则获取上传文件的文件名。但 fileUp.PostedFile.FileName 文件名是一个包含了路径信息的完全限定名，此时需要取出上传文件的文件名，即取出最后一个以"\"开始的文件名，通过字符串函数 Split 来实现。如文件名为"E:\C#教材\Visual C# Web 编程\01 认识 ASP.NET.doc"，使用语句 str = fileName.Split('\\')将完全限定名分成多个字符串，str 中的字符串将为"E:""C#教材""Visual C# Web 编程""01 认识 ASP.NET.doc"，而语句 str[str.Length - 1]则是取出最后一个字符串，即"01 认识 ASP.NET.doc"。

程序中的 txtName 控件用来控制是否使用另存文件名，如果其 Text 属性为空，则直接保存为原文件名，否则保存为上传文件的文件名。

(5) 将 upFile.aspx 设置为起始页，运行程序，选择某个文件，输入要另存的文件名，如图 11-3 所示。

图 11-3 上传文件

(6) 单击【上传】按钮，则出现图 11-4 所示的运行界面。这时在站点 ch11 的 upload 文件夹下可以看到上传文件的信息，如图 11-5 所示。

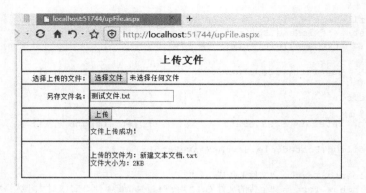

图 11-4 上传成功界面

图 11-5 保存后文件夹中的文件

11.4 从服务器下载文件

文件下载的关键技术主要是设置 Response 对象的 AddHeader 方法。首先通过 ListBox 控件显示服务器文件夹中下载文件的文件名，单击【下载】按钮，将文件保存到本地计算机。具体实现步骤如下。

(1) 在站点 ch11 中，新建 Web 页面 DownFile.aspx，在页面中添加一个 4 行 1 列的表格。在各单元格中输入文本内容，在第 3 行的单元格中添加一个 ListBox 控件，用来显示下载文件的文件名，在第 4 行单元格中添加一个 Button 控件，调整文本和各控件的大小和位置，如图 11-6 所示。

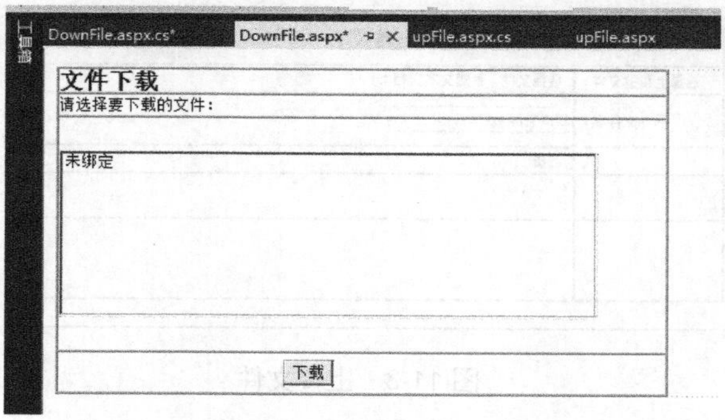

图 11-6 文件下载模块设计界面

(2) 设计 ListBox 控件显示的文件名。打开 DownFile.aspx.cs 文件，添加命名空间 System.IO，在 Page_Load 方法中，添加如下代码。

```
protected void Page_Load(object sender, EventArgs e)
{
    if (!Page.IsPostBack)
    {
        string[] str = Directory.GetFiles(Server.MapPath ("upload"));
        foreach (string fileName in str)
        {
            ListBox1.Items.Add(Path.GetFileName(fileName));
        }
    }
}
```

代码说明如下。

在代码中，首先通过 Directory 类的 GetFiles()方法来获取服务器文件夹 upload 下的各文件，将各文件依次与 ListBox 控件的 Items 属性绑定。字符串数组 str 保存的是文件的完全限定名。Path 类的 GetFileName()方法用来获取指定路径字符串的文件名和扩展名。所以在 ListBox 控件中显示的是各文件的文件名和扩展名。

(3) 打开 DownFile.aspx 页面，选择 ListBox 控件的 SelectedIndexChanged 事件，添加如下代码。

```
protected void ListBox1_SelectedIndexChanged(object sender, EventArgs e)
{
    Session["file"] = ListBox1.SelectedValue.ToString();
}
```

代码说明如下。

该代码主要实现当选中 ListBox 控件中的某一个文件时，通过 Session 对象记住该文件的名字。

(4) 双击【下载】按钮，为 Button1 按钮的 Click 事件添加处理代码如下。

```
protected void Button1_Click(object sender, EventArgs e)
{
    if (ListBox1.SelectedValue != "")
    {

        string path = Server.MapPath("upLoad/") + Session["file"].ToString();
        FileInfo fi = new FileInfo(path); //定义 FileInfo 对象
        if (fi.Exists)
        {
            Response.Clear();
            Response.ClearHeaders();//清除 HTTP 的标题
            //设置 HTTP 的 ContentType 属性
            Response.ContentType = "application/octet-stream";
            //设置 HTTP 的编码方式
            Response.ContentEncoding = System.Text.Encoding.UTF8;
            //设置 HTTP 标题的名称和值
            Response.AddHeader("content-disposition", "attachment;filename=" +
                System.Web.HttpUtility.UrlEncode(fi.Name));
            Response.AddHeader("Content-Length", fi.Length.ToString());
            Response.Filter.Close();
            //将所有缓存的输出发送至客户端
            Response.WriteFile(fi.FullName);
            Response.End();
```

```
    }
    else
    {
        Response.Write("<script>alert('对不起，文件不存在！');</script>");
        return;
    }
    }
}
```

代码说明如下。

在代码段中，首先通过 Server 对象的 MapPath()方法获取文件的路径，然后通过 Response 对象的一些方法和属性设置 HTTP 标题信息。

(5) 将 DownFile.aspx 设置为起始页，运行程序，如图 11-7 所示。

(6) 选择某个文件，单击【下载】按钮，弹出图 11-8 所示的【新建下载任务】对话框。

图 11-7 文件下载运行界面   图 11-8 【新建下载任务】对话框

(7) 在弹出的对话框中单击【浏览】按钮，选择保存的文件路径和文件名，单击【保存】按钮，开始下载文件，下载完成界面如图 11-9 所示。

图 11-9 文件下载完成界面

11.5 上传图片至数据库

在前面的章节中，主要介绍了将文件上传至服务器文件夹中的方法，此方法也适用于图片的上传。为了便于管理，有时也需要将图片文件上传至数据库保存。数据库保存图片的方式有两种，一种是保存图片的路径，另一种是保存图片数据。

11.5.1 保存图片路径

本小节主要介绍如何将图片上传至数据库，并保存图片的路径。具体操作步骤如下。

(1) 打开 SQL Server 企业管理器，创建数据库 ImageDB，创建一个存储图片信息的图片表 imageUpLoad，其设计如表 11-3 所示。

表 11-3　图片表

字段名称	数据类型	约　束	说　明
imageID	int	主键	自动编号
imageName	varchar	非空	图片名称
imageType	varchar	非空	图片类型
imageDes	varchar		图片说明
uploadDate	datatime	getdate	下载时间
imagePath	varchar		图片保存路径

(2)　打开站点 ch11，新建页面 upPicture.aspx，添加 1 个 Panel 控件，设置其 BorderWidth 属性为 1px，BorderColor 属性为 red，即设置 Panel 控件的边框宽度为 1px，边框颜色为红色。在 Panel 控件中添加一个 5 行 2 列的表格，在表格的各单元格中输入合适的文本，添加 1 个 FileUpLoad 控件，3 个 TextBox 控件，1 个 Button 控件，调整各控件的大小和位置，如图 11-10 所示。

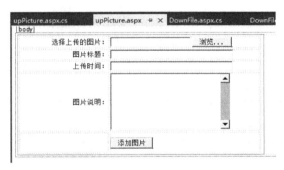

图 11-10　图片上传设计界面

3 个 TextBox 控件的 id 属性分别为：txtName、txtDate、txtDes。其中，txtDes 控件的 TextMode 属性设置为 MultiLine，表示多行。

(3)　双击【添加图片】按钮，为 Button1 控件的 Click 事件添加处理代码如下。

```
protected void Button1_Click(object sender, EventArgs e)
{
    string imgType, fileName, picName, imgPath,savePath;
    string[] str;
    if (imgUp.PostedFile.ContentLength != 0)
    {
        //获取完整的路径名
        fileName = imgUp.PostedFile.FileName.ToString();
        str = fileName.Split('.');
        imgType = str[str.Length - 1].ToLower (); //获取图片的类型
        if (imgType == "jpg" || imgType == "gif" || imgType == "jpeg")
        {   //设置图片的保存路径
            savePath = Server.MapPath("~/images/") ;
            //检查服务器上是否存在这个物理路径，如果不存在则创建
            if (!System.IO.Directory.Exists(savePath))
            {
                System.IO.Directory.CreateDirectory(savePath);
            }
            str = fileName.Split('\\');
```

```
        imgPath = "~/images/";
        if (txtName.Text.Trim() != "")
        {
            picName= txtName.Text.Trim();
        }
        else
        {
            picName = str[str.Length - 1];
        }
        savePath = savePath + picName;
        imgPath = "~/images/" + picName;
        imgUp.PostedFile.SaveAs(savePath);
        //将图片保存至数据库中
        string strCon = @"Server =.;database=imageDB;trusted_connection=true;";
        SqlConnection con = new SqlConnection(strCon);
        con.Open();
        string strsql = "insert into imageUpload(imageName,imageDes,imageType,
            imagePath) values(@imgName,@imgDes,@imgType,@imgPath)";
        SqlCommand cmd = new SqlCommand(strsql, con);
        SqlParameter param;
        param = new SqlParameter("@imgName", SqlDbType.VarChar, 20);
        param.Value = picName;
        cmd.Parameters.Add(param);
        param = new SqlParameter("@imgDes", SqlDbType.VarChar, 500);
        param.Value = txtDes.Text.Trim();
        cmd.Parameters.Add(param);
        param = new SqlParameter("@imgType", SqlDbType.VarChar, 50);
        param.Value = imgType;
        cmd.Parameters.Add(param);
        param = new SqlParameter("@imgPath", SqlDbType.VarChar, 50);
        param.Value = imgPath;
        cmd.Parameters.Add(param);
        cmd.ExecuteNonQuery();
        Response.Write("<script>alert('上传图片成功! ');
            window.open('showPicture.aspx');</script>");
        con.Close();
    }
    else
    {
        Response.Write("<script>alert('您选择的不是图片格式，请重新选择!')
            </script>");
    }
}
}
```

代码说明如下。

程序通过 FileUpLoad 控件将文件上传至站点的 images 文件夹下，并将此路径保存于数据库中。其中，在数据库中存储的图片路径为相对路径，而保存在站点文件夹下的路径为绝对路径。

(4) 打开 upPicture.aspx.cs 文件，为 Page 对象的 Load 事件添加处理代码，为 txtTime 控件添加显示当前时间的代码如下。

```
protected void Page_Load(object sender, EventArgs e)
{
    if (!Page.IsPostBack)
    {
        txtTime.Text = System.DateTime.Now.ToString();
    }
}
```

（5）在解决方案资源管理器中，添加页面 showPicture.aspx，用来显示图片。在 Web 页面中添加一个 DataList 控件，编辑模板列。在模板列中添加一个 2 行 1 列的表格，在第一个单元格中添加一个<img>标记，用于显示图片，在第二个单元格中添加一个 Label 控件，用于显示图片的标题，为两个控件添加代码绑定数据。设置后，DataList 控件的 HTML 标记如下。

```
<asp:DataList ID="DataList1" runat="server" RepeatColumns="3" >
    <ItemTemplate>
     <table style="width: 138px; height: 180px">
     <tr>
     <td style="width: 100px; height: 87px; text-align: center">
     <asp:Image ID="Image1" runat="server"  style="width: 100px; height: 87px;"
         ImageUrl='<%# Eval("imagePath") %>'  />
      </td>
      </tr>
      <tr>
      <td style="width: 100px; height: 33px; text-align: center">
      <asp:Label ID="Label1" runat="server" Font-Size="10pt"><%# DataBinder.Eval
          (Container.DataItem,"imageName") %></asp:Label></td>
      </tr>
     </table>
    </ItemTemplate>
</asp:DataList>
```

（6）打开 showPicture.aspx.cs 文件，在 using 部分导入 System.Data.SqlClient 命名空间，为 Page 对象的 Load 事件添加如下处理代码以绑定数据。

```
protected void Page_Load(object sender, EventArgs e)
{
    SqlConnection con = new SqlConnection("server=.;database=imageDB;Trusted_Connection=true;");
    con.Open();
    string str = "select * from imageUpload";
    SqlCommand cmd = new SqlCommand(str, con);
    SqlDataAdapter dapt = new SqlDataAdapter(cmd);
    DataSet ds = new DataSet();
    dapt.Fill(ds, "imageUpload");
    DataList1.DataSource = ds.Tables["imageUpload"].DefaultView;
    DataList1.DataBind();
}
```

（7）保存代码，运行 upPicture.aspx 页面，选择需要上传的图片，并输入图片的信息，单击【添加图片】按钮，上传图片，如图 11-11 所示。

图 11-11　上传图片

若图片上传成功，则会显示 showPicture.aspx 页面，如图 11-12 所示。

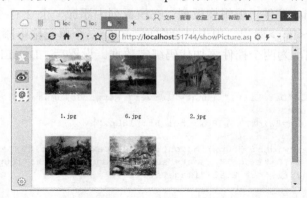

图 11-12　图片显示页面

上述操作是将图片信息保存至数据库，且保存的是图片的路径，最根本的操作还是将图片保存在站点的虚拟目录之下，即与文件上传至服务器的方式相同。将文件保存到服务器的优点是方法比较简单，缺点是，如果要删除一个文件，必须在 images 文件夹下创建一个可写的虚拟目录，或者直接将发布的虚拟目录设置为可写的。将虚拟目录设置为可写，有严重的安全缺陷，因为任何人都可以写这个虚拟目录，无法杜绝别有用心的人写入一个恶意文件。因此服务器一般不允许建立可写虚拟目录，这样删除文件就受到限制。

11.5.2　保存图片数据

上传图片至数据库，保存图片信息的另一种方式是保存图片本身的数据。本小节将介绍如何在数据库中存放上传图片的二进制码。具体操作步骤如下。

(1) 既然要存储图片的数据，在数据库表中就应有保存图片数据的字段。故设计表 picture，字段如表 11-4 所示。

表 11-4　图片数据表

字段名称	数据类型	约　束	说　明
imgID	int	主键	自动编号
imgName	varchar	非空	图片名称
imgType	varchar	非空	图片类型
imgDes	varchar		图片说明
uploadDate	datatime	getdate	下载时间
imgContent	image		图片数据
imgSize	bigInt		图片大小

在表 11-4 中添加了一个 imgContent 字段，数据类型为 image，用来存储图片本身的数据，也可以设置为 binary 类型。

(2) 打开站点 ch11，添加一个 Web 页面 upImage.aspx，在页面中添加各控件，界面设计与 upPicture.aspx 页面相同，如图 11-10 所示。

(3)　双击【添加图片】按钮，为 Button1 控件的 Click 事件添加处理代码如下。

```
protected void Button1_Click(object sender, EventArgs e)
{
    string strFilePathName = imgUp.PostedFile.FileName;//获取文件的完整名称
        string strFileName = Path.GetFileName(strFilePathName);//获取文件名
        int FileLength = imgUp.PostedFile.ContentLength;
    if (FileLength <= 0)
        return;
    try
    {//上传图片
        Byte[] buff = new Byte[FileLength]; //图像文件临时存储Byte数组
        Stream obj = imgUp.PostedFile.InputStream; //建立数据流对象
       //读取图像文件数据，FileByteArray为数据存储体，0为数据指针位置、
            FileLength为数据长度
        obj.Read(buff, 0, FileLength);
        string picName;
        if(txtName .Text .Trim() != "")
        {
            picName = txtName.Text.Trim();
        }
        else
        {
            picName = strFileName;
        }
        //建立 SQL Server 链接
        string strCon = @"Server =REDWENDY\SQLEXPRESS;database=imageDB;
            trusted_connection=true;";
        SqlConnection con = new SqlConnection(strCon);
        string str = "insert into picture(imgName,imgType,imgDes, imgContent,imgSize)
            values(@imgName,@imgType,@imgDes,@imgContent,@imgSize)";
        SqlCommand cmd = new SqlCommand(str, con);
        cmd.Parameters.Add("@imgName", SqlDbType.Char, 30).Value = picName;
        cmd.Parameters.Add("@imgContent", SqlDbType.Binary).Value = buff;
        cmd.Parameters.Add("@imgType", SqlDbType.VarChar, 50).Value =
            imgUp.PostedFile.ContentType; //记录文件类型
        //把其他表单数据记录上传
        cmd.Parameters.Add("@imgDes", SqlDbType.VarChar, 500).Value =
            txtDes.Text.Trim();
        //记录文件长度，读取时使用
        cmd.Parameters.Add("@imgSize", SqlDbType.BigInt, 8).Value = FileLength;
        con.Open();
        cmd.ExecuteNonQuery();
        con.Close();
        Response.Redirect("showImage.aspx");

    }
    catch
    {
        Response.Write("<script>alert('上传出错!')</script>");
    }
}
```

代码说明如下。

在程序中，首先通过 Stream 对象读取图片数据，并存入 Byte 数组，buff 数组存储的是图片的二进制码，然后连接数据库，将图片的基本信息插入数据库表 picture 中。

(4)　打开 ch11 站点，新建一个 Web 页面 showImage.aspx，用来显示所有图片。但如果图片是以二进制码保存的，则不能通过 src 或者 ImageUrl 等属性来显示。可以用一个 aspx

页面将图片取出并保存,通过 GridView 控件的超链接列将 aspx 页面转换为图片。故在 showImage.aspx 页面中添加一个 GridView 控件,为 GridView 控件添加 4 个 BoundField 绑定列,设置各绑定列的 DataField 属性和 HeaderText 属性。为 GridView 控件添加一个 HyperLinkField 超链接列,设置其属性如表 11-5 所示。

表 11-5 超链接列属性设置

属 性 名	值	注 释
DataNavigateUrlFields	imgID	绑定的 URL 字段
DataNavigateUrlFormatString	showImage_1.aspx?imgID={0}	URL 格式,传递 imgID 参数到 ImageShow_1.aspx
DataTextField	imgName	显示的字段
HeaderText	显示图片	该列的表头
Target	_blank	单击链接后弹出一个新窗口显示图片

设置好的 showImage.aspx 页面如图 11-13 所示。

图 11-13 显示图片页面设计

(5) 打开 showImage.aspx.cs 文件,为 Page 对象的 Load 事件添加如下处理代码,绑定 GridView 控件。

```
protected void Page_Load(object sender, EventArgs e)
{
    SqlConnection con = new SqlConnection("server=.;database=imageDB;trusted_
        Connection=true;");
    string str = "select * from picture";
    con.Open();
    SqlCommand cmd = new SqlCommand(str,con);
    SqlDataAdapter dapt = new SqlDataAdapter(cmd);
    DataSet ds = new DataSet();
    dapt.Fill(ds,"picture");
    GridView1.DataSource = ds.Tables["picture"].DefaultView;
    GridView1.DataBind();
}
```

(6) 在站点 ch11 的解决方案资源管理器中,添加一个 Web 页面 showImage_1.aspx,用于显示图片。为 Page 对象的 Load 事件添加处理代码如下。

```
protected void Page_Load(object sender, EventArgs e)
{
    SqlConnection con = new SqlConnection("server=.;database=imageDB;trusted_
        Connection=true;");
    //读取数据,从 GridView 通过 QueryString 方式传入参数 imgID,该参数是数据库中记录的文件 imgID
```

```
int id =Convert .ToInt32( Request["imgID"]);
string str = "select imgID,imgName,imgContent,uploadDate,imgSize from picture
    where imgID="+id;
con.Open();
SqlCommand cmd = new SqlCommand(str, con);
SqlDataAdapter dapt = new SqlDataAdapter(cmd);
DataSet ds = new DataSet();
dapt.Fill(ds, "picture");
//取出二进制文件内容，假设文件已经存在，则第 1 行第 3 列即 imgContent 字段就是我们要读取的数据
byte[] by = (byte[])ds.Tables["picture"].Rows[0][2];
//写入输出流
Response.BinaryWrite(by);
}
```

代码说明如下。

在程序中，通过 QueryString 方式获取 GridView 控件的参数 imgID 值，该值为数据库表 picture 的 imgID 字段。根据此字段找到符合条件的记录，并存放在数据集对象中，如果此记录存在，ds.Tables["picture"].Rows[0][2]表示数据集对象的 picture 表中列下标为 0、行下标为 2 的字段，即 imgContent 字段，取出该字段的二进制数据，并通过 Response 对象的 BinaryWrite()方法来显示图片。

(7) 将 upImage.aspx 页面设置为起始页，运行程序，如图 11-14 所示。

图 11-14 上传图片至数据库运行界面

选择上传的图片，填写图片标题和图片说明，单击【添加图片】按钮，运行结果如图 11-15 所示。

图 11-15 运行结果界面

单击编号为 22 的 7.jpg 图片后的超链接，显示图片，如图 11-16 所示，从地址栏中可以看到打开的页面是 showImage_1.aspx 页面，且传递参数 imgID 的值为 22。

图 11-16　显示图片

上述操作是将图片数据保存在数据库中，且保存的是图片的二进制码。这种做法的优点就是删除数据不用理会文件夹的操作权限，没有了写虚拟目录的安全隐患，直接删除数据库中的记录就可以了。但缺点是这种存储图片数据的方法比较复杂，且读取图片的速度也降低了。

小　结

本章介绍了网站建设中的常用模块：文件上传下载模块。文件上传功能主要通过FileUpLoad 控件来实现，文件下载功能主要通过设置 HTTP 标题来实现。对于上传图片至数据库的操作，本章介绍了两种方法，一种是在数据库中保存图片的路径，另一种是保存图片数据。两种做法各有优缺点，读者可以根据实际情况进行操作。

本章重点及难点：
(1) 文件上传和下载的实现过程。
(2) 将图片保存至服务器的实现过程。
(3) 将图片数据存储至数据库的实现过程。
(4) DataList 控件和 GridView 控件的使用方法。

习　题

一、选择题

1. 在 ASP.NET 中，文件的上传是通过(　　)控件来实现的。
   A. FileUpLoad
   B. ListBox
   C. ImageButton
   D. DataList
2. Directory 类所处的名称空间为(　　)。
   A. System.Data
   B. System.IO
   C. System.Data.SqlClient
   D. System.UI
3. Response 对象的(　　)方法是用来设置 HTTP 的标题的。

A. AddHeader()   B. BinaryWrite()

C. WriteFile()   D. Write()

4. 用来捕获文本框变化的属性为( )。

A. onClick   B. ID

C. OnPropertyChange   D. OnChange

二、填空题

1. 将图片上传至数据库的方式有两种，一种是_____，另一种是_____。

2. 如下代码段中，当 FileUpload 控件的内容改变时，<img>标记将实现预览功能，请填写完成此功能需要的主要代码。

```
//**********************************************************
<asp:FileUpload ID="FileUpload1" runat="server"
onpropertychange="  _____  "/>
<img id="imgID" width="82" height="65" border="1" >
//**********************************************************
```

三、问答题

1. 简述 GridView 控件添加超链接列的过程。

2. 简述文件上传下载的实现过程。

四、上机操作题

上机实现本章介绍的实例。

第 12 章　BBS 论坛系统

网络论坛系统为用户提供了一个发布信息和讨论问题的平台，是访问者进行信息交流的主要方式。本章将介绍如何使用 Visual Studio 开发一个简洁、实用的小型网络论坛系统。通过该实例，可以使用户快速掌握 Web 编程及数据库编程的基本技能，理解网站开发的实现过程。

本章学习目标：

◎　理解 ASP.NET 多层架构应用程序的概念。

◎　掌握第三方组件 FreeTextBox 的使用方法。

◎　掌握在 Web.Config 文件中配置相关信息的方法。

◎　熟练掌握使用 Web 应用程序操纵 SQL Server 数据库的技术。

◎　掌握论坛中浏览帖子、回复帖子、发表帖子、版块管理等模块的制作过程。

12.1　设　计　思　路

本章要实现的论坛系统主要包括以下功能。

◎　用户管理：主要为用户提供用户注册、登录、修改个人信息等功能。有三种用户级别，分别是游客、会员和管理员，其中会员又分为版主和普通用户，具有管理员权限的用户可以增加用户、删除用户和修改用户的信息，游客只能浏览帖子，注册用户(即会员)可以发表话题和对其他帖子进行回复。

◎　帖子管理：提供发表帖子、回复帖子、删除帖子和浏览帖子的功能。注册用户可以发表帖子表达自己的看法，发帖要求用户指定帖子标题，用户也可以对已发表的帖子表达自己不同的看法，参与讨论。帖子的发表和回复是论坛的主要功能，所有用户均具有此权限，而帖子的删除需要由系统的版主和管理员来完成。

◎　版块管理：版块管理主要是将帖子进行分类。将相同话题的帖子放在一个版块中，这样可以使得对某一个话题感兴趣的用户不会受到其他帖子的干扰，有利于相同兴趣的用户互相讨论。管理员具有增加版块、删除版块和修改版块的权限。

系统的整体模块组织结构如图 12-1 所示。

在论坛系统中用到的关键技术有两个，一个是引入第三方组件，另一个是多层架构的开发思想。因此在设计论坛系统之前，先对这两个技术进行介绍。

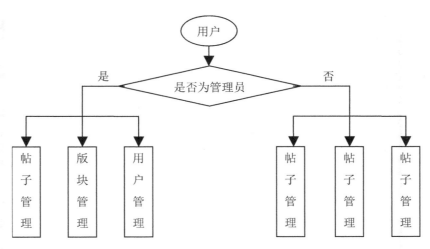

图 12-1　系统模块组织结构图

12.2　设计前的准备

12.2.1　引入第三方组件 FreeTextBox

在论坛中发表帖子和回复帖子时，可能要对帖子的内容进行一些修饰，如改变字体大小、颜色，添加背景等，这些功能如果用.NET 的控件来实现会比较复杂，故可以引用第三方组件在线编辑器来完成。常见的在线编辑器有 FreeTextBox 和 CKeditor(其旧版本为 FCKeditor)等。本章主要介绍 FreeTextBox 控件，它是一款免费的 ASP.NET 网页编辑器，可以设置文字样式、在线排版、上传图片等，是一款非常好用、功能强大的在线编辑器。用户可以从官方网站 (http://freetextbox.com/)下载此组件。FreeTextBox 控件的文件结构如图 12-2 所示。

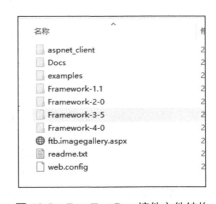

(1) aspnet_client 文件夹：FreeTextBox 的外观文件，直接将其复制到工程的目录下就可以了。

(2) Docs 文件夹：帮助文档。

(3) examples 文件夹：官方例子，包括各类应用的演示和实现过程。

(4) Framework-×.× 文件夹：适合.NET 各版本的 DLL 组件。

图 12-2　FreeTextBox 控件文件结构

使用第三方组件的具体步骤如下。

(1) 打开 Visual Studio 开发环境，新建一个网站 Test，在解决方案资源管理器中右击该站点，在弹出的快捷菜单中选择【添加】|【引用】命令，在弹出的对话框中切换到【浏览】选项设置界面，找到下载的 FreeTextBox 组件所在的位置。FreeTextBox 3.0 以上版本均支持内部模式，即图片资源和 JavaScript 都集成在 DLL 文件中，故找到 FreeTextBox.dll 文件的位置，根据.NET 的版本选择合适的 DLL 文件，若.NET 版本是 2.0 的，则选择 FTBv3-3-1\Framework-2-0 文件夹下的 DLL 文件，这里选择 4.0 版本，如图 12-3 所示。

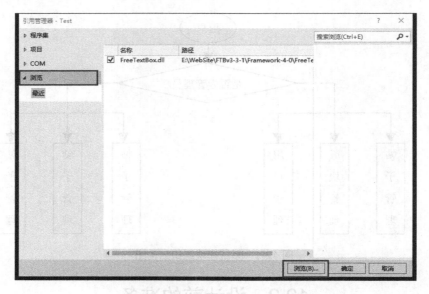

图 12-3　添加 FreeTextBox.dll 引用

(2) 单击【确定】按钮，系统将自动创建 Bin 文件夹，并将组件存放到该文件夹中。将下载的 FreeTextBox 组件中的 aspnet_client 文件夹复制到 Test 站点下，如图 12-4 所示。

图 12-4　添加 aspnet_client 文件夹

(3) 添加一个新的 Web 页面 Default.aspx，向页面中添加 FreeTextBox 组件。首先要注册该组件，在 Default.aspx 页面的 HTML 源码的顶部添加注册代码，如下所示。

```
<%@       Register       TagPrefix="ftb"       Namespace="FreeTextBoxControls"
Assembly="FreeTextBox" %>
```

在页面中适当的位置添加<ftb:FreeTextBox>标签，代码如下。

```
<ftb:FreeTextBox ID="FreeTextBox1" runat="server" ></ftb:FreeTextBox>
```

(4) 设置 FreeTextBox 组件的属性。回到设计视图，选中 FreeTextBox 组件，设置该组件的各属性，如设置其高度属性 Height 和宽度属性 Width。FreeTextBox 组件在默认情况下是英文显示，可以设置其 Language 属性为 zh-cn，转变成中文显示。

(5) 打开 Web.config 文件，在 system.Web 节点下添加<pages validateRequest="false"/>，如图 12-5 所示。

```
 7
 8  ⊟<configuration>
 9
10  ⊟  <system.web>
11       <compilation debug="true" targetFramework="4.5.2" />
12       <httpRuntime targetFramework="4.5.2" />
13
14       <pages validateRequest="false"/>
15
16     </system.web>
17
18  </configuration>
19
```

图 12-5　配置 Web.config 文件

(6) 测试 FreeTextBox 组件。在页面中添加一个 Button 控件和一个 Label 控件用来测试 FreeTextBox 控件。双击 Button1 按钮，编写其 Click 事件的处理代码如下。

```
protected void Button1_Click(object sender, EventArgs e)
{
    Label1.Text = FreeTextBox1.Text;
}
```

(7) 保存文件，运行程序，在 FreeTextBox 组件内输入内容，改变文字的大小、颜色等，单击【提交】按钮，如图 12-6 所示。

图 12-6　FreeTextBox 组件测试

12.2.2　多层架构设计

多层架构(也叫多层式运行架构，n-tiers 结构，N 层结构)是相对于两层结构而言的。传统的项目一般是 UI、BLL、DAL 三层。随着需求的增大，为了安全有效地在各层间进行数据传输，又出现了 Model 层(即实体层)，用来保存传输的数据。事实上，现今的多层架构设计并不局限于这三层。

多层架构在逻辑上相互独立(即某一层的变动通常不影响其他层),具有很高的可重用性。多层架构实际上是将以前系统中的显示功能、业务运算功能和数据库功能完全分开,杜绝彼此的耦合与影响,从而实现松耦合和良好的可维护性。

主要的几层分别用来实现不同的功能。

(1) 业务逻辑层(Business Logic Layer,BLL):该层主要针对具体问题的操作,也可以理解成对数据层的操作,对数据业务逻辑进行处理。如果说数据层是积木,那么逻辑层就是搭建这些积木的。

(2) 数据访问层(Data Access Layer,DAL):该层是对原始数据(数据库或者文本文件等形式的数据)的操作层,而不是指原始数据,也就是说,数据访问层是对数据的操作,而不是数据库,其主要用途是为业务逻辑层或表示层提供数据服务。业务逻辑层在数据访问层之上,即业务逻辑层调用数据访问层的类和对象。数据访问层访问数据并将结果转给业务逻辑层。

(3) 表示层(Web UI):在 ASP.NET 中,该层主要包括 aspx 页面、用户控件以及某些与安全相关的类和对象。

(4) 实体层(Model):该层是数据库表的映射。

12.3 数据库设计

论坛系统中主要的数据表有用户信息表 tbUser、帖子信息表 tbPost、回帖信息表 tbRevert 和版块信息表 tbModule,数据视图包括 V_发帖用户和 V_回复信息。

视图 V_发帖用户的数据主要来自用户信息表 tbUser、帖子信息表 tbPost 和版块信息表 tbModule,用来描述由发帖用户发出的帖子的详细信息。

视图 V_回复信息的数据主要来自用户信息表 tbUser、帖子信息表 tbPost 和回帖信息表 tbRevert,用来描述回复帖子的详细信息。

(1) 用户信息表(tbUser):该表用来存储注册用户的基本信息,表结构如表 12-1 所示。

表 12-1 用户信息表 tbUser

字段名称	数据类型	长　度	约　束	说　明
userID	int	4	主键	用户 ID
userName	varchar	50	唯一	用户名
userPswd	varchar	50		密码
userSex	char	10	男或女	性别
userAge	int	4		年龄
userEmail	varchar	50		E-mail 地址
userAddress	varchar	50		详细地址
userRole	char	10		角色
userPhoto	varchar	50		头像图片

(2)　帖子信息表(tbPost)：该表用来存储发布帖子的详细信息，表结构如表 12-2 所示。

表 12-2　帖子信息表 tbPost

字段名称	数据类型	长 度	约 束	说 明
postID	int	4	主键，自动编号	帖子编号
postTitle	varchar	50	非空	帖子标题
postContent	varchar	1000		帖子内容
userID	int	4	外键	用户 ID
postDate	datetime	8		发帖时间
moduleID	int	4	外键	发帖版块

(3)　回帖信息表(tbRevert)：该表用来存储对某个帖子的回帖信息，表结构如表 12-3 所示。

表 12-3　回贴信息表 tbRevert

字段名称	数据类型	长 度	约 束	说 明
revertID	int	4	主键，自动编号	回帖编号
revertTitle	varchar	50		回帖标题
revertContent	varchar	1000		回帖内容
userName	int	4	外键	用户 ID
revertDate	datetime	8		回帖时间
postID	int	4	外键	帖子编号

(4)　版块信息表(tbModule)：该表用来存储论坛中所包含的版块信息，表结构如表 12-4 所示。

表 12-4　版块信息表 tbModule

字段名称	数据类型	长 度	约 束	说 明
moduleID	int	4	主键，自动编号	回帖编号
moduleName	varchar	50	非空	版块名称
buildDate	datetime	8		创建时间
moduleIntro	varchar	100		版块介绍

(5)　视图 V_发帖用户：该视图用来描述帖子的详细信息，包括发布用户的信息和版块的信息。视图如图 12-7 所示。

(6)　视图 V_回复信息：该视图用来描述回复信息，包括发布用户的信息和回复帖子的详细信息。视图如图 12-8 所示。

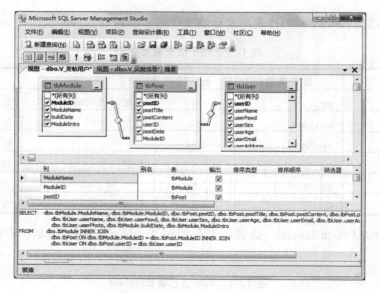

图 12-7　视图 V_发帖用户

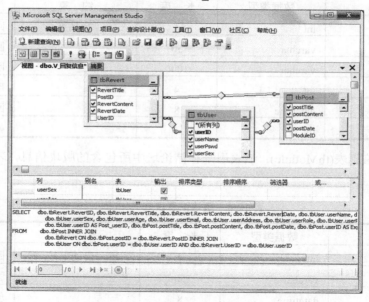

图 12-8　视图 V_回复信息

12.4　设计实体层 Model

在多层架构设计中，实体层主要用来映射数据库中的数据表，它把数据表中各字段都封装在一个类中。通常一个实体类对应一个数据表，实体类中的每个属性都对应表中相应的字段。这样做的好处是当要在数据库中修改某个字段时，只需修改实体层的对应属性即可，对其他层不会产生影响。

论坛网站系统包含 4 个实体类，它们分别是 Users 类(用户类)、Module 类(版块类)、Post 类(帖子类)和 Replay 类(回复信息类)。这里以 Module 类为例详细介绍实体层的创建。

设计步骤如下。

(1)　打开 Visual Studio 工具，选择【文件】|【新建】|【项目】命令，弹出【新建项目】对话框，选择【其他项目类型】中的【Visual Studio 解决方案】选项，然后选择【空白解决方案】选项，将该解决方案命名为 ch12，并设置保存的位置，如图 12-9 所示。

图 12-9　创建解决方案(1)

(2)　单击【确定】按钮，在解决方案资源管理器中右击解决方案 ch12，在弹出的快捷菜单中选择【添加】|【新建项】命令，在模板列表框中选择【类库】选项，添加一个新的类库，名称为 Model，设置保存位置为该解决方案所在的位置，如图 12-10 所示。

图 12-10　创建解决方案(2)

(3) 单击【确定】按钮，为项目添加 Model 层。继续用同样的操作为 BBS 系统添加 DAL 层和 BLL 层。

(4) 在解决方案资源管理器中右击解决方案 ch12，在弹出的快捷菜单中选择【添加】|【新建网站】命令，添加一个新的空网站，命名为 WebUI，注意站点文件的保存路径应与 Model 层、DAL 层和 BLL 层保持一致，最后单击【确定】按钮。

在解决方案资源管理器中右击站点文件 WebUI，在弹出的快捷菜单中选择【设为启动项目】命令，将 WebUI 网站设为启动项目。搭建好的多层架构的基本框架如图 12-11 所示。

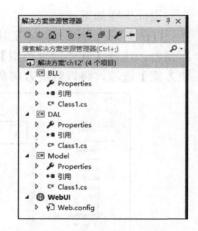

图 12-11　多层架构的基本框架

(5) 在 Model 层中，将默认添加的 Class1.cs 文件名修改为 Module.cs。在 Module 类中添加与数据表 tbModule 对应的各字段，代码如下。

```csharp
public class Module
{
    private int moduleId;
    private string moduleName;
    private string moduleIntro;
    private DateTime buildDate;
    //版块 Id
    public int ModuleId
    {
        get { return moduleId; }
        set { moduleId = value; }
    }
    //版块名称
    public string ModuleName
    {
        get { return moduleName; }
        set { moduleName = value; }
    }
    //版块介绍
    public string ModuleIntro
    {
        get { return moduleIntro; }
        set { moduleIntro = value; }
    }
    //创建版块时间
    public DateTime BuildDate
    {
        get { return buildDate; }
        set { buildDate = value; }
    }
}
```

💡 注意：　添加各字段对应的属性有一个比较简单的方法，即利用 Visual Studio 自动产生。方法是将鼠标指针移到某个字段(如 moduleId)上，右击，在弹出的快捷菜单中选择【快速操作和重构】|【封装字段并使用属性】命令，将自动添加属性 moduleId。

(6)　在解决方案资源管理器中右击 Model 层，在弹出的快捷菜单中选择【添加】|【类】命令，在弹出的对话框中选择【类】模板，在【名称】文本框中输入类文件名称 Post.cs，修改 Post 类的访问属性为 public。为 Post 类添加对应的字段和属性。注意，类文件名称和类名称是两个不同的概念，它们可以同名，也可以不同名。在 Post 类中添加代码如下。

```
public class Post
    {
        private int postId;
        private string postTitle;
        private string postContent;
        private DateTime postDate;
        private int userId;
        private int moduleId;

        public int PostId
        {
            get { return postId; }
            set { postId = value; }
        }
        public string PostTitle
        {
            get { return postTitle; }
            set { postTitle = value; }
        }
        public string PostContent
        {
            get { return postContent; }
            set { postContent = value; }
        }
        public DateTime PostDate
        {
            get { return postDate; }
            set { postDate = value; }
        }

        public int UserId
        {
            get { return userId; }
            set { userId = value; }
        }

        public int ModuleId
        {
            get { return moduleId; }
            set { moduleId = value; }
        }
    }
```

(7)　继续添加类文件 Replay.cs，对应于回帖信息表，修改 Replay 类的修饰符为 public，添加代码如下。

```
public  class Replay
    {
        private int revertId;
        private string revertTitle;
        private string revertContent;
        private DateTime revertDate;
        private int postId;
        private int userId;
```

```
/// <summary>
///回复帖子 ID
/// </summary>
public int RevertId
{
    get { return revertId; }
    set { revertId = value; }
}
/// <summary>
///回复标题
/// </summary>
public string RevertTitle
{
    get { return revertTitle; }
    set { revertTitle = value; }
}
/// <summary>
///回复内容
/// </summary>
public string RevertContent
{
    get { return revertContent; }
    set { revertContent = value; }
}
/// <summary>
///回复日期
/// </summary>
public DateTime RevertDate
{
    get { return revertDate; }
    set { revertDate = value; }
}
/// <summary>
///帖子 ID
/// </summary>
public int PostId
{
    get { return postId; }
    set { postId = value; }
}
/// <summary>
///用户 ID
/// </summary>
public int UserId
{
    get { return userId; }
    set { userId = value; }
}
}
```

(8) 添加类文件 Users.cs，对应于用户信息表，修改 Users 类的修饰符为 public，添加代码如下。

```
public class Users
{
    private int userId;
    private string userName;
    private string userPassword;
    private string userSex;
    private int userAge;
    private string userEmail;
```

```csharp
private string userAddress;
private string userRole;
private string userPhoto;

/// <summary>
///用户 ID
/// </summary>
public int UserId
{
    get { return userId; }
    set { userId = value; }
}
/// <summary>
///用户名
/// </summary>
public string UserName
{
    get { return userName; }
    set { userName = value; }
}
/// <summary>
///用户密码
/// </summary>
public string UserPassword
{
    get { return userPassword; }
    set { userPassword = value; }
}

/// <summary>
///性别
/// </summary>
public string UserSex
{
    get { return userSex; }
    set { userSex = value; }
}

/// <summary>
///年龄
/// </summary>
public int UserAge
{
    get { return userAge; }
    set { userAge = value; }
}

/// <summary>
///邮件
/// </summary>
public string UserEmail
{
    get { return userEmail; }
    set { userEmail = value; }
}

/// <summary>
///地址
/// </summary>
public string UserAddress
{
```

```
        get { return userAddress; }
        set { userAddress = value; }
    }

    /// <summary>
    ///角色
    /// </summary>
    public string UserRole
    {
        get { return userRole; }
        set { userRole = value; }
    }

    /// <summary>
    ///头像
    /// </summary>
    public string UserPhoto
    {
        get { return userPhoto; }
        set { userPhoto = value; }
    }
}
```

在实际应用中，往往会为 Model 层添加一些结果类，如统计每月的发帖量、显示操作的结果等，这些数据在数据库表中并不一定存在，但在程序开发中却经常需要，故可以将它们定义为结果类。

设计完成之后，右击 Model 层，在弹出的快捷菜单中选择【生成】命令，编译 Model层。若有错误，则改正错误后"重新生成"。此操作将在该类库中的 Bin 文件夹中生成一个 Model.dll 组件，在其他的层中可以添加此组件调用其中的类和方法。

12.5 设计数据访问层 DAL

数据访问层(Data Access Layer，DAL)主要用来执行一些数据库的操作，如连接数据库，对数据实行增、删、改、查等操作。DAL 层将这些操作封装起来，并将所取得的结果返回给表示层。

在论坛网站系统中，共包含 5 个类，它们分别是 SQLHelper 类、UserDAL 类、ModuleDAL 类、PostDAL 类和 ReplayDAL 类。其中，SQLHelper 类用来封装一些常用的数据库操作，其他 4 个类分别用来表示对数据库表的一些基本操作。DAL 层的文件结构如图 12-12 所示。

图 12-12 DAL 层的文件结构

12.5.1 SQLHelper 类

在 SQLHelper 类中包含：一个 Connection 属性，用来打开数据库的连接；一个 ExecuteCommand()方法，用来执行非查询的操作；两个 GetDataSet()方法，分别针对有参数和无参数的查询操作。它们都是静态成员，所以都有修饰符 static。这样做的好处是不用实例化该类，而是直接通过类名调用它们。SQLHelper 类包含的成员如图 12-13 所示。

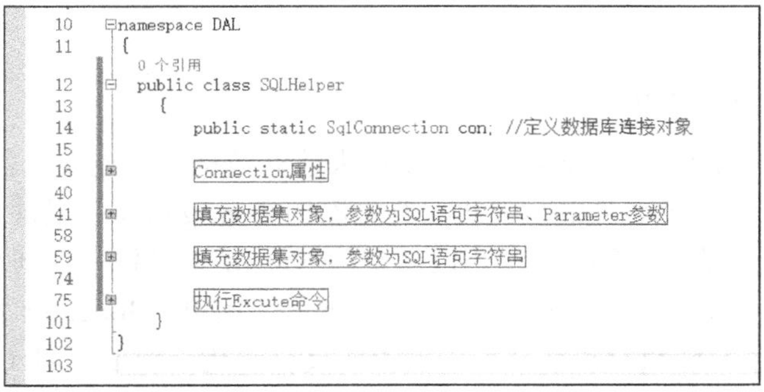

```
10   □namespace DAL
11    {
          0 个引用
12        public class SQLHelper
13        {
14             public static SqlConnection con; //定义数据库连接对象
15
16   ⊞      Connection属性
40
41   ⊞      填充数据集对象，参数为SQL语句字符串、Parameter参数
58
59   ⊞      填充数据集对象，参数为SQL语句字符串
74
75   ⊞      执行Excute命令
101       }
102   }
103
```

图 12-13　SQLHelper 类成员

1. 设计数据结构

首先，将 DAL 层中默认的 Class1.cs 文件重命名为 SQLHelper.cs。SQLHelper 类中需要引用 SqlConnection 对象、SqlCommand 对象等，还需要引用配置文件中的字符串，所以先导入命名空间 System.Data.SqlClient 和 System.Configuration，然后在 SQLHelper 类中定义一个静态的 SqlConnection 对象，代码如下。

```
using System;
using System.Collections.Generic;
using System.Text;
using System.Data;
using System.Data.SqlClient;
using System.Configuration;
namespace DAL
{
    public class SQLHelper
    {
        public static SqlConnection con;          //定义数据库连接对象
    }
}
```

2. 配置 Web.config

为了方便数据操作，可以将一些配置参数放在 Web.config 文件中。本系统主要在 Web.config 文件中配置连接数据库的字符串。

在 Web UI 层中双击，打开 Web.config 文件，在 configuration 节点下添加连接字符串，如图 12-14 所示。

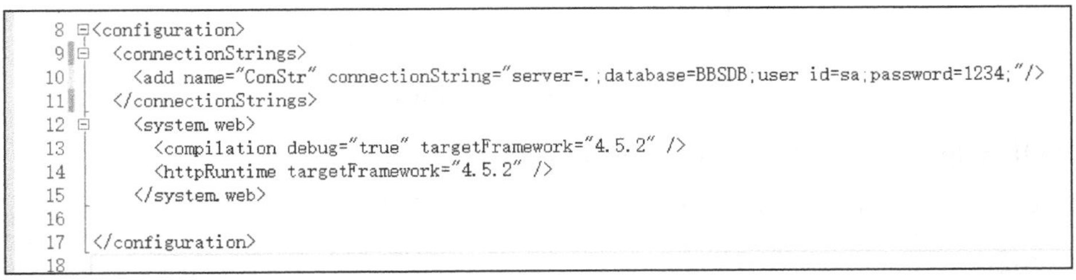

```
8   □<configuration>
9   □   <connectionStrings>
10         <add name="ConStr" connectionString="server=.;database=BBSDB;user id=sa;password=1234;"/>
11      </connectionStrings>
12   □   <system.web>
13         <compilation debug="true" targetFramework="4.5.2" />
14         <httpRuntime targetFramework="4.5.2" />
15      </system.web>
16
17   </configuration>
18
```

图 12-14　配置数据库连接字符串

其中，server 属性表示服务器的名称；"."表示本地服务器，可以根据需要修改其他服务器；database 属性为数据库的名称；user id 和 password 表示 SQL Server 身份验证方式的用户 ID 和密码。

3. 公共属性 Connection

SQLHelper 类中的属性 Connection 主要用来建立数据库的连接，需要引用配置文件中 configuration 节点下的连接字符串，因此需要先添加 Configuration 组件文件。

在 DAL 层中，选择【引用】|【添加引用】命令，在弹出的对话框中找到 System.Configuration 组件文件，如图 12-15 所示。用同样的方法将 Model 层中的 Model.dll 组件添加到 DAL 层中，位置在当前项目下的 Model 文件夹中的 Bin 文件夹内。添加组件 Configuration 和组件 Model 后的引用如图 12-16 所示。

图 12-15　添加 Configuration.dll 组件

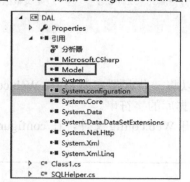

图 12-16　DAL 层的引用

在 SQLHelper 类中添加属性 Connection，代码如下。

```
public static SqlConnection con;        //定义数据库连接对象
/// <summary>
/// 连接数据
/// </summary>
#region  Connection 属性
public static SqlConnection Connection
{
    get
```

```
    {
        string connectionString = ConfigurationManager.ConnectionStrings
            ["conString"].ToString();
    if (con == null)
    {
        con = new SqlConnection(connectionString);
        con.Open();
    }
    else if (con.State == ConnectionState.Broken)
    {
        con.Close();
        con.Open();
    }
    else if (con.State == ConnectionState.Closed)
    {
        con.Open();
    }
    return con;
    }
}
#endregion
```

代码说明如下。

上段代码中，#region 和#endregion 预处理指令是 Visual Studio 代码编辑器的大纲显示功能。其主要用途是使得代码结构更加清晰，开发人员在查询代码时可以快速地找到需要的代码行。如图 12-17 和图 12-18 所示，单击左边的“＋”或“－”可以将在#region 和#endregion之间的代码显示或隐藏。

图 12-17　代码隐藏

图 12-18　代码显示

4. 填充数据集的方法 GetDataSet()

在论坛系统中有两个重载的 GetDataSet()方法，它们传入的参数有所不同，主要是针对不同的查询。实现代码如下。

```
#region  填充数据集对象，参数为 SQL 语句字符串、Parameter 参数
    /// <summary>
    /// 根据查询条件填充数据
    /// </summary>
```

```
/// <param name="sqlStr">SQL 语句</param>
/// <param name="param">SQL 参数</param>
/// <returns>数据集对象</returns>
public DataSet GetDataSet(string sqlStr, SqlParameter[] param)
{
    SqlCommand cmd = new SqlCommand(sqlStr, Connection);
    cmd.Parameters.AddRange(param);
    DataSet ds = new DataSet();
    SqlDataAdapter dapt = new SqlDataAdapter(cmd);
    dapt.Fill(ds);
    return ds;
}
#endregion

#region  填充数据集对象，参数为 SQL 语句字符串
/// <summary>
/// 根据查询条件填充数据
/// </summary>
/// <param name="sqlStr">SQL 语句</param>
/// <returns>数据集对象</returns>
public DataSet GetDataSet(string sqlStr)
{
    SqlCommand cmd = new SqlCommand(sqlStr, Connection);
    DataSet ds = new DataSet();
    SqlDataAdapter dapt = new SqlDataAdapter(cmd);
    dapt.Fill(ds);
    return ds;
}
#endregion
```

代码说明如下。

这两个方法基本类似，都是用来填充数据集对象的，主要的区别是第一个 GetDataSet()
方法多了一个 SqlParameter[] param 参数。

5. 执行命令的方法 ExecuteCommand ()

在网站系统中，需要对数据库执行增、删、改等操作，这些操作都将通过 SqlCommand
对象的 ExecuteCommand()方法来实现。ExecuteCommand()方法的实现代码如下。

```
#region  执行 Execute 命令
    /// <summary>
    /// 执行更新操作(增、删、改)
    /// </summary>
    /// <param name="sqlStr">SQL 语句</param>
    /// <returns>bool 型数据</returns>
    public bool ExecuteCommand(string sqlStr)
    {
        SqlCommand cmd = new SqlCommand(sqlStr, Connection);
        cmd.ExecuteNonQuery();
        return true;
    }
    /// <summary>
    /// 执行更新操作(增、删、改)
    /// </summary>
    /// <param name="sqlStr">SQL 语句</param>
    /// <param name="param">SQL 参数</param>
    /// <returns>bool 型数据</returns>
    public bool ExecuteCommand(string sqlStr, SqlParameter[] param)
    {
```

```
        SqlCommand cmd = new SqlCommand(sqlStr, Connection);
        cmd.Parameters.AddRange(param);
        cmd.ExecuteNonQuery();
        return true;
    }
    #endregion
```

代码说明如下。

ExecuteCommand()方法的返回值为 Boolean 型数据，表示若执行成功，则返回 True 值，否则返回 False 值。

12.5.2 UserDAL 类

在解决方案资源管理器中右击 DAL 层，在弹出的快捷菜单中选择【添加】|【新建项】命令，在弹出的对话框中选择类文件，并命名为 UserDAL.cs。将默认的 UserDAL 类的访问修饰符修改为 public。

UserDAL 类主要用来处理在论坛系统中有关用户的操作，如增加用户、删除用户、修改用户资料、查询用户信息等。UserDAL 类包含的成员如图 12-19 所示。

图 12-19　UserDAL 类成员

1. 设计数据结构

在 UserDAL 类中，首先添加对数据实体类 Model 组件的引用(添加方法参考 12.5.1 小节)，在代码中添加导入组件的语句，以及导入数据库操作类的命名空间，代码如下。

```
using System.Data;
using System.Data.SqlClient;
using Model;
namespace DAL
{
    public  class UserDAL
    {
    }
}
```

2. 添加用户信息的方法 CreateUser()

CreateUser()方法主要实现添加用户信息的功能。实现的关键技术是调用 SQLHelper 类中的 ExecuteCommand()方法，并传递 SQL 字符串和参数。实现代码如下。

```
#region 添加用户
public bool CreateUser(Users user)
{
    string sqlStr = "insert into tbUser(userName,userPswd,userSex,userAge,userEmail,
        UserAddress,UserRole,UserPhoto) values(@userName,@userPassword,@userSex,
        @userAge,@userEmail,@userAddress,@userRole,@userPhoto)";
    SqlParameter[] param ={
            new SqlParameter("@userName",user.UserName ),
            new SqlParameter ("userPassword",user.UserPassword ),
            new SqlParameter ("@userSex",user.UserSex ),
            new SqlParameter ("@userAge",user.UserAge ),
            new SqlParameter ("@userEmail",user.UserEmail ),
```

```
            new SqlParameter ("@userAddress",user.UserAddress ),
            new SqlParameter ("@userRole",user.UserRole ),
            new SqlParameter ("@userPhoto",user.UserPhoto )
        };
    SQLHelper help = new SQLHelper();
    if (help.ExecuteCommand(sqlStr, param))
    {
        return true;
    }
    else
    {
        return false;
    }
}
#endregion
```

代码说明如下。

CreateUser()方法带有一个 Users 对象的参数，主要用来传递用户的基本信息。代码中定义了一个 SqlParameter 类型的数组，用来存储用户信息的各参数，sqlStr 字符串是执行插入用户信息的 SQL 语句。代码最后通过调用 SQLHelper 类中的静态 ExecuteCommand()方法来执行命令。

3. 删除用户信息的方法 DelUser()

DelUser()方法主要实现删除用户的功能。根据用户的 ID 进行删除用户，实现代码如下。

```
#region 删除用户
public bool DelUser(int userId)
{
    string strSql = "Delete from tbUser where userId=@userId";
    SqlParameter[] param ={
            new SqlParameter("@userId",userId)
        };
    SQLHelper help = new SQLHelper();
    if (help.ExecuteCommand(strSql, param))
    {
        return true;
    }
    else
    {
        return false;
    }
}
#endregion
```

4. 更改用户信息的方法 UpdateUser()

UpdateUser()方法主要实现修改用户信息的功能。根据用户的 ID 对用户的基本信息进行修改，实现代码如下。

```
#region 修改用户信息
public bool UpdateUser(Users user)
{
    string strSql = "Update tbUser set userPswd=@userPassword,userSex=@userSex,
        userAge=@userAge,userEmail=@userEmail,userAddress=@userAddress,userRole=
        @userRole,userPhoto=@userPhoto where userId=@userId";
    SqlParameter[] param ={
            new SqlParameter ("@userId",user.UserId ),
            new SqlParameter ("userPassword",user.UserPassword ),
```

```
                new SqlParameter ("@userSex",user.UserSex ),
                new SqlParameter ("@userAge",user.UserAge ),
                new SqlParameter ("@userEmail",user.UserEmail ),
                new SqlParameter ("@userAddress",user.UserAddress ),
                new SqlParameter ("@userPhoto",user.UserPhoto ),
                new SqlParameter ("@userRole",user.UserRole )
        };
    SQLHelper help = new SQLHelper();
    if (help.ExecuteCommand(strSql, param))
    {
      return true;
    }
    else
    {
      return false;
    }
}
#endregion
```

5. 查询用户信息的方法

查询用户信息的方法有 5 个，其中不带参数的 GetUsers()用来查询所有用户信息；Login(string, string)用来查询用户名和密码匹配的用户；GetUsers(string, string, string)用来在用户登录时查询满足条件的用户信息；GetUserName(int,int)用来查询发布用户的信息；GetUserByuserId(int)用来根据用户 Id 查询用户信息。GetUsers()方法的代码如下。

```
public DataSet GetUsers()
{
    string sqlStr = "select * from tbUser";
    SQLHelper help = new SQLHelper();
    DataSet ds = help.GetDataSet(sqlStr);
    if (ds != null && ds.Tables[0].Rows.Count > 0)
    {
      return ds;
    }
    else
    {
      return null;
    }
}
```

代码说明如下。

在 GetUsers()方法中，通过调用 SQLHelper 类的 GetDataSet()方法填充数据集对象 ds，ds.Tables[0].Rows.Count 表示若在数据表中查到的行数大于 0，说明存在符合条件的记录，即查询成功，返回此数据集对象；否则查询失败，返回 null。

Login(string, string)方法带有两个参数：用户名和密码，代码如下。

```
public DataSet Login(string userName, string userPassword)
{
    string sqlStr = "select * from tbUser where userName=@userName and userPswd=@userPswd ";
    SqlParameter[] param ={
            new SqlParameter ("@userName",userName),
            new SqlParameter ("@userPswd",userPassword)
        };
    SQLHelper help = new SQLHelper();
    DataSet ds = help.GetDataSet(sqlStr,param);
    if (ds != null && ds.Tables[0].Rows.Count > 0)
    {
```

```
        return ds;
    }
    else
    {
        return null;
    }
}
```

GetUsers(string,string,string)方法用来根据查询条件查询数据。用户可以根据用户名、性别和角色进行查询，代码如下。

```
public DataSet GetUsers(string userName, string userSex, string userRole)
{
    string sqlStr = "select * from tbUser where 1=1";
    if (userName != "")
    {
        sqlStr += " and userName like  '%"+userName+"%'";
    }
    if (userSex != "")
    {
        sqlStr += " and userSex='"+userSex+"'";
    }
    if (userRole == "1" || userRole == "2" || userRole == "0")
    {
        sqlStr += " and userRole='"+userRole+"'";
    }
    SQLHelper help = new SQLHelper();
    DataSet ds = help.GetDataSet(sqlStr);
    if (ds!=null &&  ds.Tables[0].Rows.Count > 0)
    {
        return ds;
    }
    else
    {
        return null;
    }
}
```

代码说明如下。

代码中，sqlStr 字符串中最后加了一个查询条件 where 1=1，其目的是保持 SQL 语句的完整性，如当某个查询条件(如 userName)为空时，若没有 where 1=1，则 SQL 语句中将多了一个 and 关键字。

GetUserName(int,int)用来根据版块 ID 和帖子 ID 查询某个帖子的发布用户信息，返回值为用户名称，代码如下。

```
public string GetUserName(int ModuleId, int postId)
{
    string sqlStr = "select *  from V_发帖用户 where  postId=" + postId + " and
        ModuleId= " + ModuleId;
    string userName =string.Empty;
    SQLHelper help = new SQLHelper();
    DataSet ds = help.GetDataSet(sqlStr);
    if (ds != null && ds.Tables[0].Rows.Count > 0)
    {
        userName = ds.Tables[0].Rows[0]["userName"].ToString();
    }
    return userName;
}
```

代码说明如下。

在查询语句字符串中，"V_发帖用户"表示视图名称。

GetUserByuserId(int)用来根据用户 ID 查询用户的信息，返回值为一个 Users 对象，代码如下。

```
public Users GetUserByuserId(int userId)
{
  string sqlStr = "select * from tbUser where userId=" + userId;
  SQLHelper help = new SQLHelper();
  DataSet ds = help.GetDataSet(sqlStr);
  Users user = new Users();
  if (ds != null && ds.Tables[0].Rows.Count > 0)
  {
    user.UserName = ds.Tables[0].Rows[0]["userName"].ToString();
    user.UserId = userId;
    user.UserEmail = ds.Tables[0].Rows[0]["userEmail"].ToString();
    user.UserAddress = ds.Tables[0].Rows[0]["userAddress"].ToString();
    user.UserAge = Convert.ToInt32(ds.Tables[0].Rows[0]["userAge"].ToString().Trim());
    user.UserPassword = ds.Tables[0].Rows[0]["userPswd"].ToString().Trim();
    user.UserRole = ds.Tables[0].Rows[0]["userRole"].ToString();
    user.UserSex = ds.Tables[0].Rows[0]["userSex"].ToString();
    user.UserPhoto = ds.Tables[0].Rows[0]["userPhoto"].ToString();
  }
  return user;
}
```

对于其他的类(ModuleDAL 类、PostDAL 类和 RevertDAL 类)，它们的功能操作(增、删、改、查)类似，所以在本小节中只详细介绍用户管理类的操作，其他类不再赘述。

12.5.3 ModuleDAL 类

在解决方案资源管理器中右击 DAL 层，在弹出的快捷菜单中选择【添加】|【新建项】命令，在弹出的对话框中选择类文件，并将其命名为 ModuleDAL.cs。将 ModuleDAL 类的访问修饰符改为 public。

ModuleDAL 类主要用来处理在论坛系统中有关版块的操作，如增加版块、删除版块、修改版块资料、查询版块信息等。ModuleDAL 类包含的成员如图 12-20 所示。

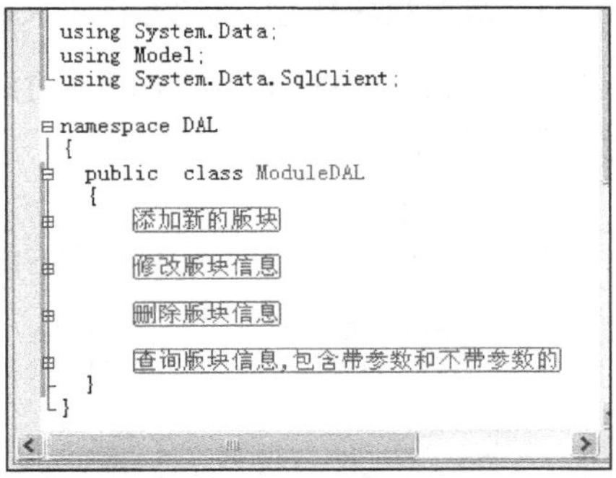

图 12-20 ModuleDAL 类成员

1. 设计数据结构

在 ModuleDAL 类中，添加对数据实体类的 Model 组件的引用，添加导入组件的语句，以及导入数据库操作类的命名空间，代码如下。

```
using System.Data;
using System.Data.SqlClient;
using Model;
namespace DAL
{
    public  class ModuleDAL
```

```
    {
    }
}
```

2. 添加版块信息的方法 CreateModule()

在 ModuleDAL 类中添加方法 CreateModule()。该方法主要实现添加版块信息的功能，代码如下。

```
public class ModuleDAL
{
  #region 添加新的版块
  public bool CreateModule(Module module)
  {
    string sqlStr = "insert into tbModule(ModuleName,ModuleIntro,BuildDate)
       values(@ModuleName,@ModuleIntro,@BuildDate)";
    SqlParameter[] param ={
                    new SqlParameter ("@ModuleName",module.ModuleName ),
                    new SqlParameter ("@ModuleIntro",module.ModuleIntro ),
                    new SqlParameter ("@BuildDate",module.BuildDate )
        };
    SQLHelper help = new SQLHelper();
    if (help.ExecuteCommand(sqlStr, param))
    {
        return true;
    }
    else
    {
        return false;
    }
  }
  #endregion
}
```

3. 删除版块信息的方法 DelModule()

在 ModuleDAL 类中添加方法 DelModule()。该方法主要实现根据版块 ID 删除版块的功能，代码如下。

```
#region 删除版块信息
public bool DelModule(int ModuleId)
{
    string sqlStr = "Delete from tbModule where ModuleId=@ModuleId";
    SqlParameter[] param ={
                    new SqlParameter ("@ModuleId",ModuleId)
    };
    SQLHelper help = new SQLHelper();
    if (help.ExecuteCommand(sqlStr, param))
    {
      return true;
    }
    else
    {
      return false;
    }
 }
#endregion
```

4. 更改版块信息的方法 UpdateModule()

在 ModuleDAL 类中添加方法 UpdateModule()。该方法主要实现根据版块 ID 修改版块信息的功能，代码如下。

```
#region 修改版块信息
public bool UpdateModule(Module module)
{
    string sqlStr = "Update tbModule set ModuleName=@ModuleName,ModuleIntro=
        @ModuleIntro where moduleId=@moduleId";
    SqlParameter[] param ={
                new SqlParameter ("@@ModuleName",module.ModuleName ),
                new SqlParameter ("@@ModuleIntro",module.ModuleIntro ),
                new SqlParameter ("@moduleId",module .ModuleId )
     };
    SQLHelper help = new SQLHelper();
    if (help.ExecuteCommand(sqlStr, param))
    {
        return true;
    }
    else
    {
        return false;
    }
}
#endregion
```

5. 查询版块信息的方法 GetModule()

在 ModuleDAL 类中，查询方法有 3 个，分别是 GetModule()、GetModuleById(int ModuleId) 和 GetModuleByName(string moduleName)。其中，不带参数的方法表示查询所有版块信息，带参数的方法表示根据版块 ID 或版块名字进行版块信息的查询。代码如下。

```
#region 查询版块信息，包含带参数和不带参数的
public DataSet GetModule()
{
    string sqlStr = "select * from tbModule";
    SQLHelper help = new SQLHelper();
    DataSet ds = help.GetDataSet(sqlStr);
    if (ds != null && ds.Tables[0].Rows.Count > 0)
    {
        return ds;
    }
    else
    {
        return null;
    }
}
public Module GetModuleById(int ModuleId)
{
    string sqlStr = "select * from tbModule where ModuleId=" + ModuleId;
    SQLHelper help = new SQLHelper();
    DataSet ds = help.GetDataSet(sqlStr);
    Module module = new Module();
    if (ds != null && ds.Tables[0].Rows.Count > 0)
    {
        module.ModuleId = ModuleId;
        module.ModuleName = ds.Tables[0].Rows[0]["moduleName"].ToString();
        module.ModuleIntro = ds.Tables[0].Rows[0]["moduleIntro"].ToString();
```

```
            module.BuildDate = Convert.ToDateTime(ds.Tables[0].Rows[0] ["BuildDate"].ToString());
            return module;
        }
        else
        {
            return null;
        }
}
public DataSet GetModuleByName(string moduleName)
{
    string sqlStr = "select * from tbModule where ModuleName like '%'" + moduleName + "'%'";
    SQLHelper help = new SQLHelper();
    DataSet ds = help.GetDataSet(sqlStr);
    if (ds != null && ds.Tables[0].Rows.Count > 0)
    {
        return ds;
    }
    else
    {
        return null;
    }
}
#endregion
}
```

12.5.4 PostDAL 类

在解决方案资源管理器中右击 DAL 层，在弹出的快捷菜单中选择【添加】|【新建项】命令，在弹出的对话框中选择类文件，并命名为 PostDAL.cs。将 PostDAL 类的访问修饰符改为 public。

PostDAL 类主要用来处理在论坛系统中有关帖子的操作，如发表帖子、删除帖子、编辑帖子、查询帖子信息等。PostDAL 类包含的成员如图 12-21 所示。

图 12-21　PostDAL 类成员

1. 设计数据结构

在 PostDAL 类中，添加对数据实体类的 Model 组件的引用，添加导入组件的语句，以及导入数据库操作类的命名空间，代码如下。

```
using System.Data;
using System.Data.SqlClient;
using Model;
namespace DAL
{
    public  class PostDAL
    {
    }
}
```

2. 添加帖子信息的方法 CreatePost()

在 PostDAL 类中添加方法 CreatePost()。该方法主要实现发布帖子的功能，代码如下。

```
public class PostDAL
{
```

```
    #region 发布一个新帖子
    public bool CreatePost(Post post)
    {
        string sqlStr = "insert into tbPost(postTitle,postContent,postDate,
            userId,ModuleId)
values(@postTitle,@postContent,@postDate,@userId,@ModuleId)";
        SqlParameter[] param ={
                    new SqlParameter("@postTitle",post.PostTitle ),
                    new SqlParameter ("@postContent",post.PostContent ),
                    new SqlParameter ("@postDate",post .PostDate ),
                    new SqlParameter ("@userId",post.UserId ),
                    new SqlParameter ("@ModuleId",post .ModuleId )
        };
        SQLHelper help = new SQLHelper();
        if (help.ExecuteCommand(sqlStr, param))
        {
            return true;
        }
        else
        {
            return false;
        }
    }
    #endregion
}
```

3. 删除帖子信息的方法 DelPost ()

在 PostDAL 类中添加方法 DelPost()。该方法主要实现根据帖子 ID 删除帖子的功能，代码如下。

```
#region   删除帖子
public bool DelPost(int postId)
{
    string sqlStr = "Delete from tbPost where postId=@postId";
    SqlParameter[] param ={
                        new SqlParameter ("@postId",postId )
    };
    SQLHelper help = new SQLHelper();
    if (help.ExecuteCommand(sqlStr, param))
    {
        return true;
    }
    else
    {
        return false;
    }
}
#endregion
```

4. 编辑帖子的方法 UpdatePost()

在 PostDAL 类中添加方法 UpdatePost()。该方法主要实现根据帖子 ID 修改帖子信息的功能，代码如下。

```
#region 编辑帖子
public bool UpdatePost(Post post)
{
    string sqlStr = "update tbPost set postTitle=@postTitle,postContent=@postContent
        where postId=@postId";
```

```
    SqlParameter[] param ={
                new SqlParameter ("@postTitle",post.PostTitle ),
                 new SqlParameter ("@postContent",post.PostContent ),
                new SqlParameter ("@postId",post .PostId )
        };
    SQLHelper help = new SQLHelper();
    if (help.ExecuteCommand(sqlStr, param))
    {
        return true;
    }
    else
    {
        return false;
    }
}
#endregion
```

5. 查询帖子信息的方法

在 PostDAL 类中，查询方法有 3 个，分别是：GetPostByModuleId(int moduleId)、
GetPostByPostId(int postId)和 GetPosts(string ModuleName, string UserName, string postTitle)。
第一个方法表示查询所有版块的帖子信息；第二个方法表示根据帖子编号查询；第三个方
法表示根据帖子的某些信息进行查询。代码如下。

```
#region  查询帖子信息，包含带参数和不带参数的
public DataSet GetPostByModuleId(int moduleId)
{

    string sqlStr = "select *  from V_发帖用户 where ModuleId=" + moduleId;
    SQLHelper help = new SQLHelper();
    DataSet ds = help.GetDataSet(sqlStr);
    if (ds != null && ds.Tables[0].Rows.Count > 0)
    {
        return ds;
    }
     else
     {
        return null;
     }

}

public Post GetPostByPostId(int postId)
{
    string sqlStr = "select * from tbPost where postId=" + postId;
    SQLHelper help = new SQLHelper();
    DataSet ds = help.GetDataSet(sqlStr);
    if (ds != null && ds.Tables[0].Rows.Count > 0)
    {
        Post post = new Post();
        post.PostTitle = ds.Tables[0].Rows[0]["postTitle"].ToString();
        post.PostId = postId;
        post.PostContent = ds.Tables[0].Rows[0]["postContent"].ToString();
        post.UserId = Convert.ToInt32(ds.Tables[0].Rows[0]["userId"].ToString());
        post.ModuleId = Convert.ToInt32(ds.Tables[0].Rows[0]["ModuleId"].ToString());
        post.PostDate = Convert.ToDateTime(ds.Tables[0].Rows[0]["postDate"].ToString());
        return post;
    }
    else
     {
```

```
        return null;
    }
}
public DataSet GetPosts(string ModuleName, string UserName, string postTitle)
{
    string sqlStr = "select * from V_发帖用户 where 1=1";
    if (ModuleName != "")
    {
        sqlStr += " and ModuleName='" + ModuleName + "'";
    }
    if (UserName != "")
    {
        sqlStr += " and UserName like '%" + UserName + "%' ";
    }
    if (postTitle != "")
    {
        sqlStr += " and postTitle like '%" + postTitle + "%' ";
    }
    SQLHelper help = new SQLHelper();
    DataSet ds = help.GetDataSet(sqlStr);
    if (ds != null && ds.Tables[0].Rows.Count > 0)
    {
        return ds;
    }
    else
    {
        return null;
    }
}
#endregion
```

12.5.5　ReplayDAL 类

在解决方案资源管理器中右击 DAL 层，在弹出的快
捷菜单中选择【添加】|【新建项】命令，在弹出的对话
框中选择类文件，并命名为 ReplayDAL.cs。将 ReplayDAL
类的访问修饰符修改为 public。

ReplayDAL 类主要用来处理论坛系统中有关帖子的
操作，如发表帖子、删除帖子、编辑帖子和查询帖子信息
等。ReplayDAL 类包含的成员如图 12-22 所示。

图 12-22　ReplayDAL 类成员

1. 设计数据结构

在 ReplayDAL 类中，添加对数据实体类的 Model 组件的引用，添加导入组件的语句，
以及导入数据库操作类的命名空间，代码如下。

```
using System.Data;
using System.Data.SqlClient;
using Model;
namespace DAL
{
    public class ReplayDAL
    {
    }
}
```

2. 添加回复信息的方法 CreateReplay()

在 ReplayDAL 类中添加方法 CreateReplay()。该方法主要实现对发布帖子进行回复的功能，代码如下。

```
public class ReplayDAL
{
    #region 对帖子发表回复
    public bool CreateReplay(Replay replay)
    {
        string sqlStr = "insert into tbRevert(RevertTitle,RevertContent,RevertDate,
            postId,userId) values(@RevertTitle,@RevertContent,@RevertDate,@postId,@userId)";
        SqlParameter[] param ={
                new SqlParameter("@RevertTitle",replay.RevertTitle ),
                new SqlParameter ("@RevertContent",replay .RevertContent ),
                new SqlParameter ("@RevertDate",replay.RevertDate ),
                new SqlParameter ("@postId",replay.PostId ),
                new SqlParameter ("@userId",replay.UserId )
         };
        SQLHelper help = new SQLHelper();
        if (help.ExecuteCommand(sqlStr, param))
        {
            return true;
        }
        else
        {
            return false;
        }
    }
#endregion
}
```

3. 删除回复信息的方法 DelReplay()

在 ReplayDAL 类中添加方法 DelReplay()。该方法主要实现根据回复 ID 删除回复信息的功能，代码如下。

```
#region 删除回复信息
public bool DelReplay(int RevertId)
{
    string sqlStr = "Delete from tbRevert where RevertId=@RevertId";
    SqlParameter[] param ={
            new SqlParameter ("@RevertId",RevertId)
    };
    SQLHelper help = new SQLHelper();
    if (help.ExecuteCommand(sqlStr, param))
    {
        return true;
    }
    else
    {
        return false;
    }
}
#endregion
```

4. 编辑回复信息的方法 UpdateReplay()

在 ReplayDAL 类中添加方法 UpdateReplay()。该方法主要实现根据回复信息 ID 修改回复信息的功能，代码如下。

```
#region 对回复信息进行编辑
public bool UpdateReplay(Replay replay)
{
    string sqlStr = "Update tbRevert set RevertTitle=@RevetTitle, RevertContent=
        @RevertContent where RervertId=@RevertId";
    SqlParameter[] param ={
            new SqlParameter("@RevertTitle",replay.RevertTitle ),
            new SqlParameter ("@RevertContent",replay .RevertContent ),
            new SqlParameter ("@RevertId",replay.RevertId)
    };
    SQLHelper help = new SQLHelper();
    if (help.ExecuteCommand(sqlStr, param))
    {
        return true;
    }
    else
    {
        return false;
    }
}
#endregion
```

5. 查询回复信息的方法

在 ReplayDAL 类中添加方法 getRevertByPostId (int postId)。该方法根据帖子 ID 查询回复信息的功能，代码如下。

```
#region 查询回复帖子信息
public DataSet getRevertByPostId(int postId)
{
    string sqlStr = "select * from tbRevert where postId=" + postId + " order by RevertDate";
    SQLHelper help = new SQLHelper();
    DataSet ds = help.GetDataSet(sqlStr);
    if (ds.Tables[0].Rows.Count > 0)
    {
        return ds;
    }
    else
    {
        return null;
    }
}
#endregion
```

12.6　设计业务逻辑层 BLL

业务逻辑层(Business Logic Layer，BLL)在多层架构中，起调用数据访问层中各个操作类的作用，它将表现层和数据访问层分离开，更好地解决了各层之间的耦合度问题。

在 BBS 论坛系统中，业务逻辑层包含 4 个类：UserBLL 类、PostBLL 类、ReplayBLL 类和 ModuleBLL 类。

BLL 层的代码比较简单，基本都是调用 DAL 层中的数据，并将结果返回给表现层。

在解决方案资源管理器中右击 BLL 层，在弹出的快捷菜单中选择【添加】|【新建项】命令，为 BLL 层添加 4 个类：UserBLL 类、PostBLL 类、ReplayBLL 类和 ModuleBLL 类，

并将每个类的访问修饰符修改为 public。

打开 PostBLL.cs 文件，为 PostBLL 类添加如下实现代码。

```csharp
using System.Data;
using DAL;
using Model;
namespace BLL
{
  public class PostBLL
{
  PostDAL postDal = new PostDAL();
  public bool CreatePost(Post post)              //发表新帖
  {
     return postDal.CreatePost(post);
  }
  public bool UpdatePost(Post post)              //修改帖子内容
  {
     return postDal.UpdatePost(post);
  }
  public bool DelPost(int postId)                //删除帖子
  {
     return postDal.DelPost(postId);
  }
  public DataSet GetPostByModuleId(int moduleId)     //获取帖子信息
  {
     return postDal.GetPostByModuleId(moduleId);
  }
  public Post GetPostByPostId(int postId)         //根据帖子 ID 获取帖子信息
  {
     return postDal.GetPostByPostId(postId);
  }
     //根据条件查询帖子信息
  public DataSet GetPosts(string ModuleName, string UserName, string postTitle)
  {
     return postDal.GetPosts(ModuleName, UserName, postTitle);
  }
}
}
```

代码说明如下。

首先，在代码中导入了名字空间和 Model 层、DAL 层的程序集(注意，在 BLL 层的引用中要导入这两个组件)。然后在 PostBLL 类中创建了一个 PostDAL 对象，以便对 PostDAL 类中的各方法进行调用。

打开 UserBLL.cs 文件，为 UserBLL 类添加如下实现代码。

```csharp
public class UserBLL
    {
        UserDAL userDal = new UserDAL();
        public bool CreateUser(Users user)
        {
            return userDal.CreateUser(user);
        }
        public bool DelUser(int userId)
        {
            return userDal.DelUser(userId);
        }
        public bool UpdateUser(Users user)
        {
            return userDal.UpdateUser(user);
```

```
        }
        public DataSet GetUsers()
        {
            return userDal.GetUsers();
        }
        public DataSet Login(string userName, string userPswd)
        {
            return userDal.Login(userName, userPswd);
        }
        public Users GetUserByuserId(int userId)
        {
            return userDal.GetUserByuserId(userId);
        }
        public DataSet GetUsers(string userName, string userSex, string userRole)
        {
            return userDal.GetUsers(userName, userSex, userRole);
        }
        public string GetUserName(int ModuleId, int postId)
        {
            return userDal.GetUserName(ModuleId, postId);
        }
    }
```

打开 ModuleBLL.cs 文件，为 ModuleBLL 类添加如下实现代码。

```
public class ModuleBLL
    {
        ModuleDAL moduleDal = new ModuleDAL();
        public bool CreateModule(Module module)
        {
            return moduleDal.CreateModule(module);
        }
        public bool UpdateModule(Module module)
        {
            return moduleDal.UpdateModule(module);
        }
        public bool DelModule(int ModuleId)
        {
            return moduleDal.DelModule(ModuleId);
        }
        public DataSet GetModule()
        {
            return moduleDal.GetModule();
        }
        public Module GetModuleById(int ModuleId)
        {
            return moduleDal.GetModuleById(ModuleId);
        }
        public DataSet GetModuleByName(string moduleName)
        {
            return moduleDal.GetModuleByName(moduleName);
        }
    }
```

打开 ReplayBLL.cs 文件，为 ReplayBLL 类添加如下实现代码。

```
public class ReplayBLL
    {
        ReplayDAL replayDal = new ReplayDAL();
        public bool CreateReplay(Replay replay)
        {
            return replayDal.CreateReplay(replay);
```

```
    }
    public bool UpdateReplay(Replay replay)
    {
        return replayDal.UpdateReplay(replay);
    }
    public bool DelReplay(int RevertId)
    {
        return replayDal.DelReplay(RevertId);
    }
    public DataSet getRevertByPostId(int postId)
    {
        return replayDal.getRevertByPostId(postId);
    }
}
```

12.7　主要功能界面 Web UI 层的实现

表示层(Web UI)主要负责内容的展现和与用户的交互，它给予用户直接的体验。在 ASP.NET 中，表示层就是整个 Web 站点。具体内容要根据需求的内容而定，如果仅仅只是内容的展现，可能只需要将数据绑定至控件即可，不需要编写代码；如果需要与用户进行交互，则需要编写相关的代码。

本节将介绍主要功能界面(Web UI 层)的实现过程。在 BBS 论坛系统中，和用户交流最多的是与帖子有关的操作，包括浏览帖子、发表帖子和回复帖子等。本节将围绕这 3 个模块来进行操作。

12.7.1　设计母版页

在 BBS 论坛系统中，为了保证整个网站的风格一致，可以为 BBS 添加一个母版页。为了设计的美观，还可以添加一些 CSS 和 JavaScript 来对网站进行美化。更多关于 CSS 和 JavaScript 的技术，用户可以参考相关的资料。

具体设计步骤如下。

(1) 选中 WebUI 站点，首先在该站点中添加一个 images 文件夹，用来保存在网站中的图片，将制作该网站所使用的素材复制到 images 文件夹中。

(2) 在 WebUI 站点添加一个用户控件 Header.ascx，制作步骤请参考第 6 章第 6.2 节。制作好的 Header.ascx 控件如图 12-23 所示。

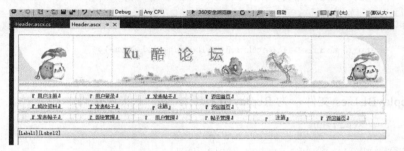

图 12-23　Header.ascx 控件

(3) 在解决方案资源管理器中右击站点 WebUI，在弹出的快捷菜单中选择【添加】|【新

建项】|【母版页】命令，为该站点添加一个 MasterPage.master 页面，并将 Header.ascx 控件拖动到该母版页上，然后添加其他的控件，设计好的母版页如图 12-24 所示。

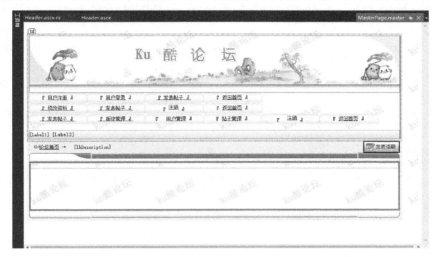

图 12-24　设计好的母版页

12.7.2　首页 Index.aspx 的实现过程

Index.aspx 首页的主要控件是 DataList 控件，通过 DataList 控件显示论坛系统所包含的版块信息，具体步骤如下。

(1) 选中 WebUI 站点，添加一个新的 Web 页面，将其命名为 Index.aspx，并选择母版页 MasterPage.master，在内容页中添加一个 1 行 1 列的表格，宽度和高度分别设置为 100%，在单元格中添加一个 DataList 控件，为 DataList 控件添加模板项。单击 DataList 控件右上角的小三角形，在其下拉列表中选择编辑模板，这里选择 ItemTemplate，如图 12-25 所示。

图 12-25　编辑模板

(2) 在 DataList 的项模板中添加表格，对页面进行布局，如图 12-26 所示。

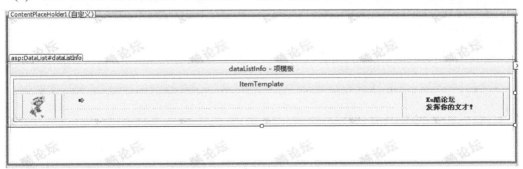

图 12-26　DataList 项模板布局

(3) 在 DataList 控件中，通过 Eval 方法绑定数据。单击左下角的【源】按钮，打开 DataList 的 HTML 源码，为 DataList 的相应控件进行数据绑定，代码如下。

```
<asp:DataList ID="dataListInfo" runat="server" Width="892px">
<SeparatorStyle BorderStyle="None" />
 <ItemTemplate>
  <table border="0" cellpadding="0" cellspacing="0" style="font-size: 10pt; width:
     886px;text-align: center">
    <tr>
     <td rowspan="2" style="background-image: url(images/biaogezuo2.gif); width:
        57px;  height: 48px">
     </td>
     <td style="background-image: url(images/biaogeshang.gif); vertical-align:
        top; width: 401px; height: 29px; text-align: left">
                         <a
        href='PostList.aspx?ModuleID=<%#Eval("ModuleID") %>'>
     <%# Eval("ModuleName") %>
     </a>
      </td>
     <td rowspan="2" style="background-image: url(images/biaogeyou.gif); width:
        119px; height: 48px; text-align: left">
      </td>
     </tr>
     <tr>
     <td style="background-image: url(images/biaogexia.gif); width: 401px; height:
        19px; text-align: left">
         <span style="font-size: 9pt"></span><%# Eval("ModuleIntro") %></td>
     </tr>
   </table>
  </ItemTemplate>
 </asp:DataList>
```

代码说明如下。

在源码中，<%#   %>部分的代码使用 Eval 方法来绑定版块表中的版块名称和版块介绍。
<a>标记中 href 将页面跳转到 PostList.aspx，并传递参数 ModuleID。

(4)　至此，界面设计已完成，接下来是功能实现。首先应在 WebUI 站点中引用编译成
功的 BLL.dll 组件和 Model.dll 组件。引用的组件将自动添加到该站点下的 Bin 文件夹内，
在代码中使用 using 指令导入这些程序集组件。

(5)　在首页 Index.aspx 中，主要实现显示版块信息，应用数据库中的版块表 tbModule。
打开 Index.aspx.cs 文件，添加 Page_Load 方法。后台主要实现代码如下。

```
ModuleBLL moduleBll = new ModuleBLL();
protected void Page_Load(object sender, EventArgs e)
{
   if (!IsPostBack)
   {
     Master.Description.Text = "版块信息";
     DataSet ds = moduleBll.GetModule();
     if (ds != null && ds.Tables[0].Rows.Count > 0)
     {
       dataListInfo.DataSource = moduleBll.GetModule().Tables[0].DefaultView;
       dataListInfo.DataBind();
     }
     else
     {
       Master.Description.Text = "还没有任何信息!";
     }
   }
}
```

代码说明如下。

在代码中，通过调用业务层中 ModuleBll 对象的 GetModule()方法将版块信息表的数据

绑定到 DataList 控件。DataList 控件的 ID 为 dataListInfo。在 Page_Load 中的第一条语句是修改母版页中的 Description 属性。

(6)　将 WebUI 设置为启动项目，将 Index.aspx 设置为起始页，运行程序，界面如图 12-27 所示。

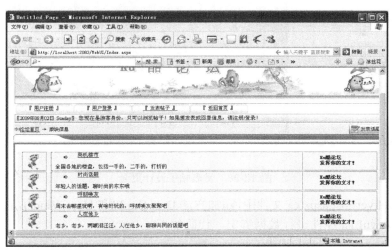

图 12-27　Index.aspx 运行界面

12.7.3　帖子管理的实现过程

帖子管理包括三部分：发表帖子、回复帖子和浏览帖子。下面将详细介绍这三部分的实现过程。

1. 发表帖子

发表帖子的功能主要针对已注册用户，已注册用户包括会员、版主和管理员。其中，游客只能浏览帖子，版块由管理员添加。发表帖子页面 DeliverPost.aspx 的具体实现步骤如下。

(1)　选中 WebUI 站点，右击该站点，在弹出的快捷菜单中选择【添加】|【新建项】命令，添加一个 Web 页面 DeliverPost.aspx，并选择母版页 MasterPage.master。

(2)　设计 DeliverPost.aspx 页面，为页面添加表格，改变表格单元格的内容以及背景，添加必要的控件，为页面布局。

(3)　在页面上合适的位置添加 FreeTextBox 组件，设置 FreeTextBox 组件的属性，并在页面的顶部添加 FreeTextBox 组件的注册代码，在 Web.config 文件中添加配置代码(详细步骤请参考 12.2.1 小节)。设计好的页面如图 12-28 所示。

(4)　返回设计页面，双击打开 DeliverPost.aspx.cs 文件，首先通过 Using 指令导入 BLL 和 Model 程序集。接着声明各类的对象，以便在程序中调用它们的方法，代码如下。

```
Post post = new Post();
Users user = new Users();
PostBLL postBll = new PostBLL();
UserBLL userBll = new UserBLL();
ModuleBLL moduleBll = new ModuleBLL();
```

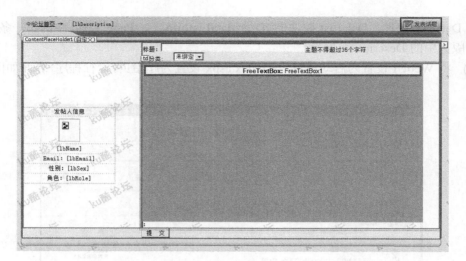

图 12-28　发表帖子设计页面

(5) 在 DeliverPost.aspx.cs 文件中，添加方法 Drp_Bind()和 User_Bind()，其中 Drp_Bind()
用来对 DropDownList 控件进行数据绑定，代码如下。

```
//绑定下拉列表框
public void Drp_Bind()
{
    DataSet ds = moduleBll.GetModule();
    if (ds != null && ds.Tables[0].Rows.Count > 0)
    {
        ddList.DataSource = ds;
        ddList.DataTextField = "ModuleName";
        ddList.DataValueField = "ModuleID";
        ddList.DataBind();
    }
}
```

代码说明如下。

在代码中，首先通过调用 BLL 层 moduleBll 对象的 GetModule()方法找到所有的版块信
息，并将版块名称绑定到 DropDownList 控件中。

(6) 添加 User_Bind()方法用来绑定用户的信息，代码如下。

```
//绑定用户信息
public void User_Bind()
{
    string strName = "";
    int userId;
    strName = Session["Name"].ToString();
    userId = int.Parse(Session["userId"].ToString().Trim());
    user = userBll.GetUserByuserId(userId);
    lbName.Text = strName;
    lbEmail.Text = user.UserEmail;
    lbSex.Text = user.UserSex;
    if (user.UserRole == "0")
    {
        lbRole.Text = "管理员";
    }
    else if (user.UserRole == "1")
    {
```

```
            lbRole.Text = "会员";
        }
        else if (user.UserRole == "2")
        {
            lbRole.Text = "版主";
        }
        imgPhoto.ImageUrl = "~/images/photo/" + user.UserPhoto;
    }
```

代码说明如下。

获取 Session 对象中的用户 Id(UserId 字段)，根据此 Id 找到发帖人的详细信息，并显示出来。

(7) 在 Page 对象的 Load 事件中添加初始化的处理代码。

```
protected void Page_Load(object sender, EventArgs e)
    {
        if (!IsPostBack)
        {
            Master.Description.Text = "发表帖子";
            if (Session["Role"] == null)
            {
                Response.Redirect("limitRole.aspx");
            }
            else
            {
                try
                {
                    Drp_Bind();
                    User_Bind();
                }
                catch
                {
                    Page.ClientScript.RegisterStartupScript(this.GetType(), "异常",
                        "<script>alert('操作异常')</script>");
                }
            }
        }
    }
```

(8) 双击【提交】按钮，为 Button1 控件的 Click 事件添加如下处理代码。

```
protected void Button1_Click(object sender, EventArgs e)
    {
        //string userName = "";
        string userRole = "";
        if (txtTitle.Text == "")
        {
            Page.ClientScript.RegisterStartupScript(this.GetType(), "非空",
                "<script>alert('帖子标题不能为空! ')</script>");
            return;
        }
        // userName = Session["Name"].ToString();
        userRole = Session["Role"].ToString();

        post.PostTitle = txtTitle.Text.Trim();
        post.UserId = int.Parse(Session["userId"].ToString().Trim());
        post.PostContent = FreeTextBox1.Text;
        post.PostDate = DateTime.Now;
        post.ModuleId = Convert.ToInt32(ddList.SelectedValue);
        if (postBll.CreatePost(post))
```

```
    {
        Response.Redirect("postList.aspx?ModuleID=" + post.ModuleId);
    }
    else
    {
        Session["errorMsg"] = "请检查你的权限！";
        Response.Redirect("errorPage.aspx");
    }
}
```

代码说明如下。

在代码中，通过 Session 对象的 Name 值和 Role 值获取发帖人的用户名和角色，帖子内容通过 FreeTextBox 控件获取，调用 postBll 对象的 CreatePost()方法将帖子信息添加到数据库中。若添加成功，则链接到 postList.aspx 页面，并传入 ModuleID 参数。

2. 回复帖子

注册用户可以对已发表的帖子进行回复，以发表自己的看法。回复帖子的页面为 RevertPost.aspx，它与发表帖子的页面类似，具体实现步骤如下。

(1) 选中 WebUI 站点，右击站点文件，在弹出的快捷菜单中选择【添加】|【新建项】命令，添加一个 Web 页面 RevertPost.aspx，并选择 MasterPage.master 母版页。

(2) 设计 RevertPost.aspx 的页面，为页面添加表格，改变表格单元格的内容以及背景，添加必要的控件对页面进行布局。设计好的页面如图 12-29 所示。

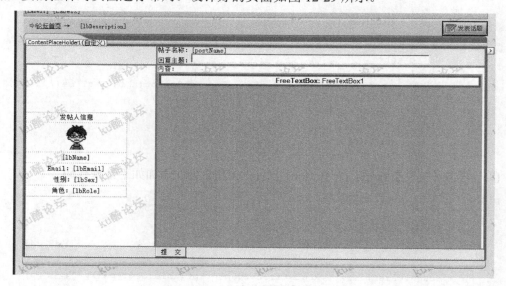

图 12-29 回复帖子设计页面

(3) 返回设计页面，双击打开 RevertPost.aspx.cs 文件，声明各类的对象，以便在程序中调用它们的方法，代码如下。

```
ReplayBLL replayBll = new ReplayBLL();
Replay replay = new Replay();
Users user = new Users();
UserBLL userBll = new UserBLL();
PostBLL postBll = new PostBLL();
```

(4) 在 RevertPost.aspx.cs 文件中，添加 Data_Bind()方法，用来对帖子名称进行绑定，并显示发帖人的信息，代码如下。

```
public void Data_Bind()
    {
        string strName = "";
        int userId;
        strName = Session["Name"].ToString();
        userId = int.Parse(Session["userId"].ToString().Trim());
        user = userBll.GetUserByuserId(userId);
        lbName.Text = strName;
        lbEmail.Text = user.UserEmail;
        lbSex.Text = user.UserSex;
        if (user.UserRole == "0")
        {
            lbRole.Text = "管理员";
        }
        else if (user.UserRole == "1")
        {
            lbRole.Text = "会员";
        }
        else if (user.UserRole == "2")
        {
            lbRole.Text = "版主";
        }
        imgPhoto.ImageUrl = "~/images/photo/" + user.UserPhoto;
        int postId = Convert.ToInt32(Request["postID"].ToString());
        Post post = postBll.GetPostByPostId(postId);
        postName.Text = post.PostTitle;
    }
```

代码说明如下。

在程序中，根据 Session 对象存储的 userId 值查找发帖人的详细信息，并显示出来。通过调用 postBll 对象的 GetPostByPostID()方法，查找帖子标题。

(5) 在 Page 对象的 Load 事件中调用 Data_Bind()方法，并对可能出现的异常进行处理，代码如下。

```
protected void Page_Load(object sender, EventArgs e)
    {
        if (!IsPostBack)
        {
        Master.Description.Text = "回复帖子";

        if (Session["Role"] == null)
        {
            Response.Redirect("limitRole.aspx");
        }
        else
        {
            try
            {
                Data_Bind();
            }
            catch
            {
                Page.ClientScript.RegisterStartupScript(this.GetType(), "异常",
                    "<script>alert('操作异常')</script>");
            }
        }
```

代码说明如下。

获取 Session 对象中的用户角色 Role,如果 Role 变量值为 null,说明是游客,没有发表帖子的权限,故链接到 limitRole.aspx 页面,否则调用 Data_Bind()方法显示数据。

(6) 双击【提交】按钮,为 Button1 控件的 Click 事件添加如下处理代码。

```
protected void Button1_Click(object sender, EventArgs e)
    {
        if (FreeTextBox1.Text == "")
        {
        Page.ClientScript.RegisterStartupScript(this.GetType(), "空值",
            "<script>alert('回帖内容不能为空!')</script>");
        return;
        }
        else
        {
            try
            {
                replay.PostId = Convert.ToInt32(Request["postID"].ToString());
                replay.RevertTitle = RevertName.Text;
                replay.UserId = int.Parse(Session["userId"].ToString().Trim());
                replay.RevertContent = FreeTextBox1.Text;
                replay.RevertDate = DateTime.Now;
                if (replayBll.CreateReplay(replay))
                {
                    Response.Redirect("postInfo.aspx?postID=" + replay.PostId);
                }
                else
                {
                Session["errorMsg"] = "请检查操作权限!";
                Response.Redirect("errorPage.aspx");
                }
            }
            catch
            {
                Page.ClientScript.RegisterStartupScript(this.GetType(), "异常",
                    "<script>alert('操作异常')</script>");
            }
        }
    }
```

代码说明如下。

在代码中,如果回复内容不为空的话,调用 replayBll 对象中的 CreateReplay()方法来添加回复信息,其中帖子编号通过上一页面传递的 postID 参数获取,发帖人的 ID 通过 Session 对象的 UserId 值获取。若添加成功,则页面转换到 PostInfo.aspx 页面,并传递参数 postID。

3. 浏览帖子

所有用户包括未注册的用户都可以浏览帖子,关于浏览帖子的页面有两个:Post.aspx 和 PostInfo.aspx,其中 Post.aspx 页面显示所有发表的帖子信息,而 PostInfo.aspx 显示某个帖子的详细信息,包括回复的帖子信息。其具体实现步骤如下。

(1) 选中 WebUI 站点,在该站点下添加两个 Web 页面:PostList.aspx 和 PostInfo.aspx,并选择母版页 MasterPage.master。

(2) 设计 PostList.aspx 页面。在 PostList.aspx 页面中添加表格，改变表格中单元格的内容以及背景，添加必要的控件对页面进行布局，在单元格中添加一个 DataList 控件。

(3) 为 DataList 控件添加项模板。单击 DataList 控件右上角的图标，在其下拉列表中选择【编辑模板】命令，选择 ItemTemplate 选项进行编辑，添加表格进行布局，如图 12-30 所示。

图 12-30　DataList 控件项模板编辑

(4) 为 DataList 控件绑定数据。打开 HTML 源码，对项模板中的数据项进行绑定。具体代码如下。

```
<asp:DataList ID="dataListInfo" runat="server" Width="800px"
    onselectedindexchanged="dataListInfo_SelectedIndexChanged">
<ItemTemplate>
 <table border="0" cellpadding="0" cellspacing="0" class="TableCss" style="font-size:
10pt; width: 852px; height: 138px; border-right: #0099cc thin solid; border-top:
#0099cc thin solid; border-left: #0099cc thin solid; border-bottom: #0099cc thin
solid;">
    <tr><td  style="background-image:  url(images/titlemu_2.gif);  width:  233px;
height: 30px; border-top-width: thin; border-right: #0099cc thin solid; border-left:
#0099cc thin solid; border-top-color: #0099cc; border-bottom: #0099cc thin solid;">
     <asp:Label ID="Label3" runat="server">
<%# Eval("ModuleName")%></asp:Label>
    --<a href='PostInfo.aspx?PostID=<%# Eval("PostID") %>' style="font-size: 9pt;
color: black; text-decoration: none">
       <%#Eval("postTitle") %></a>
    </td>
    <td style="background-image: url(images/titlemu_2.gif); width: 233px; height:
30px; border-top-width: thin; border-right: #0099cc thin solid; border-left-width:
thin; border-left-color: #0099cc; border-top-color: #0099cc; border-bottom: #0099cc
thin solid;">发表时间:
<asp:Label ID="Label1" runat="server"><%# Eval("postDate") %></asp:Label>
</td>
<td style="background-image: url(images/titlemu_2.gif); width: 233px; height: 30px;
border-top-width: thin; border-right: #0099cc thin solid; border-left-width: thin;
border-left-color: #0099cc; border-top-color: #0099cc; border-bottom: #0099cc thin
solid;">发帖人:
<asp:Label ID="Label2" runat="server"><%# val("UserName")%></asp:Label>
</td>
    <td style="background-image: url(images/titlemu_2.gif); width: 233px; height:
30px; border-bottom: #0099cc thin solid;">
    <a href='RevertPost.aspx?postID=<%# Eval("PostID") %>' style="font-size: 9pt;
color: black; text-decoration: none">回复 </a>
    </td>
```

```
  </tr>
  <tr><td colspan="4" style="vertical-align: top; width: 798px; height: 105px;
text-align: left">
   <%# Eval("postContent") %></td>
  </tr>
</table>
</ItemTemplate>
</asp:DataList>
```

代码说明如下。

在代码中,通过 Eval 方法绑定帖子信息。通过单击标记<a></a>超链接,即帖子标题,使页面链接到 PostInfo.aspx 页面,并传递参数 postID,显示帖子的详细信息,包括回复信息。在 DataList 控件中,"回复"是通过<a></a>标记来实现的,也可以通过在 DataList 控件中添加 LinkButton 控件来实现。

(5) 在页面的底部添加一个表格,用来设计 DataList 控件的分页。在表格中添加 4 个 Label 控件和 4 个 LinkButton 控件,分别用来表示"当前页码为:""总页码为:""第一页""上一页""下一页"和"最后一页"。各控件的属性设置如表 12-5 所示。

表 12-5 各控件的属性设置

控件类型	控件名称	属 性	设置结果
Label 控件	Label1	ID	lbcurrent
		Text	当前页码为:
	Label2	ID	labPage
		Text	1
	Label3	ID	labCount
		Text	总页码为:
	Label4	ID	labCountPage
		Text	为空
LinkButton 控件	LinkButton1	ID	lnkbtnOne
		Font-Underline	False
	LinkButton2	ID	lnkbtnUp
		Font-Underline	False
	LinkButton3	ID	lnkbtnNext
		Font-Underline	False
	LinkButton4	ID	lnkbtnBack
		Font-Underline	False

设计好的界面如图 12-31 所示。

当前页码为:[[1]] 总页码为:[[labCountPage]]第一页 上一页 下一页 最后一页

图 12-31 界面中的分页设计

(6) 返回设计页面,双击打开 PostList.aspx.cs 文件,声明各类的对象,以便在程序中调用它们的方法，代码如下。

```
UserBLL userBll = new UserBll();
ModuleBLL ModuleBll = new ModuleBll();
PostBLL postBll = new PostBll();
```

（7）定义 DataList 控件数据绑定的方法 DataListBd()，用于显示所有帖子的信息，代码如下。

```
public void DataListBd()
    {
        int ModuleID =Convert .ToInt32 ( Request["ModuleID"].ToString());
        DataSet ds = postBll.GetPostByModuleId(ModuleID);
        if (ds != null)
        {
          // panShow.Visible = true;
           int curpage = Convert.ToInt32(labPage.Text);
           PagedDataSource ps = new PagedDataSource();
           ps.DataSource = ds.Tables[0].DefaultView;
           ps.AllowPaging = true; //是否可以分页
           ps.PageSize = 2; //每页显示的数量
           ps.CurrentPageIndex = curpage - 1; //设置当前页的索引
           lnkbtnUp.Enabled = true;
           lnkbtnNext.Enabled = true;
           lnkbtnBack.Enabled = true;
           lnkbtnOne.Enabled = true;
           if (curpage == 1)
           {
               lnkbtnOne.Enabled = false;//不显示第一页按钮
               lnkbtnUp.Enabled = false;//不显示上一页按钮
           }
           if (curpage == ps.PageCount)
           {
               lnkbtnNext.Enabled = false;//不显示下一页
               lnkbtnBack.Enabled = false;//不显示最后一页
           }
           this.labCountPage.Text = Convert.ToString(ps.PageCount); //最后一页
           dataListInfo.DataKeyField = "postID";
           dataListInfo.DataSource = ps;
           dataListInfo.DataBind();
        }
        else
        {
           dataListInfo.DataSource = null;
           dataListInfo.DataBind();
           lbError.Text = "还没有人在此版块发表帖子，你赶紧发表吧！";
           lnkbtnBack.Enabled = false;
           lnkbtnNext.Enabled = false;
           lnkbtnOne.Enabled = false;
           lnkbtnUp.Enabled = false;
        }
    }
```

代码说明如下。

在代码中，PagedDataSource 对象用来设置 DataList 控件的分页属性，其中 AllowPaging 属性表示是否可以分页，PageSize 属性表示每页显示的记录条数，CurrentPageIndex 属性用来设置当前页的索引，PageCount 表示数据源中所有项所需的总页数。

（8）实现 DataList 控件的分页功能。双击各 LinkButton 控件，添加它们的 Click 事件代码如下。

```
protected void lnkbtnOne_Click(object sender, EventArgs e)//首页
    {
        labPage.Text = "1";
        this.DataListBd();
    }
    protected void lnkbtnUp_Click(object sender, EventArgs e) //上一页
    {
        labPage.Text = Convert.ToString(Convert.ToInt32(labPage.Text) - 1);
        this.DataListBd();
    }
    protected void lnkbtnNext_Click(object sender, EventArgs e) //下一页
    {
        labPage.Text = Convert.ToString(Convert.ToInt32(labPage.Text) + 1);
        this.DataListBd();
    }
    protected void lnkbtnBack_Click(object sender, EventArgs e) //尾页
    {
        labPage.Text = labCountPage.Text;
        this.DataListBd();
    }
```

(9) 在 Page 对象的 Load 事件中添加调用数据绑定的方法 DataListBd()，代码如下。

```
protected void Page_Load(object sender, EventArgs e)
{
    if (!IsPostBack)
    {
        this.DataListBd();
        Master.Description.Text = "帖子信息";
    }
}
```

PostList.aspx 页面用来显示所有帖子的信息,而 PostInfo.aspx 页面根据页面 PostList.aspx 传递过来的参数来显示其帖子的详细信息,包括对帖子回复的详细信息。PostInfo.aspx 页面的实现过程与 PostList.aspx 页面类似,具体步骤如下。

(1) 打开 PostInfo.aspx 页面,添加表格和必要的控件对页面进行布局。添加一个表格用来显示帖子的详细信息,添加一个 DataList 控件用来显示回复帖子的详细信息。页面设计如图 12-32 所示。

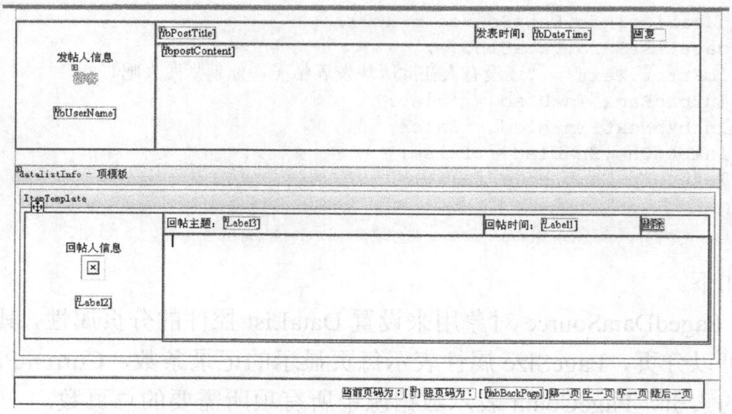

图 12-32 PostInfo.aspx 页面设计

(2)　在 HTML 源码中通过 Eval 方法为 DataList 控件中的相应控件绑定数据，显示回复帖子的详细信息。

(3)　返回设计页面，双击打开 PostInfo.aspx.cs 文件，定义各类的对象，以便在程序中调用它们的方法，代码如下。

```
ReplayBLL replayBll = new ReplayBLL();
PostBLL postBll = new PostBLL();
UserBLL userBll = new UserBLL();
```

(4)　PostInfo.aspx 页面包含对帖子信息的绑定和回复帖子信息的绑定，故在 PostInfo.aspx.cs 文件中添加方法 postBd()和 DataListBd()。其中 DataListBd()方法与 Post.aspx 页面中 DataList 控件的数据绑定类似，代码如下。

```
public void dataBind()
    {
        if (Request["postID"] != null)
        {
            int postID = Convert.ToInt32(Request["postID"].ToString());
            postBd(postID);
            DataListBd(postID);
        }
    }
    public void postBd(int postID)
    {
        Post post = postBll.GetPostByPostId(postID);
        Users user = userBll.GetUserByuserId(post.UserId);
        lbUserName.Text = user.UserName;
        lbPostTitle.Text = post.PostTitle;
        lbDateTime.Text = post.PostDate.ToString ();
        lbpostContent.Text = post.PostContent;
        imgUser.ImageUrl = "~/images/photo/" + user.UserPhoto;
    }
    public void DataListBd(int postID)
    {
        DataSet ds = replayBll.getRevertByPostId(postID);
        //根据帖子编号查询回帖信息
        if (ds != null)
        {
            // panShow.Visible = true;
            int curpage = Convert.ToInt32(labPage.Text);  //
            PagedDataSource ps = new PagedDataSource();
            ps.DataSource = ds.Tables[0].DefaultView;
            ps.AllowPaging = true;  //是否可以分页
            ps.PageSize = 2;  //每页显示的数量
            ps.CurrentPageIndex = curpage - 1;  //取得当前页的页码
            lnkbtnUp.Enabled = true;
            lnkbtnNext.Enabled = true;
            lnkbtnBack.Enabled = true;
            lnkbtnOne.Enabled = true;
            if (curpage == 1)
            {
                lnkbtnOne.Enabled = false;//不显示第一页按钮
                lnkbtnUp.Enabled = false;//不显示上一页按钮
            }
            if (curpage == ps.PageCount)
            {
                lnkbtnNext.Enabled = false;//不显示下一页
                lnkbtnBack.Enabled = false;//不显示最后一页
```

```
        }
        this.labBackPage.Text = Convert.ToString(ps.PageCount); //最后一页
        datalistInfo.DataKeyField = "RevertID";
        datalistInfo.DataSource = ps;
        datalistInfo.DataBind();
    }
    else
    {
        datalistInfo.DataSource = null;
        datalistInfo.DataBind();
        lbError.Text = "还没有人回复此帖子，快来抢沙发吧！";
        lnkbtnBack.Enabled = false;
        lnkbtnNext.Enabled = false;
        lnkbtnOne.Enabled = false;
        lnkbtnUp.Enabled = false;
    }

}
```

代码说明如下。

在代码中，绑定 DataList 控件的数据，并设置 DataList 控件的 DataKeyField 属性为回帖编号 RevertID，DataKeyField 属性用来设置或获取由 DataSource 属性指定的数据源中的键字段，键字段是数据表中唯一的字段，一般情况下，使用这个字段作为索引，所指定的字段用于填充 DataKeys 集合。在步骤(6)中删除帖子时，就是根据集合 DataKeys 中的回帖编号进行删除操作的。

(5) 定义 GetPhoto()方法，该方法用于根据回帖编号获取回帖人的头像，代码如下。

```
public string GetPhoto(string str)  //获取回帖人的头像
{
    int userID = Convert.ToInt32(str);
    Users user = userBll.GetUserByuserId(userID); //根据回帖人查找头像
    string userPhoto = user.UserPhoto;
    return userPhoto;
}
```

(6) 如果是版主和管理员，则可以删除回复的帖子，在 DataList 控件的项模板中添加一个 LinkButton 控件，设置其 Text 属性为"删除"，将其 CommandName 属性名改为"Delete"。双击 DataList 控件的 DeleteCommand 事件，编写代码如下。

```
protected void datalistInfo_DeleteCommand(object source, DataListCommandEventArgs e)
{
    if (Session["Role"].ToString () ==" 0" || Session["Role"].ToString () == "2")
    {
        int RevertID = Convert.ToInt32(datalistInfo.DataKeys[e.Item.ItemIndex].ToString());
            //获取当前 DataList 控件列
        if (replayBll.DelReplay(RevertID))
        {
            Response.Write("<script>alert('删除成功')</script>");
            labPage.Text = "1";
            this.dataBind();
        }
        else
        {
            Response.Redirect("errorPage.aspx");
        }
```

```
    }
    else
    {
        Response.Redirect("limitRole.aspx");
    }
}
```

代码说明如下。

在代码中，通过 DataList 控件的 DataKeys 对象集合获取回帖编号，调用 ReplayBll 对象中的 DelReplay()方法来删除回帖信息，删除信息后重新绑定 DataList 的数据。

(7) 在站点 WebUI 中添加 Web 页面 limitRole.aspx，用来显示非法用户的登录。其页面设计如图 12-33 所示。

图 12-33 limitRole.aspx 页面设计

(8) 在 limitRole.aspx 页面中，为"这里"添加<a></a>链接标记，为标记添加一段 JavaScript 代码，表示返回上一页面。设计好的标记代码如下。

```
点击<a href="javascript:window.history.back();">这里</a>返回!
```

4. 运行效果

至此，帖子管理的所有页面全部设计完成，下面将演示帖子的运行效果。

(1) 以会员身份登录该论坛系统，单击【发表帖子】或【发表话题】超链接，首先进入 DeliverPost.aspx 页面，填写发帖标题，选择发帖的版块，输入发帖内容，改变发帖内容的字体大小和颜色等，如图 12-34 所示。

图 12-34 发表帖子

(2) 单击【提交】按钮，将打开 Post.aspx 页面，如图 12-35 所示。

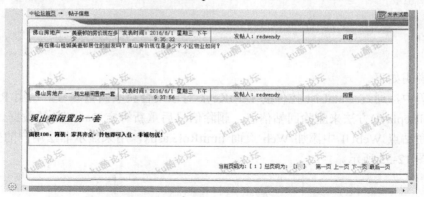

图 12-35　显示所有帖子的信息

(3) 单击帖子信息中帖子的标题，如单击标题"美豪邨的房价现在多少"，将链接到 PostInfo.aspx 页面，显示帖子的详细信息，如图 12-36 所示。

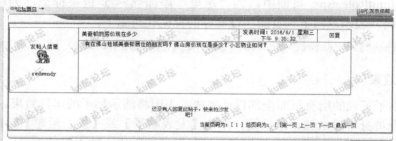

图 12-36　显示帖子的详细信息

(4) 注销此用户(也可不注销)，换一个用户登录论坛系统，找到该帖子，单击【回复】按钮，链接到 Revert.aspx 页面，对帖子进行回复，如图 12-37 所示。

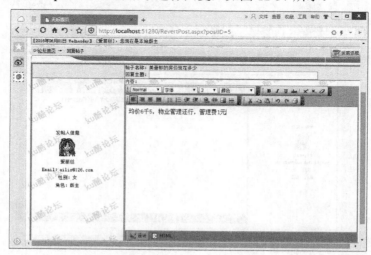

图 12-37　回复帖子

(5) 单击【提交】按钮，将返回到 PostInfo.aspx 页面，如图 12-38 所示。

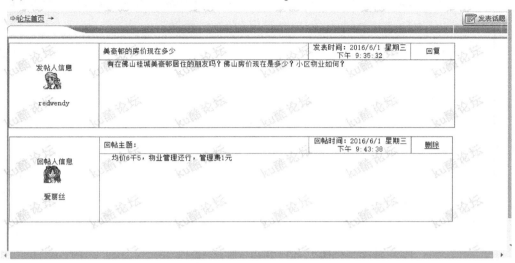

图 12-38　回复信息

(6) 若注册用户是版主，则可对回复的帖子进行删除操作，单击【删除】按钮，将链接到 limitRole.aspx 页面，如图 12-39 所示。

图 12-39　出错页面

(7) 单击【这里】超链接，将返回上一次操作的页面。

12.7.4　用户管理的实现过程

用户管理模块主要有用户注册、用户登录、修改用户资料等功能，对于管理员而言，还可以对用户、版块、帖子进行添加、修改和删除等操作。

1. 用户注册

在论坛系统中，只有注册用户才可以发表帖子和回复帖子，用户注册页面 Regiditer.aspx 与其他系统的注册页面类似，具体实现步骤如下。

(1) 选中站点 WebUI，新建 Web 页面 Regiditer.aspx，在该页面中添加表格和必要的控件进行布局，设计好的页面如图 12-40 所示。

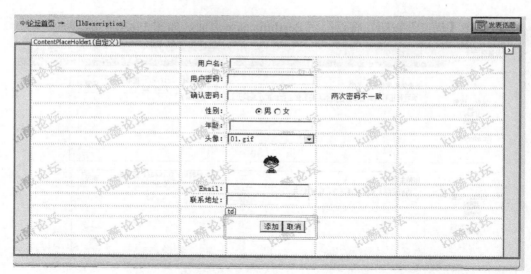

图 12-40　用户注册页面设计

(2)　返回设计页面，双击【添加】按钮，为 btnAdd 按钮的 Click 事件添加处理代码如下。

```
protected void btnAdd_Click(object sender, EventArgs e)
    {
        Users user = new Users();
        try
        {
            user.UserName = txtName.Text.Trim();
            user.UserPassword = txtPswd.Text.Trim();
            user.UserAge = int.Parse(txtAge.Text.Trim());
            user.UserPhoto = drPhoto.SelectedItem.Value.ToString();
            user.UserEmail = txtEmail.Text.Trim();
            user.UserRole = "1";
            if (rbtnBoy.Checked)
                user.UserSex = "男";
            if (rbtnGril.Checked)
                user.UserSex = "女";
            user.UserAddress = txtAge.Text.Trim();
            if (userBll.CreateUser(user))
            {
                Response.Redirect("index.aspx");
            }
            else
            {
                Response.Redirect("errorPage.aspx");
            }
        }
        catch(Exception ex)
        {
            Page.ClientScript.RegisterStartupScript(this.GetType(), "script", "<script>alert
            ('"+ex.Message +"')</script>");
        }
    }
```

2. 用户登录

已注册的用户可以登录论坛，进行发表帖子和回复帖子的操作。登录过程中使用了验证码技术(可以参考第 8 章的内容)。实现用户登录页面 Login.aspx 的具体步骤如下。

(1) 选中 WebUI 站点，新建 Web 页面 Login.aspx，在该页面中添加表格和必要的控件进行布局，设计好的页面如图 12-41 所示。

图 12-41 用户登录页面设计

(2) 返回设计页面，双击打开 Login.aspx.cs 文件，双击【登录】按钮，为 btnLogin 按钮的 Click 事件添加处理代码如下。

```
protected void btnLogin_Click(object sender, EventArgs e)
{
    UserBLL userBll = new UserBLL();
    string userName=txtName .Text .Trim ();
    string userPassword=txtPswd .Text.Trim ();
    try
    {
        DataSet ds = userBll.Login(userName, userPassword);
        if(Session["checkCode"].ToString () != txtCode.Text.Trim())
        {
            lbError.Text = "验证码错误，请重新输入!";
        }
        else   if (ds != null && ds.Tables[0].Rows.Count >0)
        {
            Session["Role"] = Convert.ToInt32(ds.Tables[0].Rows[0]["userRole"].ToString());
            Session["userId"] = Convert.ToInt32(ds.Tables[0].Rows[0]["userId"].ToString());
            // Session["Name"] = userName;
            Response.Redirect("index.aspx");
        }
        else
        {
            lbError.Text = "用户名和密码不匹配，请重新输入! ";
            txtName.Focus();
            txtName.Text = "";
            txtPswd.Text = "";
            txtCode.Text = "";
        }
    }
    catch (Exception ex)
    {
        Page.ClientScript.RegisterStartupScript(this.GetType(), "script",
            "<script>alert('" + ex.Message + "')</script>");
    }
}
```

3. 用户管理

具有管理员权限的用户可以对用户、帖子和版块进行管理，如增加用户，修改用户资料，删除不合法用户等。管理用户、帖子和版块的实现过程类似，故在此只介绍管理用户的步骤。

(1) 打开站点 WebUI，新建 Web 页面 UserList.aspx，在该页面中添加表格和必要的控件进行布局，设计好的页面如图 12-42 所示。

图 12-42　用户管理页面设计

(2) 在页面中，主要通过 GridView 控件来显示用户的信息，为 GridView 控件添加各绑定列和按钮列，设置各绑定列为数据库 tbUser 表中的相应字段，编写代码绑定 GridView 控件，代码如下。

```
UserBLL userBll = new UserBLL();
protected void Page_Load(object sender, EventArgs e)
{
    if (!IsPostBack)
    {
        this.GridViewBd();
    }
}
void GridViewBd()
{
    gvInfo.DataSource = userBll.GetUsers().Tables[0].DefaultView;
    gvInfo.DataBind();
}
```

(3) 在 GridView 控件中实现修改和删除功能，代码如下。

```
protected void gvInfo_RowCreated(object sender, GridViewRowEventArgs e)
{
    if (e.Row.RowType == DataControlRowType.DataRow)
    {
        LinkButton lnkbtnDel = (LinkButton)e.Row.FindControl("lnkbtnDel");
        LinkButton lnkbtnEdit = (LinkButton)e.Row.FindControl("lnkbtnEdit");
        lnkbtnDel.CommandArgument = e.Row.RowIndex.ToString();
        lnkbtnEdit.CommandArgument = e.Row.RowIndex.ToString();
    }
}
public  string getRole(string userRole)
{
    string RoleName = "";
    if (userRole == "0")
    {
        RoleName = "管理员";
    }
    else if (userRole == "1")
    {
```

```
        RoleName = "会员";
    }
    else if (userRole == "2")
    {
        RoleName = "版主";
    }
    return RoleName;
}
protected void gvInfo_RowCommand(object sender, GridViewCommandEventArgs e)
{
    int index = int.Parse(e.CommandArgument.ToString());
    if (e.CommandName == "Del")
    {
        int userId = Convert.ToInt32(gvInfo.DataKeys[index].Value.ToString());
        if (userBll.DelUser(userId))
        {
            Response.Redirect("UserList.aspx");
        }
    }
    else if(e.CommandName =="Edit")
    {
        int userId = Convert.ToInt32(gvInfo.DataKeys[index].Value.ToString());
        Response.Redirect("user_Edit.aspx?userId=" + userId);
    }
}
protected void gvInfo_RowDataBound(object sender, GridViewRowEventArgs e)
    {
        if (e.Row.RowType == DataControlRowType.DataRow)
        {
            LinkButton delbtn = (LinkButton)e.Row.Cells[6].FindControl("lnkbtnDel");
            delbtn.Attributes.Add("onclick", "javascript:return confirm('你确认要删除:
                \"" + e.Row.Cells[0].Text + "\"吗?')");
        }
    }
```

代码说明如下。

在程序中，RowCreated 事件表示当创建数据行时激发，此事件中的处理代码主要用来实例化 GridView 控件模板中的两个 LinkButton 控件：lnkbtnDel 控件和 lnkbtnEdit 控件。

RowCommand 事件表示当 GridView 控件内生成事件时激发，此处的代码根据 CommandName 参数的值来决定执行删除还是编辑操作。注意在 GridView 控件的模板中需要设置两个 LinkButton 控件的 CommandName 属性为相应的字符串，如删除操作为 Del，编辑操作为 Edit。

getRole()方法在此处主要是将数据库表中的 userRole 字段对应为相应的用户，因为在数据表中 userRole 是用数据 0、1、2 来表示的。

RowDataBound 事件中的代码使用脚本 JavaScript 来实现，当删除某条记录时，弹出提示对话框让用户确认删除操作，以免用户误操作。

(4) 在用户管理页面中还可以实现查找功能，双击【查找】按钮，为 btnFind 按钮的 Click 事件添加代码如下。

```
protected void btnFind_Click(object sender, EventArgs e)
{
    string userName = txtName.Text.Trim();
    string userSex = "";
    if (rdbtnBoy.Checked)
        userSex = "男";
```

```
   if (rdbtnGirl.Checked)
    userSex = "女";
   int userRole = Convert.ToInt32(ddlRole.SelectedItem.Value.ToString());
   DataSet ds = userBll.GetUsers(userName, userSex, userRole);
  if (ds != null)
  {
    lbShow.Text = "共找到" + ds.Tables[0].Rows.Count + "条记录";
    gvInfo.DataSource = ds;
    gvInfo.DataBind();
  }
  else
  {
    lbShow.Text = "没有符合条件的记录";
    this.GridViewBd();
  }
}
```

4. 运行效果

保存所有文件，测试用户管理的功能。演示运行效果如下。

(1) 运行程序，在首页 index.aspx 的导航中，单击【用户注册】超链接，打开用户注册页面 Register.aspx，输入用户的基本信息，如图 12-43 所示。

图 12-43　用户注册页面

(2) 单击【添加】按钮，将添加一个新用户，页面跳转至首页 index.aspx，单击【用户登录】超链接，打开 Login.aspx 页面，进行用户登录，如图 12-44 所示。若登录成功，则单击【修改】按钮，可对用户的基本信息进行修改，如图 12-45 所示。

图 12-44　用户登录页面

图 12-45　用户资料修改页面

(3)　如果用户角色是网站管理员，则登录之后，将打开图 12-46 所示的界面，导航部分多了【用户管理】、【版块管理】和【帖子管理】超链接。

(4)　单击不同的超链接，将打开不同的窗体，单击【用户管理】超链接，打开如图 12-47所示的用户管理页面。

(5)　在用户管理页面 UserList.aspx 中，可根据不同的条件(用户名、性别、角色)查找用户，如图 12-48 所示是根据角色"会员"查找到 2 条记录。

(6)　选择表格中的某条记录，单击操作中的【编辑】按钮将弹出图 12-45 所示的用户资料修改页面；单击【删除】按钮，将弹出提示框提示用户确认删除操作，如图 12-49 所示。

图 12-46　管理员登录页面

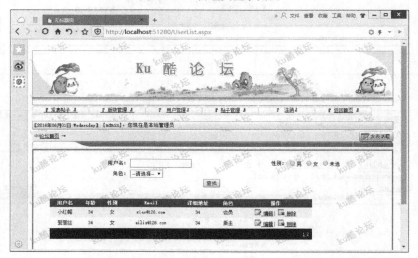

图 12-47　用户管理页面

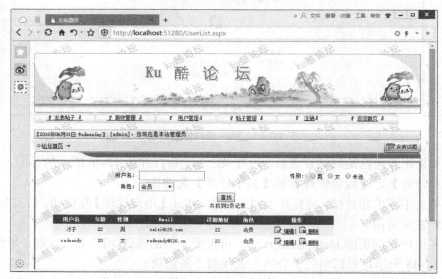

图 12-48　查找用户页面

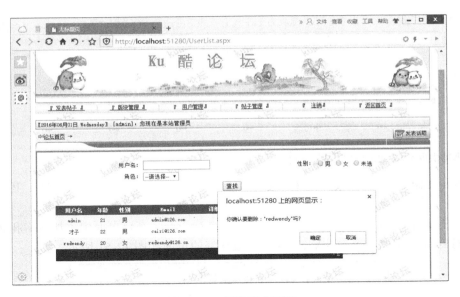

图 12-49　删除用户页面

12.7.5　版块管理的实现过程

版块管理模块包括版块添加、版块修改、版块删除和版块查找功能，只有管理员才能管理版块，管理员可以添加、修改和删除版块，主要页面有 AddModule.aspx 和 ModuleList.aspx。

1. AddModule.aspx 页面的设计

AddModule.aspx 页面主要用来实现版块的添加，其具体步骤如下。

(1)　打开站点 WebUI，新建 Web 页面 AddModule.aspx，在该页面中添加表格和必要的控件进行布局。设计好的页面如图 12-50 所示。

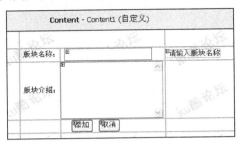

图 12-50　版块添加

(2)　双击【添加】按钮，为该按钮的 Click 事件添加代码如下。

```
protected void btnAdd_Click(object sender, EventArgs e)
    {
        module.ModuleName = txtName.Text.Trim();
        module.ModuleIntro = txtIntro.Text.Trim();
        module.BuildDate = DateTime.Now;
if (moduleBll.CreateModule(module))
        {
```

```
        Page.ClientScript.RegisterStartupScript(this.GetType(), "script",
            "<script>alert('成功')</script>");
        Response.Redirect("index.aspx");
    }
else
    {
Response.Redirect("errorPage.aspx");
    }
}
```

2. ModuleList.aspx 页面的设计

ModuleList.aspx 页面主要用来实现版块更新、版块删除和版块查找功能，其具体步骤如下。

(1) 打开站点 ch12，新建 Web 页面 ModuleList.aspx，在该页面中添加表格和必要的控件并进行布局，添加一个 GridView 控件，设计好的页面如图 12-51 所示。

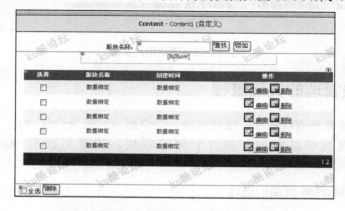

图 12-51　Modulelist.aspx 页面设计

(2) 在页面中，主要通过 GridView 控件来显示版块的信息，为 GridView 控件添加各绑定列和按钮列，设置各绑定列为数据库 tbModule 表中的相应字段，编写代码绑定 GridView 控件，代码如下。

```
ModuleBLL moduleBll = new ModuleBLL();
protected void Page_Load(object sender, EventArgs e)
{
    if (!IsPostBack)
    {
        this.GridViewBd();
    }
}
void GridViewBd()
{
    gvInfo.DataSource = moduleBll.GetModule().Tables[0].DefaultView;
    gvInfo.DataBind();
}
```

(3) 在 GridView 控件中实现版块修改和删除功能，代码如下。

```
protected void gvInfo_RowCreated(object sender, GridViewRowEventArgs e)
{
    if (e.Row.RowType == DataControlRowType.DataRow)
    {
```

```
        //实例化两个 LinkButton
        LinkButton lnkbtnDel = (LinkButton)e.Row .FindControl("lnkbtnDel");
        LinkButton lnkbtnEdit = (LinkButton)e.Row.FindControl("lnkbtnEdit");
        lnkbtnDel.CommandArgument = e.Row.RowIndex.ToString ();
        lnkbtnEdit.CommandArgument = e.Row.RowIndex.ToString ();
        lnkbtnDel.Attributes.Add ("onclick", "return confirm(确定删除吗？);");
    }
}
protected void gvInfo_RowCommand(object sender, GridViewCommandEventArgs e)
{
    int index = int.Parse(e.CommandArgument.ToString());
    if (e.CommandName == "Edit")
    {
        int moduleId = int.Parse(gvInfo.DataKeys[index].Value.ToString());
        Response.Redirect("Module_Edit.aspx?moduleId=" + moduleId);
    }
    else if (e.CommandName == "Del")
    {
        int moduleId = int.Parse(gvInfo.DataKeys[index].Value.ToString());
        if (moduleBll.DelModule(moduleId))
        {
            Response.Write("<script>alert('删除成功')");
            Response.Redirect("moduleList.aspx");
        }
        else
        {
            string errorMsg = "请先删除该版块的帖子信息！";
            Session["errorMsg"] = errorMsg;
            Response.Redirect("errorPage.aspx");
        }
    }
}
```

(4) 【全选】复选框实现删除所有选项的功能，代码如下。

```
protected void Button1_Click(object sender, EventArgs e)
{
    for (int i = 0; i < gvInfo.Rows.Count; i++)
    {
        CheckBox cb = (CheckBox)gvInfo.Rows[i].FindControl("checkBox1");
        if (cb.Checked)
        {
            DataKey dk = gvInfo.DataKeys[i];
            int moduleId = Convert.ToInt32(dk["ModuleId"].ToString());
            //int moduleId = int.Parse(gvInfo.DataKeys[i].Value.ToString());
            moduleBll.DelModule(moduleId);
        }
    }
    this.GridViewBd();
}
protected void CheckBox2_CheckedChanged(object sender, EventArgs e)
{
    for (int i = 0; i < gvInfo.Rows.Count; i++)
    {
        CheckBox cb = (CheckBox)gvInfo.Rows[i].FindControl("checkBox1");
        if (CheckBox2.Checked)
            cb.Checked = true;
        else
            cb.Checked = false;
    }
}
```

保存所有文件，运行程序，演示效果如下。

(1) 在 Login.aspx 页面中，以管理员角色登录网站，单击【版块管理】超链接，打开 ModuleList.aspx 页面，将显示该网站的所有版块信息，如图 12-52 所示。选择表格中的某行，可对该行的版块信息进行编辑和删除。输入版块名称可查找是否存在该版块，可进行模糊查找。

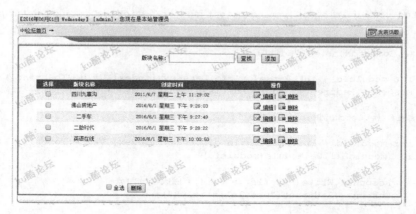

图 12-52　版块管理

(2) 单击【添加】按钮，将打开 AddModule.aspx 页面，输入版块名称和对该版块的介绍，如图 12-53 所示。

图 12-53　版块添加

(3) 单击【添加】按钮，页面将返回首页 index.aspx 页面，如图 12-54 所示。

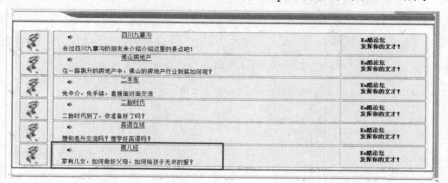

图 12-54　首页

小　　结

本章介绍了一个综合实例——BBS 论坛系统的制作。在设计中使用了母版页、用户控件、第三方控件等网页设计技术；整个网站采用多层架构技术，将论坛系统分为 Model 层、DAL 层、BLL 层和 Web UI 层，并对各层的代码进行了详细的介绍。该 BBS 论坛系统并不完美，因为还有很多功能有待完善，希望用户能从这个简单的例子中掌握多层应用程序开发设计的过程。

本章重点及难点：

(1)　掌握第三方组件 FreeTextBox 的使用方法。

(2)　理解多层架构的开发模式。

习　　题

一、选择题

1.　在字符串 DataSource=.;Database=BBSDB;Integrated Security=SSPI 中，DataSource 属性表示(　　)。

  A. 服务器的名称　　　　　　　　　B. 数据库的名称

  C. 身份验证方式　　　　　　　　　D. 以上都不正确

2.　用户自定义控件的后缀名为(　　)。

  A. aspx　　　　　　　　　　　　　B. aspx.cs

  C. ascx　　　　　　　　　　　　　D. data

二、填空题

1. 预处理指令_____和_____是 Visual Studio 代码编辑器的大纲显示功能。其主要用途是使得代码结构更加清晰，让开发人员在查询代码时可以快速地找到需要的代码行。

2. 如下代码段，当单击"这里"时，页面将返回前一个浏览页面，请将此功能的主要代码补充完整。

```
//*******************************************************************
单击<a href="_____">这里</a>返回！
//*******************************************************************
```

三、问答题

简述论坛系统的实现过程。

四、上机操作题

1. 上机实现本章介绍的实例。

2. 参考本书实例，制作一个网上购物系统。

微课视频

扫一扫，获取本章相关微课视频。

12-1 三层模式介绍.wmv

12-2 实体层(Model).wmv

12-3 数据访问层(DAL).wmv

12-4 业务逻辑层(BLL).wmv

12-5 表现层(WebUI).wmv

参 考 文 献

[1] 明日科技. ASP.NET 从入门到精通[M]. 6 版. 北京：清华大学出版社，2021.

[2] [美] William Penberthy. ASP.NET 入门经典 基于 Visual Studio 2015[M]. 9 版. 李晓峰，高巍巍，译. 北京：清华大学出版社，2016.

[3] Adam Freeman. 精通 ASP.NET 4.5[M]. 石华耀，译. 北京：人民邮电出版社，2014.

[4] 王小科，刘莉莉. ASP.NET 典型模块开发全程实录[M]. 北京：清华大学出版社，2013.

[5] 王喜平，于国槐，宋晶. ASP.NET 程序开发范例宝典[M]. 北京：人民邮电出版社，2015.